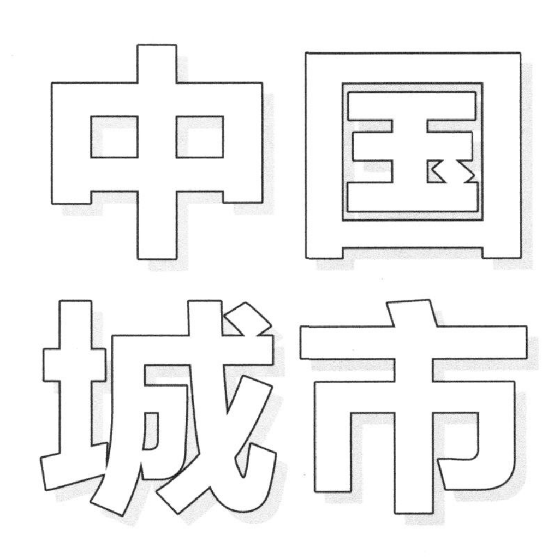

中国城市深度碳中和研究

张哲 蔡博峰 孟凡鑫 张立 等/著

中国环境出版集团·北京

图书在版编目（CIP）数据

中国城市深度碳中和研究 / 张哲等著. -- 北京 : 中国环境出版集团, 2024.11

ISBN 978-7-5111-5824-6

Ⅰ. ①中… Ⅱ. ①张… Ⅲ. ①城市－二氧化碳－节能减排－研究－中国 Ⅳ. ①X511

中国国家版本馆CIP数据核字（2024）第035045号

责任编辑 丁莞歆
装帧设计 宋 瑞

出版发行 中国环境出版集团
（100062 北京市东城区广渠门内大街16号）
网 址：http://www.cesp.com.cn
电子邮箱：bjgl@cesp.com.cn
联系电话：010-67112765（编辑管理部）
010-67147349（第四分社）
发行热线：010-67125803，010-67113405（传真）
印 刷 北京中献拓方科技发展有限公司
经 销 各地新华书店
版 次 2024年11月第1版
印 次 2024年11月第1次印刷
开 本 787×1092 1/16
印 张 12.25
字 数 160千字
定 价 89.00元

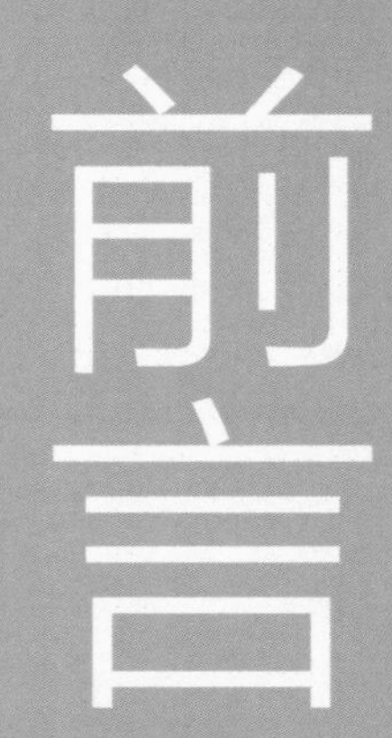

城市作为重要的行动单元，在推动低碳经济转型、促进碳中和目标达成中发挥着重要的作用。许多城市已经引入了应对气候变化的目标，并加入了国际倡议及组织，如全球气候与能源市长盟约、碳中和城市联盟（CNCA）和C40城市。还有些城市已经公布了其碳中和目标。城市碳中和概念正日益成为政策话语的核心。

为实现城市碳中和的目标，我们需要通过适合的核算工具，厘清目前城市各行业部门碳排放情况，并基于城市的实际运行状态进行碳排放动态核算，建立碳中和指标体系，通过多学科协作解决，从政策、管理、科学、工程等多角度入手，逐步完善目前适合我国各城市实际发展的碳中和规划。

城市碳排放研究是构建低碳城市、应对和减缓气候变化的基础科研工作。作为一个开放的系统，城市区域依靠其行政边界以外的自然和工程系统获取能源、食品及其他商品和服务，并排放和吸收废弃物。城市通过包含一系列环境流动的全球供应链，依赖并与世界其他地区相联系。城市行政边界的确定性与自然生态的开放性使超边界的碳排放给城市碳排放核算带来一定的问题。全面评估城市的碳排放，不仅需要衡量其地方和直接的碳排放，而且需要了解和考虑其全球和间接的碳排放，但目前基于生产的核算并没有纳入开放系统中的间接排放，无法描述城市碳排放的整体情况。

为了全面评估城市地区的碳排放，《温室气体议定书》（GHG Protocol）将城市碳排放划分为三个范围：范围一包括城市领土边界内发生的所有直接排放，主要有城市内部的能源活动（工业、交通和建筑）、工业生产过程、农业、土地利用变化和林业、废弃物处理活动产生的温室气体排放，即物理意义上城市生产活动直接产生的碳排放；范围二包括因城市内部活动而在城市边界之外发生的与能源活动相关的间接排放，这些活动仅限于电力消耗、区域供暖、蒸汽和制冷；范围三包括因城市活动而在城市边界之外发生的其他间接排放和隐含排放，包括电力传输和配送损失、燃料和进口货物的隐含排放等。

本书得到了国家自然科学基金项目“基于排放情景 - 空气质量模型的中国城市‘双达’评估方法研究”（项目批准号：72074154）和国家重点研发资助计划“粤港澳大湾区复合生态系统减污降碳协同调控技术（2022YFF1301200）”的共同支持，创新性地将城市范围三排放纳入城市碳排放核算及碳达峰碳中和规划的研究范畴，使用中国中长期排放路径模型（CAEP-CP）提出了未来城市全范围的碳中和路径，对城市碳达峰碳中和工作的关注范围和可能影响进行了拓展，具有重要的创新意义。同时，选择武夷山市作为案例研究，该市是一个典型的服务型城市，随着产业结构的不断转型，第三产业比重将进一步提高，全范围碳减排战略的重要性日益增加。本书的研究方法可为其他城市，特别是发展中国家的城市规划碳中和路线图提供可借鉴的先例。

城市全范围碳达峰碳中和路径研究方法和主要成果受到武夷山市领导和国内相关领域院士、专家们的高度肯定，我们在深受鼓舞的同时也深刻认识到城市全范围减排的重要性，为此我们将相关研究成果进一步提炼和整合，使其方法内容更为丰富、逻辑结构更为严谨，以为我国各地区碳达峰碳中和路径研究和实践提供参考。城市全范围减排研究是一个跨学科的新兴领域，作者的研究和认知仍存在很多不足，书中难免存在偏差和纰漏，欢迎广大读者给予批评指正。

碳达峰碳中和研究中心
生态环境部环境规划院　　张　哲

章节作者

章节	作者	单位
第 1 章	孟凡鑫	北京师范大学
	孙宇彤	北京师范大学
	袁秋玲	北京师范大学
第 2 章	孟凡鑫	北京师范大学
	张　立	清华大学
	孙宇彤	北京师范大学
	侯佳琪	北京师范大学
第 3 章	孙璐暄	上海交通大学
	张　哲	生态环境部环境规划院
第 4 章	张　哲	生态环境部环境规划院
	孙璐暄	上海交通大学
第 5 章	张　哲	生态环境部环境规划院
	朱淑瑛	生态环境部环境规划院
	蔡博峰	生态环境部环境规划院
第 6 章	孟凡鑫	北京师范大学
	孙宇彤	北京师范大学
	廖丹琦	北京师范大学
第 7 章	胡元超	武汉大学
	孙宇彤	北京师范大学
	廖丹琦	北京师范大学
第 8 章	张　立	清华大学
	张　哲	生态环境部环境规划院
	蔡博峰	生态环境部环境规划院

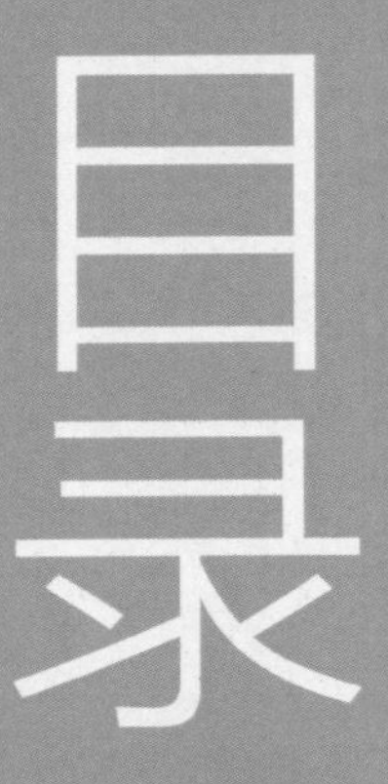

目录

3

第 3 章 /35

国际典型城市碳中和规划

4

第 4 章 /55

中国城市低碳发展

8

第 8 章 /143

城市深度碳中和路径研究：以武夷山市为例

第 1 章 城市碳中和国际背景及发展

1.1 应对气候变化与碳中和

1.1.1 气候变化的现状及其趋势

气候变化是全人类所面临的共同挑战。纵览地球演化史，无论是奥陶纪—志留纪还是三叠纪—侏罗纪的物种大灭绝，都与气候变化及极端天气的产生脱不了干系。从传统意义上看，气候变化是指温度和天气模式的长期变化，一般可以用一定时期内的温度和降水来反映。目前，全球地表平均气温相较1880年高出约1℃，远超出此前1万年地球平均气温的正常波动区间，从未来20年的平均温度变化来看，全球温升预计将达到或超过1.5℃。气候变化的影响是多尺度、多层次、全方位的，主要体现为全球性气温上升和全球极端气候事件趋多（焦念志，2018）。当前，全球气候变暖成为世界亟待解决的迫切问题，与生态环境绿色可持续发展息息相关。太阳短波辐射透过大气射入地面，通过地面增温后被大气中的水蒸气、二氧化碳等物质吸收，阻止地球热量的散失从而产生大气温度升高的效应，即“温室效应”。随着冰川消融加速、沿海低地消失、内湖水位下降及一系列极端温度事件频发，控制全球变暖已刻不容缓。此外，动物繁殖期的紊乱、植物花期的提前也与全球变暖有一定关联，这些现象对自然界生态平衡具有影响。

自19世纪以来，人类活动逐渐成为气候变化的主要驱动力。近百年间，地球正经历着以全球变暖为主要特征的显著气候变化。联合国政府间气候变化专门委员会（IPCC）第六次评估报告（AR6）警告，全球减缓气候变化和适应的行动刻不容缓，任何延迟都将关上机会之窗，让未来环境变得不再宜居，不再具有可持续性（Shuaib Lwasa，2021）。气候变化已严重威胁到人类的可持续发展，成为国际社会普遍关注的重大全球性问题。为应对全球气候变化的重大挑战，避免灾难性的气候变化，人们对低碳经济和低碳城市的关注日趋强烈。

温室气体，指大气中那些吸收和重新发射红外辐射的自然或人类活动产生的气态成分，包括对太阳短波辐射透明（吸收极少）、对长波辐射有强烈吸收作用的二氧化碳（CO_2）、甲烷（CH_4）、一氧化碳（CO）、氟氯烃（CFCs）、臭氧（O_3）等30余种气体。《京都议定书》中规定的6种温室气体包括CO_2、CH_4、氧化亚氮（N_2O）、氢氟碳化物（HFCs）、全氟化碳（PFCs）、六氟化硫（SF_6），这些都是由人类活动或者自然形成的温室气体。世界气象组织（WMO）于2018年11月22日发布的《WMO温室气体公报（2017年）》第14期显示，2017年主要温室气体的全球大气年平均浓度达到新高，CO_2为（405.5±0.1）ppm[1]，CH_4为（1 859±2）

[1] ppm是part per million的缩写，代表百万分比浓度，即10^{-6}。

μg/L，N_2O 为（329.9±0.1）ppb[1]，分别为工业化前（1750 年之前）水平的 146%、257% 和 122%。CO_2 是影响地球辐射平衡最主要的长寿命温室气体，在全部长寿命温室气体浓度升高所产生的总辐射强迫中的贡献率约为 66%。工业化前全球大气 CO_2 平均浓度保持在 278 ppm 左右，由于人类活动排放（化石及生物质燃料燃烧与土地利用变化等）的影响，全球大气 CO_2 浓度不断升高。如果按现阶段 CO_2 等温室气体浓度的增加幅度，到 21 世纪 30 年代，CO_2 和其他温室气体增加的总效应相当于工业化前 CO_2 浓度加倍的水平，将引起全球气温上升 1.5 ～ 4.5℃，超过人类历史上发生过的升温幅度。由于气温升高，两极冰盖可能缩小，融化的雪水可使海平面上升 20 ～ 140 cm，对海岸城市会有严重的直接影响。

1.1.2　全球气候变化治理形式

减少温室气体排放、限制全球变暖已成为全人类的共同目标。1979 年 2 月在日内瓦召开的第一次世界气候大会（FWCC）首次提出了气候变暖的说法。此后随着多次 IPCC 评估报告的发布，气候变暖的议题逐渐获得社会及政府各界的高度关注。1997 年 12 月，《京都议定书》于日本京都举行的《联合国气候变化框架公约》（UNFCCC）第 3 次缔约方大会（COP3）上通过，并于 2005 年 2 月 16 日正式生效。《联合国气候变化框架公约》是世界上第一个旨在控制温室气体排放、减缓气候变化给人类带来不利影响的国际公约，确立了国际社会关于气候变化问题合作的基本框架。《京都议定书》提出了 4 种减排方式：发达国家间的碳排放额度买卖、“净排放量”计算温室气体排放量、发达国家与发展中国家之间共减排的绿色开发机制及国家共同体整体减排的联合履行机制，其目标是限制发达国家的温室气体排放，以减少全球变暖。《京都议定书》还建立了严格的监测制度、审查制度、核查制度及遵约制度，以提高透明度和帮助追究缔约方的责任。根据《京都议定书》，必须监测各国的实际排放量，并准确记录所进行的贸易。2012 年 12 月 8 日，《京都议定书》多哈修正案的第二个承诺期在卡塔尔获得通过，从 2013 年开始持续到 2020 年。2015 年 12 月，UNFCCC 第 21 次缔约方大会（COP21）通过了《巴黎协定》，并于 2016 年 11 月 4 日起正式生效，缔约方被要求在 2020 年提出应对气候变化行动的更新计划，即国家自主贡献，以确保实现《巴黎协定》控制温室气体排放的目标。《巴黎协定》目标是将全球气温上升控制在比工业化前水平低 2℃以内，最好控制在 1.5℃以内。2018 年 10 月，IPCC 发布了《全球升温 1.5℃特别报告》。该报告指出，要实现 2℃的温控目标，要求全球在 2030 年比 2010 年减排 25%，在 2070 年前后

[1] ppb 是 part per billion 的缩写，代表十亿分比浓度，即 10^{-9}。

实现碳中和（carbon neutrality）；要实现 1.5℃的温控目标，则要求全球在 2030 年比 2010 年减排 45%，在 2050 年前后实现碳中和（表 1-1）。此外，该报告明确定义，当全球范围内的人为 CO_2 排放与特定时期内的人为 CO_2 清除相互抵消时，就可以实现碳中和，即 CO_2 净零排放（net zero CO_2 emissions）。实现碳中和需要能源、土地、工业、城市和基础设施这 4 个互联系统的快速、广泛和重大转型。在此背景下，国际合作中开始讨论 1.5℃温控目标下的碳减排。但是限于国情差异，国际层面的温控目标合作并非易事。发达国家与受气候变化影响较大的岛国和低地国家会更积极推动这一目标实现；相反，主要依赖化石燃料、耗能工业发展的国家将面临更大的压力。

表 1-1 部分国家和地区碳中和目标

国家 / 地区	碳中和目标
欧盟	瑞典计划于 2045 年实现碳中和，法国、德国、西班牙、丹麦、芬兰、匈牙利、爱尔兰、斯洛伐克等国家计划于 2050 年实现碳中和，奥地利计划于 2060 年实现碳中和
美国	2030 年温室气体排放量较 2005 年降低 50% ～ 52%，2035 年实现电力行业零排放，2050 年实现温室气体净零排放
俄罗斯	2050 年前温室气体净排放量在 2019 年排放水平上减少 60%，同时比 1990 年的排放水平减少 80%，2060 年前实现碳中和
中国	力争 CO_2 排放量在 2030 年前达到峰值，在 2060 年前实现碳中和
日本	2030 年温室气体排放量较 2013 年减少 46%，在 2050 年达成碳中和目标
韩国	2030 年将温室气体排放量在 2018 年的水平上减少 35% 以上，2050 年实现碳中和
印度	2030 年前减少碳排放 100 亿 t，2070 年实现净零排放
英国	2050 年前实现温室气体净零排放

2019 年 12 月，第 25 届世界气候大会暨 UNFCCC 第 25 次缔约方大会（COP25）闭幕（中国气象局气候变化中心，2021）。COP25 峰会通过了涵盖《智利 - 马德里气候行动时刻》（*Chile Madrid Time for Action*）文件和碳交易市场问题在内的决议，但是就各国所关注的《巴黎协定》第六条实施细则并未能达成共识。以欧盟为首的发达国家和集团与以巴西、埃及为代表的发展中国家在此项细则中存在尖锐的对立。对于 1.5℃温升目标，会议并未就相关的控制和管理决策达成一致。有研究认为，此次会议成果有限的原因除全球气候谈判固有的“大小年”规律性因素外，还包括三层因素（Xing et al.，2020）。第一层面，联合国和部分主要谈判方存在一定的策略性失误问题。此次会议主办方过度聚焦于提高减排力度，既破坏了《巴黎协定》打造的政治平衡局面，又未能提出实现温控目标的具体实施

手段。第二层面，发达国家企图逃避减排责任，影响了发达国家与发展中国家之间对于减排共同目标达成的相互信任度。第三层面，也就是在微观层面，谈判议题安排不恰当、各个议题推进不平衡使各谈判方对于达成共识失去信心，破坏了谈判的氛围。吸取 COP25 的经验教训，UNFCCC 第 26 次缔约方大会（COP26）提供了重要借鉴。2021 年 11 月，《格拉斯哥气候公约》作为 COP26 的最终结果在落幕之际艰难达成。各国重申《巴黎协定》目标，认识到“十年关键期”采取行动的急迫性。该公约之外，包括结束对化石燃料的投资、逐步淘汰煤炭、对碳排放定价、保护易受气候变化影响的群体、兑现气候融资承诺等在内的多项议题尚未达成。

1.1.3 国际碳中和的目标与政策

“碳中和”这一概念最早起源于 1997 年伦敦未来森林公司（The Carbon Neutral Co.，现改名为碳中和公司），自 2006 年以来逐渐被国家运用到能源气候战略目标中。碳中和，即直接或间接产生的 CO_2 或温室气体排放总量，通过植树造林、节能减排等形式实现正负抵消，达到相对“零排放”。

基于碳中和的统一目标，各缔约方认识到碳减排目标达成的紧迫性，加快了全球气候治理进程；虽然化石燃料使用量相关议题存在较大争议，但发展清洁能源、趋向绿色低碳经济转型的必要性已是不争的事实。目前，国际上围绕碳中和制订了一系列目标与计划，如净零排放目标、煤电退出计划、遏制 CH_4 排放行动、实施碳税、碳排放权交易（以下简称碳交易）等碳定价政策，以及在建筑等行业实施节能改造等。

1. 欧盟

欧盟近 30 年来一直是低碳发展的先行者，在目标制定与顶层框架设计方面具有一定的前瞻性。欧盟碳交易体系（EU-ETS）是世界上最大的碳交易市场，于 2005 年开始交易。2011 年，欧盟制定了 2050 能源战略路线图，确定总目标为在充分满足经济社会可持续发展、大众生活能源需求的同时，积极利用各种低碳技术，到 2050 年在 1990 年碳排放的基础上降低温室气体排放 80% ～ 95%。2019 年 12 月，欧盟委员会出台了应对气候变化、推动可持续发展的“欧洲绿色协议”，宣布在 2050 年前实现欧洲地区碳中和。2021 年 7 月，欧盟发布名为“减碳 55”（Fit for 55）的“一揽子”提案，将净零排放气候目标转化为具体行动，针对能源、工业、交通、建筑等多方面提出了具体举措，这也成为欧盟目前最新、最关键的低碳发展政策，包括欧盟碳交易体系，减排分担条例，土地利用、土地利用变化及林业

（LULUCF）战略等多项议题得到了探讨和修订。在“减碳 55”中，欧盟公布了全球首个碳边境税政策——“碳边境关税政策立法提案”，正式启动了其立法进程。2022 年，面对能源价格飙升和供需关系失调的问题，欧洲能源危机受到密切关注。随着德国、奥地利、荷兰、法国等欧洲国家纷纷宣布重启燃煤发电或推迟退煤进程，欧洲碳中和迎来大考。由于环保企业阿迈厄岛资源中心不符合碳捕捉方面要求，丹麦哥本哈根“2025 年达成第一个碳中和城市”计划只能暂缓。

2. 美国

2021 年，美国发布《迈向 2050 年净零排放长期战略》，确立了净零排放实施路径。基于国家自主贡献 2030 年目标，该战略系统阐述了美国实现 2050 年净零排放的中长期目标和技术路径，提出了达成温控目标的短、中、长三阶段要求，明确了各个经济领域需要完成的任务。到 2030 年，国家自主贡献较 2005 年减少 50% ～ 52%，涵盖所有行业和所有温室气体；到 2035 年，实现 100% 零碳电力目标；在 2050 年之前，实现整个社会经济系统的净零排放。在此路径规划下，各经济部门需提高能源利用效率并推广碳捕捉技术。针对电力、交通、建筑、工业和农林五大主要部门，美国提出了一系列激励措施和技术标准，以推动能源经济向绿色低碳转型。根据此路径具体提出了 5 个关键转型（United States of America，2021）：①电力系统脱碳化，加速向清洁电力转型；②终端用能电气化，推动航空、海运和工业过程等清洁燃料替代；③节能和提升能效；④减少 CH_4 和其他非 CO_2 温室气体排放，优先支持除现有技术外的深度减排技术创新；⑤实施大规模土壤碳汇和工程脱碳策略。

3. 英国

英国是最早实现碳达峰的国家之一。早在 2008 年，英国就颁布了《气候变化法案》，成为世界上首个以法律形式明确中长期减排目标的国家。英国通过限制高碳排放行业发展和鼓励低碳生产技术来促进低碳发展。自《巴黎协定》后，英国提出了一系列政策框架，规定了为实现碳中和目标而在电力、能源、交通等五大领域的具体举措。2020 年，英国政府发布《绿色工业革命十点计划：更好地重建、支持绿色工业并加速实现净零排放》（James et al.，2021），聚焦产业绿色发展，提出了包括发展海上风电、推动低碳氢发展、提供先进核电、加速向零排放车辆过渡等在内的 10 项计划要点。2021 年，“2050 净零战略”得以推进，全面阐述了英国关于 2050 年实现净零排放承诺的推进计划，包含英国政府一系列长期的绿色改革承诺，涉及清洁电力、交通变革和低碳取暖等众多领域。该战略支持英国企业和消费者向清洁能源和绿色技术过渡，降低对化石燃料的依赖，鼓励投资可持续清洁能源，减少价格波动风险，增强能源安全；支持英国在最新的低碳技术方面获得竞争优势，包括从热泵到电动汽车、从碳捕获到氢能等。

4. 俄罗斯

俄罗斯作为世界能源大国，具有丰富的石油和天然气储量。俄罗斯发布的2050年前的低碳发展战略将在保持经济可持续增长的同时，通过较为缓和的手段实现温室气体低排放。2021年5月，俄罗斯经济部起草完成了首部气候法草案，引入了碳交易、碳抵消、排放情况披露、污染者问责机制等，并计划将萨哈林州作为其碳交易系统的试行地区，通过天然气化、住房现代化改造、发展和使用新能源等方式来减少全域内的温室气体排放。2021年11月，《俄罗斯2050年前实现温室气体低排放的社会经济发展战略》被批准通过，该战略提出了包括低碳和无碳技术的发展、提高森林及其他生态系统的固碳能力等方面的要求。此外，俄罗斯在2023年启动了企业强制性碳报告制度，督促企业进行强制性减排行为，确保其在全球能源转型背景下保持经济和减排的双发展。从路径上看，俄罗斯主要在开发氢能、核能等替代能源，保护和增加森林碳汇，降低油气行业碳排放强度，发展绿色金融等方面开展碳减排工作。具体来看，俄罗斯将减少化石燃料生产和运输，积极开发清洁能源，促使天然气、氢气等在低碳能源结构中发挥更大的作用。

5. 中国

在第七十五届联合国大会期间，中国提出将提高国家自主贡献力度，采取更加有力的政策和措施，CO_2排放力争于2030年前达到峰值，努力争取2060年前实现碳中和。2020年12月，国务院发布《新时代的中国能源发展》白皮书，提出实施能耗“双控”制度，将节能指标纳入生态文明、绿色发展等绩效评价指标体系。目前，中国政府正加快构建碳达峰碳中和“1+N”政策体系，该体系包括能源、工业、交通运输、城乡建设等分领域、分行业的碳达峰实施方案，以及科技支撑、能源保障、碳汇能力、财政金融价格政策、标准计量体系、督察考核等保障方案。2021年10月，中国相继发布《中共中央　国务院关于完整准确全面贯彻新发展理念做好碳达峰碳中和工作的意见》（以下简称《意见》）和《2030年前碳达峰行动方案》（以下简称《方案》）。《意见》是中国对碳达峰碳中和工作进行的系统谋划与总体部署，覆盖碳达峰、碳中和两个阶段，是管总体、管长远的顶层设计。《方案》提出了“十四五”期间的主要目标，即产业结构和能源结构调整优化取得明显进展，重点行业能源利用效率大幅提升，煤炭消费增长得到严格控制，新型电力系统加快构建，绿色低碳技术研发和推广应用取得新进展；主要规定了能源绿色低碳转型和节能减碳增效，也包括工业领域碳达峰和城乡建设碳达峰的行动要求。

6. 日本

日本制定并推进实现“2050 碳中和”实施路径。2020 年，日本政府公布了脱碳路线图草案，包括海上风电、电动汽车、氢能源、航运业、航空业、住宅建筑等 14 个领域净零排放时间表，旨在通过技术创新和绿色投资的方式加速向低碳社会转型。2020 年 12 月，日本发布了《2050 碳中和绿色增长战略》，明确 2050 年实现碳中和的目标。2021 年 6 月，日本经济产业省发布新版《2050 碳中和绿色增长战略》。新版战略指出，需大力加快能源和工业部门的结构转型，并将旧版中的海上风电产业扩展为海上风电、太阳能、地热产业，将氨燃料产业和氢能产业合并，并新增了新一代热能产业。日本国会参议院正式通过修订后的《全球变暖对策推进法》，以立法的形式明确了日本政府提出的到 2050 年实现碳中和的目标。2021 年 10 月，日本第六期能源基本计划发布，制定了到 2030 年温室气体排放量较 2013 年减少 46% 并努力争取减排 50%、到 2050 年实现碳中和目标的能源政策实施路径。

1.2 城市碳中和战略

1.2.1 城市碳中和的重要地位

城市作为重要的行动单元，在推动低碳经济转型、促进碳中和目标达成中发挥着重要的作用。城市是现代化的重要载体，也是人口最密集、污染排放最集中的地方（Brandon et al.，2017）。有研究表明，现有城市地区贡献了约 75% 的化石燃料 CO_2 排放量，占全球碳排放总量的很大一部分（Edenhofer et al.，2015）。在城市人口、城市土地和基础设施增长的驱动下，未来城市温室气体排放将呈增加态势。2015 年，全球约 55% 的人口居住在城市地区。到 2050 年，全球预计会增加 25 亿城市居民，城市人口占总人口的比例预计将达到 68%。为了容纳不断增长的人口，世界城市地区将经历前所未有的增长，城市土地面积预计将扩大 60 万～ 130 万 km^2，2050 年城市碳足迹将比 2015 年增加 78% ～ 171%，高速城市扩张带来的基础设施和交通需求将导致能源需求激增。此外，城市的增长也意味着较大的减排潜力，城市系统可以转变为具有变革性的净零生产和消费系统，城市地区在缓解气候变化方面发挥着关键作用（Pichler et al.，2017）。

城市在实现碳中和方面的关键作用主要包括 3 个方面（Seto et al.，2021）。首先，直观来讲，城市的直接温室气体排放占比很大。现有城市地区贡献了大约 75% 的化石燃料 CO_2 排放，但分布不均。例如，家庭消费型碳排放的很大一部分与少数城市有关，少部分城市占据了全球碳排放总量的 18%。从生产角度来看，工业和发电厂高度集中的城市将占全球温室气体排放的很大比例。其次，根据目前城市人口、城市土地和基础设施的增长趋势，预计未来城市温室气体排放量将保持持续上涨的态势，这将影响温控目标的达成。城市拥有更多的资源、资金和技术，随着城市化水平的提高，越来越多的人口涌入城市。2015 年，全球约 55% 的人口（42 亿人）居住在城市地区。到 2050 年，城市人口比例预计将增加到 68%，即增加约 25 亿城市居民。如果当前城市土地利用的趋势继续向低密度、扩张和依赖汽车的形式发展，那么 2050 年的城市能源使用量可能会比 2005 年的水平增加 3 倍以上，每年的城市资源需求可能会从 2010 年的 400 亿 t 增至 2050 年的 900 亿 t。最后，由于建筑物和交通基础设施的使用寿命长，城市地区在减缓气候变化方面发挥着至关重要的作用。土地利用和建成环境的空间安排、街道网络的布局和城市街区的规模锁定了行为模式，并形成了不易逆转或改变的相辅相成的碳锁定。因此，必须尽快锁定净零建筑和基础设施。

碳中和城市（carbon-neutral cities）也被称为气候中和城市、净零能源城市、无碳城市或净零碳城市，它们有共同的基本前提：从城市活动中减少温室气体排放，同时从大气中去除温室气体排放（Seto et al.，2021）。截至 2020 年 12 月，全球已有 800 多个城市承诺成为净零碳城市。

1.2.2 城市碳中和的进程与发展

许多城市已经引入了应对气候变化的目标，并加入了国际倡议与组织，如全球气候与能源市长盟约、碳中和城市联盟（Carbon Neutral Cities Alliance，CNCA）和 C40 城市气候领导联盟（以下简称 C40 城市）。目前。已有 400 多个城市和组织加入了气候雄心联盟，以支持“净零碳目标和健康、有弹性的零碳复苏，防止未来的威胁，创造体面的就业机会，并开启包容性的可持续增长”。欧盟委员会已经设定了“到 2030 年达到 100 个气候中性城市”的目标。为了支持、促进和展示 100 个欧洲城市适应气候变化的系统性转变，许多城市已经公布了他们的碳中和目标，碳中和概念正日益成为政策话语的核心。以芬兰为例，他们制定了到 2035 年实现碳中和的国家目标，这是工业化国家中最雄心勃勃的目标。芬兰有 309 个城市，主要城市都制定了碳中和目标，范围从 2025 年至 2040 年，在大多数情况下比 2035 年的国家碳中和目标更雄心勃勃。

经济要素向发达地区集聚并控制单个城市的规模是未来城市建设规划的方向。城市群在城市碳中和实现中有重要意义。城市群将城市各要素优化组合，通过空间布局优化、产业集聚升级、绿色低碳建筑统一推广、绿色交通设施互联和组织效率提升等实现其碳中和愿景。基于当前温控目标，世界各国诸多城市都开展了大量低碳活动，于2005年成立的C40城市就是一个致力于应对气候变化的国际城市联合组织，发展到今天已有成员城市97个，其中丹麦哥本哈根、英国伦敦、日本东京和美国西雅图等城市成为绿色低碳城市建设的代表（陈天扬，2022）。碳中和城市联盟成立于2015年，是一个由全球领先城市组成的合作组织，通过构建可持续发展城市网络，推动领先城市碳中和路径的达成。目前，全球十大煤电国家中已有6个做出相应承诺。哥本哈根、阿姆斯特丹、阿德莱德、纽约等城市先后提出了在碳减排领域的相关计划及路线图，主要以能源优化、公共交通、绿色建筑等领域为突破口，实现碳中和目标。

丹麦首都哥本哈根是碳中和目标最为强烈与积极的城市之一，早在2009年就确定了2025年成为世界上第一个零碳城市的目标，并于2012年通过了《哥本哈根2025气候规划》（洪志超等，2021）。虽然由于客观原因，丹麦政府宣布这一目标或许难以达成，但哥本哈根在碳中和城市建设上仍位于世界前列。哥本哈根主要的碳排放来源包括发电和供暖、交通运输，因此哥本哈根将100%可再生能源发电和供暖作为主要减排贡献，主要策略是“大规模集中式装机＋大电网连接＋区域集中供热”，通过发展陆地和海上风电、生物质能发电并确保发电量超过本地用电量，以及基于可再生能源的热电联产，减少了超过70%的碳排放。但《哥本哈根2025气候规划》未关注全部温室气体排放，后续将在新气候协议中关注全部温室气体排放，从“碳中和”过渡到“气候中和”和“零石化”。

阿德莱德作为南澳大利亚州的首府，是全州人口最集中、经济最发达的城市，但其四周被翠绿园林所环抱，几乎不存在交通堵塞和城市污染等问题。从阿德莱德2007—2018年的发展情况来看，其碳排放量减少了15%，地区生产总值增长了33%，实现了温室气体排放与经济增长脱钩。虽然阿德莱德所在的南澳大利亚州拥有澳大利亚最大的陆上石油和天然气田，但目前其来自煤炭、石油等化石燃料的碳排放已几乎清零，整个南澳大利亚州的风能和太阳能发电量占总发电量的51.2%。《阿德莱德碳中和行动计划（2016—2021年）》确定了其碳中和实现的5种途径，包括节能的建筑形式、零排放运输、实现100%的可再生能源、减少废物和水的排放、抵消碳排放。

芬兰确定了2035年实现碳中和的国家目标，并且确定了其主要城市的碳中和目标。芬兰共有309个市镇，其中107个具有城市地位。大部分的芬兰城市都确定了碳中和的规划路线，以及这些目标的确定方法。这些目标包括总体温室气体减排目标及一些部门目标，如芬兰首都赫尔辛基市于2018年11月19日发布了《赫尔辛基碳中和 2035 行动计划》，详细介绍了其碳中和目标及多个部门的关键性减排行动。但对于各城市而言，如果碳核算方法和排放范围缺乏一致性，就会使城市的碳中和目标无法比拟，因此仍需要对通用评估方法进行协调和指导（Huovila et al.，2022）。

城市在其碳中和评估中使用哪种排放范围取决于可用的数据和工具及所选择的排放计算方法。部分城市倾向于只报告受其控制的排放量，而其他城市则致力于更全面地覆盖城市的碳平衡。有关城市碳核算的文献显示，由于协议、方法和数据来源有差异，核算结果各不相同（Chen, et al.，2019a）。计算方法和排放范围缺乏一致性使城市的碳中和目标无法比拟，因而关于碳中和城市路径及其实现需要对通用核算方法进行协调和指导。所有这些研究为城市规划者选择有效的碳减排战略提供了参考。地方差异和关注排放热点的需要意味着成功的国家减排工作需要城市层面的碳减排目标和战略，忽略排放源的地方差异意味着国家计划可能不适合不同城市的情况。实际上，国际上不同城市对碳中和的实现路径规划具有多元化的趋势，与其本身的资源禀赋、产业布局等因素相关。不同城市在战略选择时还充分考虑了其发展定位。例如，在能源利用方面，瑞典的斯德哥尔摩严格执行循环再生利用计划，大力发展生物质能源和废物转化的能源技术以实现低碳化，污水经过再生处理后用作燃料和城市供暖；美国的旧金山通过向可再生能源过渡实现无碳发电，强调太阳能光伏发电，致力于开发和改造零能源建筑。在生态布局上，斯德哥尔摩将绿地和海滨建设融入城市，90% 以上的居民住宅与城市公共绿地的距离在 300 m 之内。

对于幅员辽阔的中国而言，城市间的差异在地理位置和经济发展等方面都非常显著，需要认识到不同城市的地位，借鉴国际领先城市在碳中和道路上的先例，发展多元化的城市深度碳中和实现路径。为实现城市深度碳中和目标，中国需通过适合的核算手段，厘清目前城市各行业部门的碳排放情况，并基于城市的实际运行状态进行碳排放动态核算，建立起碳中和指标体系，通过多学科协作解决，政策、管理、科学、工程多角度入手，逐步完善目前适合我国各城市实际发展的碳中和规划。

第 2 章

城市碳排放核算及路径研究方法

2.1 核算方法研究综述

城市碳中和问题的研究需要分析城市碳排放，为下一步具体的路径规划奠定基础。城市碳排放研究是构建低碳城市、应对和减缓气候变化的基础科研工作。作为一个开放的系统，城市区域依靠其行政边界以外的自然和工程系统获取能源、食品及其他商品和服务，并排放和吸收废弃物。城市通过包含一系列环境流动的全球供应链依赖并与世界其他地区相联系，因此城市是地方和全球的连接点。全面评估城市地区的碳足迹，不仅需要衡量其地方和直接的碳排放，而且需要了解和考虑其全球与间接的碳排放。但基于生产的核算没有被纳入开放系统中的间接排放，无法描述城市碳排放的整体情况。研究表明，C40 城市倾向于通过贸易将城市排放外包，79 个 C40 城市行政边界内排放为 22 亿 t（约占 5% 的全球排放量），其中 9 亿 t 的排放（41%）是由城市以外的消费活动产生的（Wiedmann et al.，2021）。以城市碳足迹为基础的核算比以生产为基础的核算有更多优势，如解决“碳泄漏”、促进环境比较优势、增加缓解的选择及鼓励技术扩散。我国各城市的发展特点具有差异，因此对不同发展类型的城市进行碳足迹研究，有助于切实有效地制定减排政策、发展低碳经济、制定碳中和路径。

自碳足迹概念提出以来，国内外学者对多个城市的碳足迹进行了核算和分析。Bi 等（2011）发现南京市的碳排放在过去 10 年增长了 50%，而工业能源消费是最大的排放源；Lin 等（2013，2010）计算了厦门市碳足迹并强调范围三的碳足迹管理对发展中的城市的重要性，通过模拟厦门市减排措施的效果发现能源替代对厦门市的减排是最有效的；Cui 等（2010，2011）评估了厦门市快速公交（BRT）的碳减排效果，发现虽然基础设施的建设排放了相当大一部分的温室气体，但若仅考虑直接能源消费的碳排放，每年的减排量约为 2.5 万 tCO_2e，而对比普通公交（NBT），可以少排放约 110 gCO_2/ 人次；Ramaswami 等（2012）通过对美国 55 个城市的气候行动计划的综合分析发现，低社会参与率的志愿推广方案更具优势；美国 20 个城市的建模分析发现，单位国内生产总值（GDP）的生产碳足迹和人均消费碳足迹能更好地描述城市的低碳发展水平。关于碳排放的影响因素分析，Wang 等通过对北京的分析发现，城市化是 CO_2 排放的主要驱动因素（Wang et al.，2012）；Hillman 和 Ramaswami（2010）验证了美国城市人均建筑行业的 CO_2 排放与电力排放因子的良好正相关关系；Rosa 和 Dietz（2012）确切指出，人口数量和经济增长促进了温室气体排放，而城市化率、贸易等的影响还不明确；较多的研究也印证了城市化对温室气体排放的促进作用，以及贸易会增加欠发达地区的碳排放。

2.1.1 核算边界

城市温室气体核算作为了解城市温室气体总体排放的重要手段，是评估城市碳中和进程的先决条件。城市地区是开放系统，依赖其行政边界之外的自然和工程系统来获取能源、食物和其他商品和服务，并排放和吸收废弃物。城市行政边界的确定性与自然生态的开放性使超边界的碳排放为城市碳排放核算带来了一定的问题。由于不同研究方法对城市边界的界定标准及核算手段不同，城市碳排放难以用统一的度量标准来衡量与比较。城市作为大规模的人类聚居地，在不同国家和地区存在不同的界定方式，一个城市经常与大都市区、城市建成区等概念混淆。目前关于城市边界的问题主要包括四类定义：城市行政边界（UB1）、城市地区边界（UB2）、城市建成区边界（UB3）和城市市区边界（UB4）。其中，城市行政边界是国家为便于行政管理而划分的市级区域，在目前的研究中多考虑将其作为城市的范围界定。除地理边界外，时间边界也需要被考虑在界定范围内。其原因有二：其一，为追溯到的温室气体排放来源确定流向，即当期的碳排放生产由当期的消费驱动，并会带来当期的收入增加，避免带来“生产与消费不同期”的问题而导致无意义的核算；其二，确立碳排放产生的平均周期及平均值，以消除特定时节的影响。

在城市层面，排放范围的排放源界定主要通过借鉴其他层级的核算清单和报告，包括微观的企业尺度和更宏观的国家尺度。关于范围的界定，首先是在《温室气体核算体系：企业核算与报告标准》中提出的，具体被划分为3种范围。范围一（Scope 1）包括直接温室气体排放（不包括生物质燃烧排放），排放来源由企业所有或控制，主要包括电力、热力和蒸汽的产生，物理或化学处理，材料、产品、废弃物的运输和员工交通，逃逸排放等，并且包括因出售给其他企业的自产电力而产生的排放；范围二（Scope 2）包括电力间接温室气体排放，企业购买的用于自身消费的电力产生的排放；范围三（Scope 3）包括其他间接温室气体排放，该部分排放是企业活动的结果，并且该部分排放的来源不是企业所有或控制的，主要包括采购的材料和燃料的开采与生产，交通相关活动，租赁资产、特许经营和外包活动，销售产品和服务的使用，废弃物处理等。相应地，在城市层面（Kennedy et al.，2011；林剑艺等，2012），范围一包括城市领土边界内发生的所有直接排放，主要包括城市内部的能源活动（工业、交通、建筑）、工业生产过程、农业、土地利用变化和林业、废弃物处理活动产生的温室气体排放，即物理意义上城市生产活动直接产生的碳排放；范围二包括因城市内部活动而在城市边界之外发生的与能源活动相关的间接排放，这些活动仅限于电力消耗、区域供暖、蒸汽和制冷；范围三包括因城市活动而在城市边界之外发生的其他间接排放和隐含排放，包括电力传输和配送损失、燃料和进口货物的隐含排放等（图 2-1）。

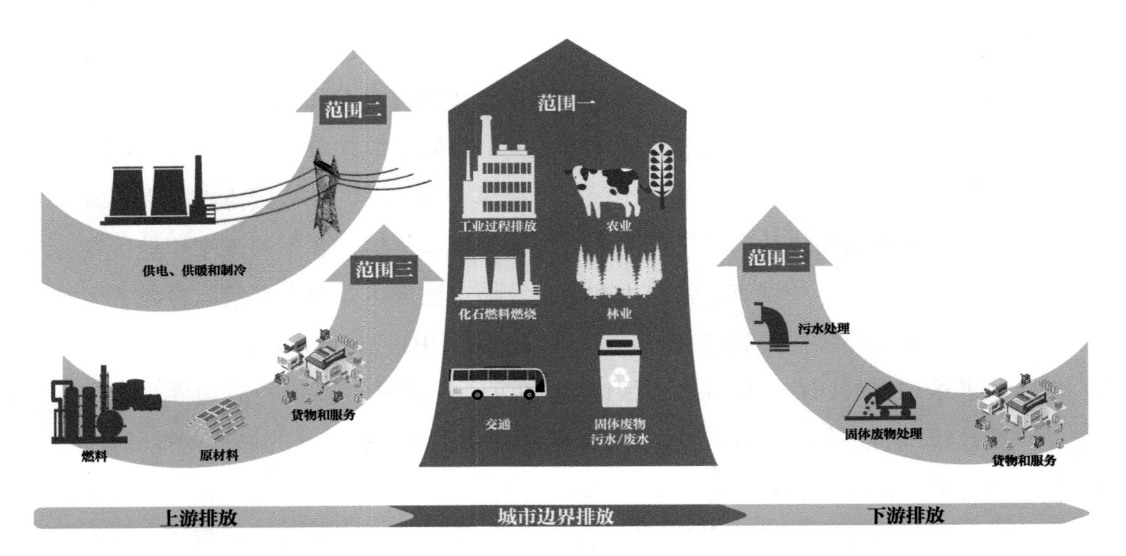

图 2-1 城市温室气体排放源及范围

当前应用较为广泛且被学者普遍接受的城市温室气体核算边界包括3种(表2-1)。①基于地域（生产）的核算边界。此边界的排放为城市特定行政边界内的直接排放（或封存），类似于 Scope1。地域上不考虑在其他地方生产、再进口供当地使用的物品的温室气体，包括当地家庭的最终消费或当地企业再出口的物品。②基于地域（生产）和供应链的核算边界。此边界界定下的碳排放扩展了地域核算，将温室气体纳入关键社区基础设施的供应链和支持城市住宅、商业和工业活动的食品供应系统，进口电力、用于交通的石油、用于建筑的水泥、水和食物等过程的碳排放也被考虑在内。③基于消费的核算边界。基于消费的温室气体核算超越了 7 个关键供应部门，将全球所有经济部门的基于源的温室气体排放分配给城市内家庭和政府的最终消费。然而，这种方法不包括为游客提供服务或在其他地方出口商品和服务的企业（如酒店、餐馆、工业）使用当地运营能源的情况。除此之外，全社区温室气体足迹总量是一种新兴方法，包括与所有全社区活动相关的上游和下游供应链排放，即包括家庭、政府和出口的本地与最终消费。目前，以不同社区为独立单元的温室气体核算难以落实，主要是城市级及下辖特定地点的投入产出数据难以获得。此外，在其他关于城市碳排放边界的研究中，划分排放活动责任主体的多视角排放、基于产品和服务的生命周期视角的过程 / 流程排放等也被提及。

表 2-1　3 种城市碳核算视角及其应用

核算视角	核算边界	核算方法	代表性研究
基于地域（生产）	城市地理行政边界内所有能源及非能源活动直接产生的碳排放（Scope 1）	过程分析法 / 清单法	Cai 等（2019）；孟凡鑫等（2019）；Shan 等（2018）
基于地域（生产）和供应链	除地域排放外，还包括以外调电力及热量、主要消费材料等为代表的活动在上游供应链引发的间接排放（Scope 1+Scope 2+Scope 3）	混合分析法（过程分析 + 投入产出分析）	林剑艺等（2012）；陈绍晴等（2021）；Ramaswami 等（2008）
基于消费	由城市边界内最终消费活动（政府消费、居民消费、库存增加、资本形成等）驱动的在全球价值链中产生的所有直接碳排放和间接碳排放。［Scope1（不包含国内调出及出口）+ 所有 Scope 3）］	投入产出分析	Mi 等（2016）；Meng 等（2018）；Chen 等（2020）；

从排放活动的责任主体来看，城市温室气体排放可以基于生产、消费及收入 3 种不同的责任主体来划分（徐丽笑等，2022）。基于生产的温室气体排放研究最为广泛，指在城市行政边界内生产商品和服务产生的温室气体排放，也包括家庭对燃料的最终消费，即责任主体为生产者带来的温室气体排放。国际及国家尺度的温室气体核算清单及分析多基于生产视角，即遵循地理边界的温室气体排放核算（Shan et al.，2018）。对于地域或生产视角的城市碳排放清单数据，当前较为权威的是中国城市温室气体工作组基于大量的现场走访及调研建立起的较为可靠、长时间序列、全口径、全覆盖的“中国城市碳排放数据集”（丛建辉等，2021；中国城市温室气体工作组，2019）。基于消费的温室气体核算主要是针对由城市行政边界内的各消费活动主体（政府、企业、居民）需求驱动的商品和服务行为中的温室气体，其排放源往往以超边界的形式存在。基于消费的温室气体碳排放逐渐受到关注，尤其是在解决“碳泄漏”“污染天堂”等问题上，为衡量城市间的碳公平性问题提供了很好的标准。基于收入的温室气体核算以要素供给驱动的温室气体排放责任为核算原则，主张“谁受益，谁负责”，将温室气体核算的责任主体落实到经济活动获益方。该原则认为，要素提供者虽然没有直接产生温室气体排放，但在为下游提供生产要素而获得工资、利润或租金等要素收入的同时，间接促使温室气体排放（丛建辉等，2021）。基于收入的温室气体核算作为生产、消费视角核算的补充，从要素供给端出发，合理界定了碳排放责任（图 2-2）。

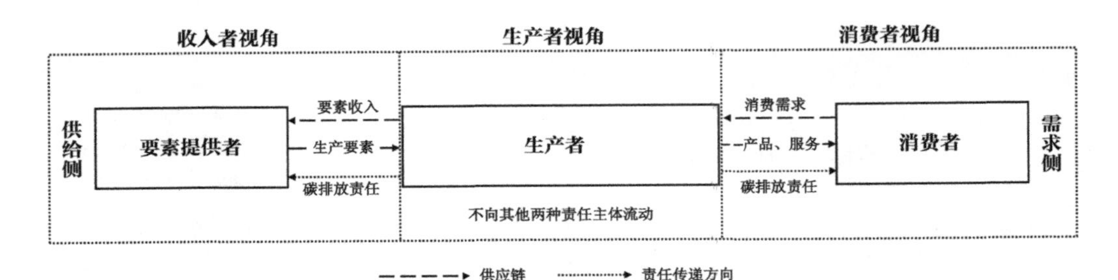

图 2-2 3 种碳排放责任核算视角在供应链上的关系（从建辉等，2021）

从生命周期视角来看，可以将城市的温室气体排放划分为内部排放、上游排放及下游排放（图 2-3）。生命周期视角下的温室气体核算更强调一种全产业链的概念，以产品消费作为分界点（Hu et al., 2016）。城市内部排放包括城市的商品和服务在城市行政边界内部产生的排放，包括工业、农业、建筑、交通及能源等方面。除此之外，城市的消费行为驱动城市产业链的上端进行生产活动，也会产生一定的温室气体排放。城市上游过程排放具体是指用于城市消费的产品在生产、加工、运输等供应链上游环节的排放，包括一次能源生产、电力生产及进口的产品和服务。城市下游排放包括城市内部消费的产品及服务在后续处理过程中产生的排放，如固体废物处理、资源回收利用等，此外还包括在城市内部生产但转接到其他地方消费的商品和服务。

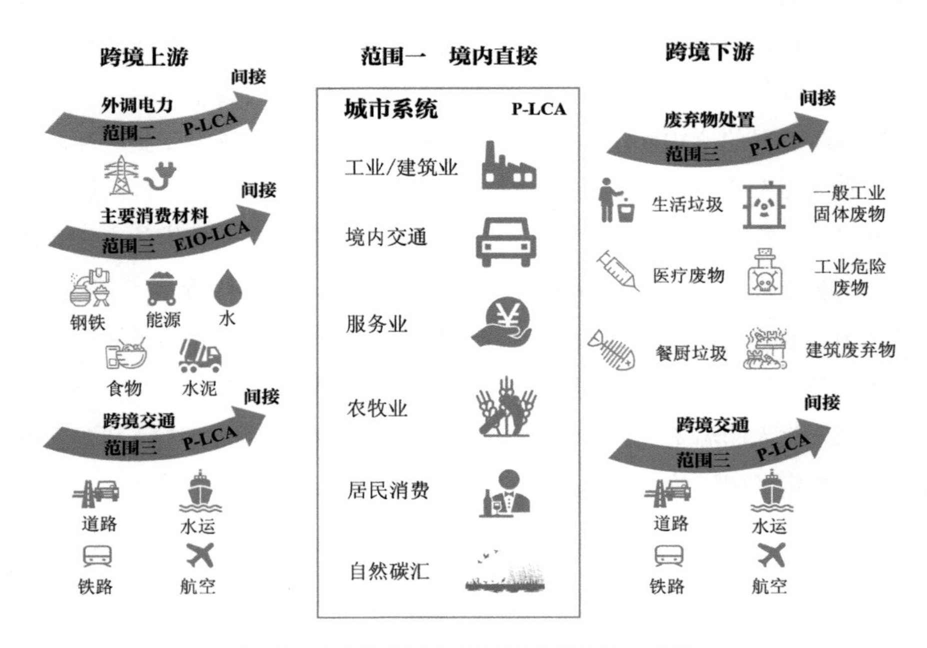

图 2-3 生命周期视角下的城市碳核算方法体系

城市作为“自然 - 经济 - 社会复合生态系统”，碳排放以实体及虚拟（隐含）的二维形式流经了城市的“三元子系统”，即自然生态子系统、经济生产子系统及社会消费子系统，形成了城市碳排放在城市内部及跨区域流动的空间格局。

自然生态子系统：城市自然生态子系统包含森林、湿地、海洋与城市绿地等蓝绿空间，具有巨大的碳排放吸收及储存能力，属于城市的自然碳汇。

经济生产子系统：城市境内所有能源活动及非能源活动引起的直接碳排放主要来源 7 个部门——农村生活、服务业、城镇生活、农业、工业能源、工业过程及境内交通。其中，境内交通包括私家车、公交车、出租车及轨道交通。为避免重复计算，工业部门一般不包括电力及热力的生产和供应业，电力及热力产生的间接碳排放根据电力、热力消耗的终端原则分配到各个部门。对于非能源活动引起的碳排放，主要考虑垃圾填埋场、污水处理厂、秸秆燃烧、动物肠道、动物粪便管理、水稻种植及煤矿开采等活动引起的 CH_4 排放、总 N_2O 气体及含氟气体等。这部分城市境内产生的直接碳排放通常是范围一排放（Scope 1）。

社会消费子系统：城市系统正常运转所需的大量材料、资源及能源投入，如电力、食物、能源、钢铁、水泥等，大部分来自城市边界外的供给，而这些产品在上游的生产—加工—运输—分配等供应链过程中均产生碳排放，最终以隐含碳排放的形式内嵌在产品和服务中，这属于城市上游间接碳排放。此外，城市系统不断向环境排放的废弃物中，有很大一部分超出了城市系统自身的处理能力，需要运输到边界外进行处理，在此过程中产生的碳排放属于城市下游间接碳排放。可见，城市的跨境碳排放主要包括 3 个方面：①城市建设和运行所需的最终产品和服务在上游供应链产生的间接碳排放，包含外调电力；②城市系统产生的废弃物由于城市自身处理能力不足而运输到城市下游周边腹地处置所产生的间接碳排放；③城市与其他地区间的跨境交通（铁路、航空、水运、长途道路）引起的间接碳排放。社会消费子系统包含范围二排放（Scope 2：外调电力引发上游产业链的间接碳排放）和范围三排放（Scope 3：未被范围二包括的其他上游及下游的间接碳排放）。

2.1.2　核算方法

1. 温室气体排放清单法

温室气体排放清单法是目前较为普遍使用的温室气体核算方法，能够清晰地反映温室气体排放水平、排放结构和排放特征（李晴等，2013）。在城市尺度上，西方发达国家在 20 世纪 90 年代就通过温室气体排放清单来进行城市层面应对气候变化和低碳发展的相关研究。城市温室气体排放清单采用较为彻底的自下而上的方法学。在国家尺度上，编制温室气体排放清单这种自下而上的方法基本都是基于IPCC的T2层次方法，即基于国家或者区域层面的统计数据确定排放因子、活动水平。然而对于更小尺度的城市来说，地域面积、能源消耗等体量均较小，一般都采用IPCC的T3层次方法，即针对具体排放源的排放特征进行逐一详细分析和核算（蔡博峰，2012）。

目前，城市级碳排放清单编制主要参考《2006年IPCC国家温室气体清单指南2019修订版》（以下简称IPCC指南）、宜可城-地方可持续发展协会（ICLEI）方法学及《城市温室气体排放核算国际标准》等。IPCC指南提供了编制国家温室气体排放清单的通用方法、计算公式，以及其他可以参考的基本参数等，对于城市级别的清单编制同样具有重要意义。IPCC指南中温室气体排放量核算的基本方法是通过活动水平（AD）× 排放因子（EF）来量化的。《城市温室气体排放核算国际标准》与IPCC指南的温室气体核算方法相一致，但对城市温室气体排放核算尺度进行了详细划分。在该标准中，城市活动产生的温室气体排放被划分为六大类：固定能源活动、交通、废弃物、工业生产过程和产品使用、农业林业和土地利用、由城市活动产生的城市地理边界以外的其他排放。清单范围是指清单所包括的温室气体排放过程，主要指本地排放和跨界排放，即直接排放过程和间接排放过程，具体可分为3个尺度，主要参考核算边界中对于3种范围的划分（蔡博峰，2011）。

城市内各部门的碳排放主要来源于3个部分：①化石燃料燃烧的直接碳排放（不包括能源加工转换过程中的化石燃料燃烧）；②电力的间接碳排放；③热力的间接碳排放。各部分的具体计算过程如下：

（1）化石燃料的燃烧

参照IPCC指南的计算方法，化石燃料燃烧的直接碳排放又分为固定源和移动源两个部分分别计算。碳排放计算主要涵盖3种温室气体（CO_2、CH_4、N_2O），通过全球增温潜势（GWP）来反映各种温室气体对全球变暖的贡献大小，最终以二氧化碳当量（CO_2e）表示。

①固定源

固定源化石燃料燃烧产生的温室气体排放量计算公式如下：

$$GHG_{Fuel}=\sum_{i}\sum_{j}AC_{i,j}\times NCV_{j}\times(EF_{CO_2}+EF_{CH_4}\times GWP_{CH_4}+EF_{N_2O}\times GWP_{N_2O}) \quad (2\text{-}1)$$

式中：GHG_{Fuel}——固定源产生的温室气体排放量，tCO_2e；

i——不同部门；

j——燃料品种；

AC——消费的化石燃料实物量，万 t 或亿 m^3；

NCV——各燃料低位发热值，kJ/kg(m^3)（表 2-2）；

EF_{CH_4}、EF_{N_2O}——固定源化石燃料燃烧过程中 CH_4、N_2O 的排放因子，kg/TJ（表 2-3）；

EF_{CO_2}——固定源化石燃料燃烧过程中 CO_2 的排放因子，kg/TJ。计算过程如下：

$$EF_{CO_2} = CC \times O \times 44/12 \times 10^3 \quad (2\text{-}2)$$

式中：EF_{CO_2}——CO_2 的排放因子，kg/TJ；

CC——燃料含碳量，tC/TJ（表 2-2）；

O——氧化率，本书采用 IPCC 默认值 100%；

44/12——C 转换为 CO_2 的系数。

表 2-2　化石燃料的 CO_2 排放计算参数

燃料分类	含碳量 [a]/（tC/TJ）	碳氧化率 [a]/%	平均低位发热量 [b]/[kJ/kg(m^3)]	折标准煤系数 [b]/[kgce/kg(m^3)]
原煤	26.80	100.00	20 934.00	0.714 3
洗精煤	25.80	100.00	26 377.00	0.900 0
其他洗煤	25.80	100.00	8 363.00	—
型煤	26.60	100.00	20 908.00	—
焦炭	29.20	100.00	28 470.00	0.971 4
焦炉煤气	12.10	100.00	16 726.00	0.590 0
其他煤气	12.10	100.00	5 227.00	0.590 0
原油	20.00	100.00	41 816.00	1.438 6
汽油	18.90	100.00	43 124.00	1.471 4
柴油	20.20	100.00	42 705.00	1.457 1
燃料油	21.10	100.00	41 868.00	1.428 6
液化石油气	17.20	100.00	50 242.00	1.714 3
炼厂干气	15.70	100.00	46 055.00	1.571 4
天然气	15.30	100.00	38 931.00	1.330 0
其他石油制品	20.00	100.00	41 816.00	—

注：[a] 参考《2006 年 IPCC 国家温室气体清单指南》；[b] 来自《综合能耗计算通则》（GB/T 2589—2020）。

表 2-3 固定源化石燃料的 CH_4 和 N_2O 排放因子

单位：kg/TJ

燃料分类	能源工业		制造工业和建筑业		商业 / 机构	
	CH_4	N_2O	CH_4	N_2O	CH_4	N_2O
原煤	1.00	1.50	10.00	1.50	10.00	1.50
洗精煤	—	—	—	—	—	—
其他洗煤	—	—	—	—	—	—
型煤	—	—	—	—	—	—
焦炭	1.00	1.50	10.00	1.50	10.00	1.50
焦炉煤气	1.00	0.10	1.00	0.10	1.00	0.10
其他煤气	1.00	0.10	1.00	0.10	1.00	0.10
原油	3.00	0.60	3.00	0.60	3.00	0.60
汽油	3.00	0.60	3.00	0.60	10.00	0.60
柴油	3.00	0.60	3.00	0.60	10.00	0.60
燃料油	3.00	0.60	3.00	0.60	10.00	0.60
液化石油气	1.00	0.10	1.00	0.10	5.00	0.10
炼厂干气	1.00	0.10	1.00	0.10	1.00	0.10
天然气	1.00	0.10	1.00	0.10	5.00	0.10
其他石油制品	3.00	0.60	3.00	0.60	10.00	0.60

注：以上数据参考《2006 年 IPCC 国家温室气体清单指南》。

②移动源

移动源化石燃料燃烧产生的温室气体排放量计算公式如下：

$$GHG'_{Fuel}=\sum_{i}\sum_{j}AC_{i,j}\times NCV_{j}\times(EF'_{CO_2}+EF'_{CH_4}\times GWP_{CH_4}+EF'_{N_2O}\times GWP_{N_2O}) \quad (2\text{-}3)$$

式中：GHG'_{Fuel}——移动源产生的温室气体排放量，tCO_2e；

i——不同交通部门，如道路运输、水运等；

j——燃料品种，如汽油、柴油等；

AC——消费的燃料实物量，万 t 或亿 m^3；

NCV——各燃料低位发热值，MJ/t（km^3）（表 2-2），其中航空煤油取值 44 100 kJ/kg；

EF'_{CO_2}、EF'_{CH_4}、EF'_{N_2O}——移动源化石燃料燃烧过程中产生的 CO_2、CH_4 及 N_2O 排放因子，kg/TJ（表 2-4）。

表 2-4　移动源主要温室气体排放因子

单位：kg/TJ

类别	燃料类型	CO_2	CH_4	N_2O
道路运输	汽油	74 100	3.90	3.90
	柴油	74 100	3.90	3.90
	天然气	56 100	92.00	3.00
水运	汽油	74 100	7.00	2.00
	柴油	74 100	7.00	2.00
	燃料油	77 400	7.00	2.00
航空	航空煤油	71 500	0.50	2.00
铁路	柴油	74 100	4.15	28.60

注：以上数据参考《2006 年 IPCC 国家温室气体清单指南》。

（2）电力

城市各部门的电力使用产生的温室气体计算公式如下：

$$GHG_{Electricity}=\sum_{i} C_{Electricity,\,i}\times L\times EF_{Grid} \tag{2-4}$$

式中：$GHG_{Electricity}$——电力消耗产生的温室气体排放量，tCO_2e；

i——不同部门；

$C_{Electricity,\,i}$——i 部门的电力消耗量，万 kW·h；

L——电力输配电过程中的损失因子，由各城市能源平衡表获得；

EF_{Grid}——电网平均碳排放因子，tCO_2e/（万 kW·h）。计算过程如下：

$$EF_{Grid}=\sum_{m}（C'_{m}\times EF_{m}）\sum_{m}/C'_{m} \tag{2-5}$$

式中：EF_{Grid}——电网平均碳排放因子，tCO_2e/（万 kW·h）；

C'_{m}——m 发电类型的发电量，万 kW·h；

m——发电类型，如火力发电、水力发电、风力发电及外调电力等；

EF_{m}——m 发电类型的平均碳排放因子，tCO_2e/（万 kW·h）。

（3）热力

城市热力消耗产生的温室气体排放量计算公式如下：

$$GHG_{Heating}=\sum_{i} C_{Heating,\,i}\times EF_{Heating} \tag{2-6}$$

式中：$GHG_{Heating}$——热力消耗产生的温室气体排放量，tCO_2e；

i——不同部门；

$C_{\text{Heating}, i}$——i 部门的热力消耗量，10^6kJ；

EF_{Heating}——供热系统的平均碳排放因子，$tCO_2e/10^6kJ$。

（4）城市各部门的能源利用碳排放

城市各部门的能源利用碳排放按交通部门和非交通部门分别进行统计，计算公式如下：

$$GHG = GHG_{\text{trans}} + GHG_{\text{non-trans}} \tag{2-7}$$

式中：GHG——城市各部门能源利用产生的温室气体排放量，tCO_2e；

GHG_{trans}——城市内交通部门的温室气体排放量，tCO_2e，计算过程见式（2-8）；

$GHG_{\text{non-trans}}$——城市内非交通部门的温室气体排放量，tCO_2e，计算过程见式（2-9）。

$$GHG_{\text{trans}} = \sum_i GHG'_{\text{Fuel}, i} \tag{2-8}$$

$$GHG_{\text{non-trans}} = \sum_i GHG_{\text{Fuel}, i} + GHG_{\text{Electricity}, i} + GHG_{\text{Heating}, i} \tag{2-9}$$

式中：$GHG'_{\text{Fuel}, i}$——城市内不同交通部门的化石燃料燃烧产生的温室气体排放量，tCO_2e；

$GHG_{\text{Fuel}, i}$、$GHG_{\text{Electricity}, i}$ 及 $GHG_{\text{Heating}, i}$——城市内各非交通部门的化石燃料燃烧、电力消耗及热力消耗产生的温室气体排放量，tCO_2e。

2. 过程分析法

过程分析法是根据生命周期评价的基本原理，以过程分析为基本出发点，通过生命周期的清单分析得到研究对象的输入和输出数据清单，进而计算该研究对象全生命周期的碳排放，即碳足迹（王微等，2010）。"足迹"这一概念最早起源于哥伦比亚大学的 Ress 和 Wackernagel 提出的生态足迹（Wackernagel et al.，1994；1998），表示要维持特定人口生存和经济发展所需要的或者能够吸纳人类所排放的废物、具有生物生产力的土地面积。碳足迹源于生态足迹的概念，指在人类生产和消费活动中所排放的与气候变化相关的气体总量。目前的城市碳足迹研究中，多种与城市生产及消费活动相关的碳足迹类型被界定，并与划分的碳排放范围相关联（Lin et al.，2015；Chen et al.，2020）。

城市本地生产碳足迹（Total Local Production Footprint，TLP）：涵盖城市供应链中燃料燃烧和工业过程的边界内排放量（城市内部碳排放），而忽略了所有商品和服务的进口供应链，与 Scope 1 类似。

区域基础设施碳足迹（Community-wide Infrastructure Carbon Footprint，CIF）：包括城市区域排放量（城市内碳）和城市消费的隐含碳足迹（城市外碳）。

基于消费的碳足迹（Consumption-based Carbon Footprint，CBF）：涵盖与家庭消费、公共部门和投资相关的基础设施和非基础设施商品与服务的整个供应链（城市和城外）排放，同时不包括商品和服务出口生产中体现的供应链排放。

更广泛的生产碳足迹（Wider Production Carbon Footprint，WPCF）：包括区域排放量加上基础设施和非基础设施货物及服务的进口相关供应链中的排放量，不包括家庭和政府的直接排放量。

全范围碳足迹（Full-scope Carbon Footprint，FSCF）：涵盖区域排放量加上所有与进口相关的供应链排放量（基础设施和非基础设施），包括出口生产的供应链排放（包括所有城市和城市外碳流）。

不同研究者根据研究问题的需要，对碳足迹边界的界定略有不同。

该方法主要适用于不同尺度的碳足迹核算，如微观尺度的家庭、个人/产品，中观尺度的组织机构，以及宏观尺度的区域、城市及国家。在城市层面，过程分析法常用于基于地域或基于生产的核算中。过程分析法具体的计算过程包括以下5个步骤：①建立产品的制造流程图，即将整个生命过程中的原料、活动和过程尽可能列出（清单编制）；②确定系统边界，包括生产、使用及最终处理该产品过程中直接和间接产生的碳排放；③数据的收集，包括生命周期中包含的物质与活动及相关的排放因子；④计算碳足迹，根据质量平衡方程计算生命周期各阶段的碳排放（详见排放清单法）；⑤结果检验。

3. 投入产出法

投入产出法最早是由美国经济学家华西里·列昂惕夫（Wassily Leontief）于1936年提出的，是目前比较成熟的经济分析方法。该方法主要依据投入产出表数据进行计算，建立了相应的数学模型，通过平衡方程反映初始投入、中间投入、总投入及中间产品、最终产品、总产出之间的关系，反映其中各个流量之间的来源与去向，进而反映经济系统中各个部门及产业间的关系。投入产出（I-O）模型表征了经济系统中不同部门间货物和服务的交流状况，为研究经济单元间的相互关联、相互依赖性提供了有力的量化工具。环境拓展的单区域I-O模型是在单区域I-O模型的基础上运用Leontief模型的原理，在模型中加入环境变量使环境变量通过经济关系在部门间、地区间联系起来。由于I-O模型可以清晰刻画产品基于投入（如碳排放、能源、水资源）—产出（嵌入了隐含碳、隐含能、虚拟水）关系在各个部门间的流动情况，因此越来越广泛地应用于各个尺度和层面的隐含碳、隐含能及虚拟水等隐含环境影响研究中。

可以用静态价值型投入产出表这一最基本的模型介绍投入产出表的模型结构和基本原理。静态价值型投入产出表从水平方向上分为中间需求和最终需求2个部分，从垂直方向上分为中间投入和最初投入2个部分，水平方向和垂直方向交错将投入产出表分为反映部门间不同投入产出关系的4个部分，一般称为4个象限。第一象限从水平方向上看，表示某部门的产品用于满足各个部门中间需求的情况，或者说某部门产品在各个部门间的分配；从垂直方向上看，表示某部门对各个部门产品的中间消耗。第一象限描述了国民经济各个部门之间的投入产出关系，因此称为中间流量矩阵（中间消耗关系矩阵）。

投入产出表从水平方向来看表示各部门产品在国民经济体系中的分配和使用情况，即用于中间需求和用于最终需求的情况。在横向上具有如下平衡关系：

$$X_i = \sum_{j=1}^{n} Z_{ij} + y_i \quad (i = 1, 2, \cdots, n) \tag{2-10}$$

式中：X_i——i 部门总产出；

Z_{ij}——中间矩阵，表示 j 部门生产中对 i 部门产品的消耗量；

y_i——最终需求。

为了反映某部门生产单位产品对相关部门产品的直接消耗，将直接消耗系数定义如下：

$$a_{ij} = Z_{ij}/X_j \quad (i, j = 1, 2, \cdots, n) \tag{2-11}$$

式中：a_{ij}——直接消耗系数，表示 j 部门每单位产出对 i 部门产品的消耗量；

X_j——j 部门的总投入量，由于投入产出表的总投入量等于总产出量，也代表 j 部门的总产出量。

直接消耗系数表明了部门的技术水平、价格的相对变动、管理水平、需求与生产能力的利用程度、部门内部的产品结构等丰富的信息。

综合以上2个公式，可得

$$X_i = \sum_{j=1}^{n} a_{ij} X_j + y_i \quad (i = 1, 2, \cdots, n) \tag{2-12}$$

由直接消耗系数的性质可得（$\boldsymbol{I}-\boldsymbol{A}$）可逆，于是

$$\boldsymbol{X} = (\boldsymbol{I}-\boldsymbol{A})^{-1}\boldsymbol{y} \tag{2-13}$$

这就是投入产出法中最重要的模型，即Leontief模型，它反映了最终需求与总产出之间的关系。

投入产出分析是用于追踪城市层面碳流量的主要方法。投入产出法最早使用的是单区域投入产出分析，但其难以有效追溯区域间的产品及服务贸易流动。因此，在单个区域I-O模型的基础上建立起来的跨区域I-O联结模型——区域间I-O模型，不仅可以反映区域内部各产业之间的经济关联，还可以系统、全面地反映不同区域、不同产业之间的产品和服务的贸易流动隐含的环境影响。区域间I-O模型由Isard（1951）首先建立，根据编表方式的不同可以分为区域间I-O模型（Interregional Input-Output Model，IRIO）和多区域I-O模型（Multiregional Input-Output Model，MRIO）两种。IRIO对基础数据的需求量非常大，要编制分地区、分部门的地区间产品流量矩阵，是一个流入非竞争型模型，编制非常困难。而MRIO则相应对数据资料要求得较少，也得到了广泛应用。根据MRIO修订的多尺度I-O模型（MSIO）可以提供更全面的分析，能够捕获全球经济的相互依存关系，同时保留区域差异（Bachmann et al.，2015）。目前对于城市层级的温室气体核算，环境拓展的多尺度I-O模型（EE-MSIO）得到应用，其能够充分核算城市、国家、全球经济体系内部和之间的产品交换，将描述不同空间尺度的两个现有且可能相互冲突的MRIO数据集合并为一个多尺度模型。此外，当城市层面的投入产出表不可用时，生命周期分析法（LCA）可以作为评估城市经济碳流量的补充工具（Chen et al.，2017；Meng et al.，2016）。

4. 混合分析法

混合分析法整合了自下而上模型（过程分析法）与自上而下模型（投入产出法）的优点，将两种方法整合在同一分析框架内，是近年来的研究热点（陈绍晴等，2021；Suh et al.，2007）。该方法先以自上而下模型为获取数据的主要方式，然后辅以自下而上模型作为补充，两者相互协调、相互完善，使碳足迹评估的数据来源更为广泛，数据更为详尽，从而确保得到更加客观准确的计算结果。

目前混合分析法在碳足迹方面的研究主要集中在城市尺度，其计算范围主要涵盖以下3个方面：①城市内各部门的碳排放，包括为了满足城市生产、生活的各个部门（如工业、建筑业、商业及公共机构、境内交通部门、居民生活等）的化石燃料等一次能源及电力、热力等二次能源产生的碳排放；②城市间跨境交通产生的碳排放，主要指航空运输、水路运输、长途道路运输及铁路运输等；③城市消耗的主要材料（如水、水泥、食物、燃料、钢铁等）的内含能碳排放。前两个方面主要采取过程分析法，通过系统过程的描述进行碳排放的核算，第三个方面主要借助经济投入产出生命周期评价模型，系统地描述主要材料从上游的原材料开采、运输到加工制造为产品的碳足迹。关于混合分析法，常用的手段包括基于过程的生命周期分析法（P-LCA）和基于经济投入产出的生命周期分析法（EIO-LCA）。对于涉及范围一的境内直接碳排放，范围二和范围三中由外调电力、跨境交通与废弃物处理带来的间接碳排放，可采用 P-LCA 方法，以保证核算数据的精确度（丛建辉等，2014）；对于范围三中主要物质在上游产业链间接产生的碳排放，可运用 EIO-LCA 方法，以避免截断偏误（Meng et al.，2016）。综合以上方面，城市尺度的碳足迹评估过程，即应用混合分析法计算城市碳足迹的方法如图 2-4 所示。

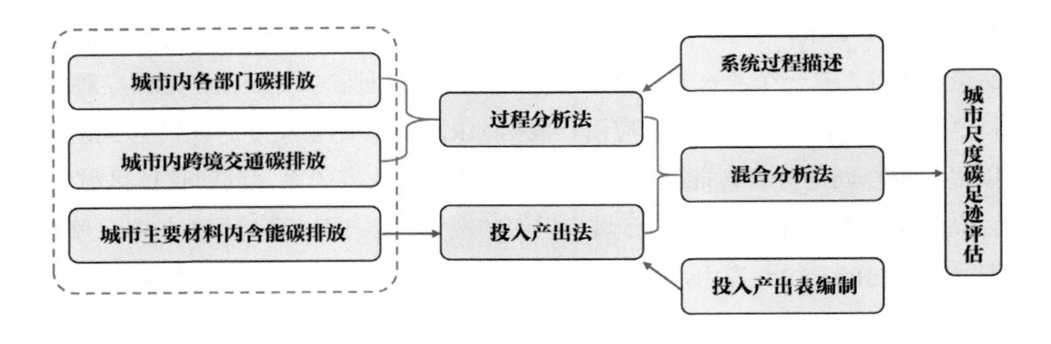

图 2-4　城市碳足迹之混合分析法

5. 跨境交通碳足迹计算方法

跨境交通碳排放产生在城市边界之外，属于范围三，所以此处涉及碳排放责任分配的问题，下面将就长途客、货运与航空水运分别讨论。

对于长途客、货运的地表跨境交通，Ramaswami 等（2008）学者采用车辆行驶里程（VMT）方法，对于从区域内其他城市到达丹佛市的 VMT 和从丹佛市出发到达区域内其他城市的 VMT 采取各取一半的分配原则。本研究中基于数据可获得性问题，在分配长途客、货运的碳排责任时，假设从厦门出发和抵达厦门的 VMT 大致相等，只计算厦门始发的长途客、货运车的燃油消耗产生的温室气体排放量。

对于航空跨境交通，不同学者有不同的处理方式。Carney 等（2009）只计算国内航线和国际航线的着陆 / 起飞（LTO）阶段的碳排放。伦敦、纽约、丹佛根据城市内机场的加油量计算碳排放，包括所有国内和国际航线。Kennedy 等（2011）在编制城市温室气体排放清单中，曼谷、巴塞罗那、开普敦、日内瓦、伦敦、洛杉矶、纽约、布拉格、多伦多等城市将机场加油量产生的碳排放全部都计算到该城市范畴内，对于城市机场设在城市边界之外的丹佛市，在碳排放责任分配时计算公式如下：

$$GHG_{Aviation} = \sum_{Regional\ Airport} I_{fuel} \times C_{fuel} \times n_{city} / n_{region} \quad (2\text{-}14)$$

式中：I_{fuel}——航空煤油的温室气体排放因子，kg/TJ；

C_{fuel}——飞机的加油量，L；

n_{city}——从该城市到机场的地面交通年均出行次数，次；

n_{region}——从该区域其他城市到机场的地面交通年均出行总次数，次。

对于水运、铁路等跨境交通的碳排责任分配原理，与航空的处理一致。综上所述，目前国际上无论是长途客、货运还是航空、水运都还没有统一的分配标准，丹佛市的处理方式在航空碳排放责任分配方式上比较合理。基于现有数据情况，参考 Kennedy 等的碳足迹核算方法，本书的航空和水运碳排放根据其在市内的加油量来计算。

6. 城市主要材料内含碳排放计算方法

城市主要材料的内含碳排放指本地消费的主要物质在城市边界之外的上游生产、加工、运输等过程中的碳排放。这部分碳排放根据城市的实际情况选取，一般包括的主要城市消费物质有燃料、水泥、水和食物等。对于这部分内含碳排放的计算，本书采用 EIO-LCA 模型，从最终需求视角分析温室气体排放在部门间的分布结构，该模型是 20 世纪 70 年代由 Leontief 研究开发的，综合了生命周期评价方法和经济投入产出两种方法，用于分析产品或服务生产链中的环境影响。

EIO-LCA 的计算公式如式（2-15）～式（2-18）所示。基本的 I-O 模型可表示为

$$\boldsymbol{x} = (\boldsymbol{I} + \boldsymbol{A} + \boldsymbol{A} \times \boldsymbol{A} + \boldsymbol{A} \times \boldsymbol{A} \times \boldsymbol{A} + \cdots) \quad (2\text{-}15)$$

$$= (\boldsymbol{I} - \boldsymbol{A})^{-1} \boldsymbol{y} \quad (2\text{-}16)$$

式中：$\boldsymbol{x}$——总产出列向量，包括直接和间接，万元；

$\boldsymbol{I}$——单位矩阵；

$\boldsymbol{A}$——直接消耗系数矩阵；

$\boldsymbol{y}$——最终需求列向量，万元；

$\boldsymbol{A} \times \boldsymbol{y}$——部门的直接产出；

$\boldsymbol{A} \times \boldsymbol{A} \times \boldsymbol{y}$——部门的间接产出，依此类推；

$(\boldsymbol{I} - \boldsymbol{A})^{-1}$——列昂惕夫逆矩阵 。

生产链中各部门的温室气体排放量如下：

$$b = \boldsymbol{R} x \quad (2\text{-}17)$$

式中：b——满足最终需求 $\boldsymbol{y}$ 各部门在生产中排放的温室气体量，tCO_2e；

$\boldsymbol{R}$——对角矩阵，对角元素为各部门单位货币产出所直接排放的温室气体量，

元素值由式（2-18）得到

$$R_i = c_i / x_i \tag{2-18}$$

式中：R_i——部门 i 的直接排放系数，tCO_2e/ 万元；

c_i——该部门的直接温室气体排放量，tCO_2e；

x_i——该部门的总产出，万元。

EIO-LCA 与传统的环境投入产出法类似，但是污染物的排放系数矩阵不同，在传统的环境投入产出法中，该系数是一个行向量，而在 EIO-LCA 模型中该系数是一个对角矩阵，将最终需求引起的环境影响分解到生产链的各个部门。在 EIO-LCA 模型中，部门 j 的内含排放指该部门在生产中因使用其他部门 i（$i \neq j$）的产品或服务，而使部门 i 产生的排放。在本书中，为了避免重复计算，部门 j 的内含碳排放不包括碳排放矩阵对角线上的元素，即 j 部门用于自身生产过程的直接碳排放，以及由交通运输、仓储和邮电业部门产生的排放，因为该排放已经包含在跨境交通部分了。

本书基于 EIO-LCA 模型建立了部门能源消费引起的温室气体排放矩阵，具体的计算公式如下：

$$\boldsymbol{B} = \boldsymbol{R}\ (\boldsymbol{I}-\boldsymbol{A})^{-1}\boldsymbol{Y} \tag{2-19}$$

式中：$\boldsymbol{B}$——各部门的能源消费温室气体排放矩阵，b_{ij} 为 $\boldsymbol{B}$ 中的元素（i 为产品生产或服务提供部门的序号，j 为产品或服务使用部门的序号，$i = 1, 2, \cdots, n$；$j = 1, 2, \cdots, n$，n 为投入产出表中的部门数），tCO_2e，$\boldsymbol{B}$ 的各行向量之和表示部门 i 在产品生产或服务提供过程中的 CO_2 排放量，各列向量之和表示部门 j 在生产中因使用部门 i 的产品或服务而产生的 CO_2 排放量；

$\boldsymbol{R}$——对角矩阵，对角元素 R_i 为 i 部门单位产值的能源消耗引起的 CO_2 排放量，tCO_2e/ 万元；

$\boldsymbol{Y}$——对角矩阵，对角元素 Y_j 表示 j 部门产品及服务的最终需求量（包括最终消费支出、资本形成、出口、调出），万元。

2.2 碳中和路径研究综述

目前，关于碳中和路径已经有很多研究成果，主要包括 IPCC 关于碳排放路径的研究、世界主要发达经济体排放路径研究和学术上利用各种模型方法开展的碳路径研究。

具体来说，为更好地研究全球社会经济发展的可能状态和演变趋势，IPCC基于温升控制和排放特征，结合排放情景与社会经济发展情况，提出了气候变化约束下的全球共享社会经济路径（IPCC Shared Socioeconomic Pathways，IPCC-SSPs），用于阐述全球社会经济发展的可能状态和演变趋势（Dellink et al., 2017; Jiang et al., 2017; Samir et al., 2017）。其未来社会经济情景的设定主要包括7个指标体系：人力和资源指标、经济发展指标、人类发展指标、技术指标、生活方式指标、自然资源指标和政府政策指标。各路径情景间的主要区别在于所面临挑战的强度不同，而适应气候变化与利用机遇的能力受适应性技术选择、相关机构的有效性等因素制约。IPCC-SSPs设定的路径情景中，SSP1、SSP3、SSP4、SSP5分别设定了不同程度减缓和适应气候变化挑战的组合，SSP2为一个两方面挑战均相对适中的路径。IPCC-SSPs对IPCC各类评估报告、《联合国气候变化框架公约》谈判和各国政府气候决策发挥了关键支撑作用（IPCC, 2013; IPCC, 2014a; IPCC, 2014b; UNFCCC, 2015）。

在世界主要发达经济体排放路径研究中，作为经济合作与发展组织（Organisation for Economic Co-operation and Development，OECD）主要辅助机构之一的国际能源署（International Energy Agency，IEA）从成立之初就一直致力于协调世界各主要发达经济体及其成员国的能源政策，促进各经济体之间的对话与合作。IEA在其发布的《世界能源展望2020》（*World Energy Outlook 2020*）中开展了可持续发展情景（Sustainable Development Scenario，SDS）等3种情景和路径的分析（IEA, 2020a），充分考虑了部门能源政策的基本原则与联合国（United Nation，UN）可持续发展目标（Sustainable Development Goals，SDG）的影响。借助世界能源模型（World Energy Model，WEM），SDS情景描述了未来10年内将CO_2排放量纳入实现2050年净零排放路径（the Net-Zero Emissions by 2050 Scenario，NZE2050）后，世界主要经济体能源和排放路径的改变，并进一步分析了在保证社会稳定和经济发展的条件下，各主要发达经济体实现能源部门净零排放所需进行的政策调整（IEA, 2020b）。此外，欧盟结合自上而下的行业模型（Forecasting Energy Consumption Analysis and Simulation Tool，FORECAST）与自下而上的技术驱动发展方法开展了排放情景和路径研究。FORECAST考虑了广泛的气候变化减缓方案，为行业的能源需求和温室气体排放的长期发展制定方案。同时，FORECAST对欧盟温室气体排放路径所使用的模型套件进行了补充，包括能源部门、大气扩散和宏观经济等方面。

碳排放路径学术研究主要包括以下几类：采用自上而下方法的碳排放路径影响因素研究，利用各类计量经济学模型实证分析碳排放量与能源结构、产业结构等因素之间的关系，如直接基于长时间序列的排放数据或者历史轨迹设定目标，开展多要素综合分析（蒋含颖等，2021；张立等，2020）；建立对人口、富裕度和技术可拓展随机性的环境影响评估模型（Stochastic Impacts by Regression on Population, Affluence, and Technology，STIRPAT），预测碳排放，如有学者基于 STIRPAT 模型研究了中国碳排放与产业结构的关系，结果发现加快实现能源结构和产业结构转型是中国达到碳排放峰值的关键路径（Su et al., 2020）。

自上而下方法还有一类研究思路是基于模型结果综合分析温室气体排放的驱动因素。在采用 Kaya 公式（何建坤，2013）的研究中，CO_2 排放达峰的一个必要条件可粗略表示为单位 GDP 的 CO_2 排放强度年下降率应大于 GDP 的年增长率，说明一个国家 / 地区潜在的 GDP 年增长率越高，其 CO_2 排放达峰值所需的减排力度就越大，实现起来就越困难。在采用脱钩系数法（Shi, 2020）的研究中，最初主要用于评价自然资源消耗（能源）与经济增长或人类发展之间的解耦关系，进而用于判断国家或地区未来的 CO_2 排放趋势（增加、减少、达峰或者平台期等）。有学者聚焦于欧盟 14 国制造业碳排放与经济发展的脱钩问题，结果表明能源强度的降低与电力清洁化有利于碳减排目标的实现。在因素分解法的研究中，常见的有采用对数平均迪氏分解法（Logarithmic Mean Divisia Index，LMDI）（Li et al., 2019），它将目标变量的变动分解为若干个影响因素变动的组合，从而客观地识别目标变量变动的主要驱动因素或抑制因素。有研究采用 LMDI 方法分析了中国碳排放变化的驱动因素，结果表明产业结构升级、能源用煤比例下降及能效提升使中国的碳排放进入新阶段。在 I–O 模型（Su et al., 2021）的研究中，基于传统的 I–O 模型，发展出环境 I–O 分析，以揭示整个经济的环境排放，该方法更能描述部门之间的相互作用，从不同角度（基于生产或消费）考虑各种经济主体的温室气体排放，目前已经进行了广泛的研究分析并说明基于 I–O 模型开发的区域温室气体排放应用方法。

另外一类模型研究是基于排放的某种演化规律判断未来的排放轨迹。例如，排放演化模型（Evolution based Emission Scenarios）（Cui et al., 2021）就是基于群体演化规律预测单个城市在自然状态下的碳排放演变趋势，得到其未来基准情景下的碳排放情况；生存模型（Survival Model）在经济学领域也被称为持续时间模型（Wang et al., 2019），它通过分析事件发生的时间数据，探索了一个或多个事件发生之前的生存时间及影响因素与事件之间的关系。有学者通过分析 1960—2014 年 91 个国家的数据，采用生存模型探讨了影响排放峰值时间的因素，并预测了实现 CO_2 排放峰值的条件概率。此外，还有库兹涅茨曲线（Carbon Kuznets Curve，CKC）模型，又称环境库兹涅茨曲线（Environmental Kuznets Curve，EKC）（Chen et al., 2019b;

Dong et al., 2018; Shen et al., 2018），其认为峰值碳排放与环境有关，假设人均收入与环境污染之间呈倒“U”形关系，即环境破坏的程度首先随着人均 GDP 的增加而增加。也有研究耦合了自上而下宏观模型和自下而上演化模型，建立了综合的路径模型，如中国中长期排放路径模型（CAEP-CP）等（Cai et al., 2021; 蔡博峰等，2021），用以支撑中国特定目标下特定的 CO_2 排放路径。

第 3 章
国际典型城市碳中和规划

3.1 纽约

3.1.1 纽约碳中和目标

为了实现城市环境、社会和经济平衡发展的目标，纽约市政府编制并实施了《纽约规划：实现可持续发展》（*PlaNYC*：*Getting Sustainability Done*，以下简称PlaNYC）。PlaNYC综合考虑了一系列以全球气候变化、人口高速增长为例的城市发展所面临的问题，并为这些问题提供了有针对性的解决方案。PlaNYC的宏观目标为“到2030年将纽约建成一个可持续发展的城市，并为全球其他城市作出表率”。该规划总结了纽约城市发展的三大主要挑战——碳排放增长、基础设施建设及环境恶化，并在住房、开放空间、弃置土地、供水系统、交通和能源等10个领域综合连贯地制定了一系列短期和长期的实施方案。此外，PlaNYC利用“可持续指标体系”对实施方案的进度进行年度和阶段性评估，并定期公布评估结果。

根据《纽约2050规划》（*One NYC 2050*）之“宜人气候篇”，纽约的目标是在2050年之前以公正平等的方式实现碳中和（表3-1）。为了让社区安全且具有韧性，纽约将在缓解洪水和热浪、提升重要基础设施方面持续投入，包括交通、能源、通信、供水、废水及废弃物管理；同时，确保空气和水的清洁，让居民能够享有开放空间和自然空间，每个人都有可供使用的可持续交通方式。此外，还要为多样且持续增加的人口提供住房，并创造薪酬体面且无障碍的工作岗位。面对气候变化，纽约必将拥有宜居的气候，并在国内和国际上发挥引领作用。

表3-1 《纽约2050规划》相关内容

指标	最新数据	目标
消除、减少或抵消温室气体排放占比 /%	17（2017年）	在2050年前达到100
清洁能源发电所占比例 /%	27（2019年）	在2040年前达到100
洪灾参保人数 / 人	53 971（2019年）	增加
气候变化解决方案中的城市养老基金投资 / 亿美元	20（2019年）	2021年之前增加到40

资料来源：*One NYC 2050*: *Building a Strong and Fair City*。

根据《迈向碳中和的纽约之路》（*Pathways to Carbon Neutral NYC - New York City*，2021），纽约计划通过“城外集中式可再生能源发电＋城内分布式光伏发电＋城市废水处理和有机垃圾产生的沼气发电＋储能体系”，到2040年实现100%无碳能源发电。其他领域的减排措施包括发展净零能耗建筑、推广电动汽车、推动全城零废弃物排放。在碳信用方面，纽约提出对于“无法规避的排放”，通过在纽约城外创建负排放项目实现。

3.1.2 纽约碳中和政策

1. 绿色电力系统

实现碳中和要求实现向可再生能源的转变，从屋顶太阳能发电到公共设施尺度的储能。根据《纽约 2050 规划》，纽约致力于让电网更加环保，从而进一步降低建筑、交通和废弃物领域的温室气体排放。清洁且具有稳定性的电网支持建筑供暖和热水系统的电气化，并增强电力供应的稳定性，将为纽约全城居民改善空气质量。纽约政府与州、地方和市场合作伙伴进行协调，扩大输电容量，增加大规模可再生能源发电；同时，也将持续在本地层面扩展可再生能源发电，主要采取的方式是让储能装置的安装更为便捷，并在全城范围内加速推广太阳能装置。纽约过去利用城市废水处理产生的可再生沼气发电，现在则开始利用有机垃圾产生的沼气发电。实现电网的绿色化、确保在 2040 年之前实现 100% 清洁电力将为建筑、交通和废弃物领域温室气体的进一步削减铺平道路，并可为该地区创造新的就业机会。

为了达成在 2030 年之前实现 50% 可再生电网供电的目的，纽约需要获取大规模可再生能源，如太阳能、风能、岸上和海上的风能，这些能源将从纽约城边界之外获取；同时，还需要储能设施，以对可再生能源发电的间断性特征进行调衡，这就需要在 2025 年之前拥有 500 MW 的储能装置。自 2014 年年初以来，纽约的太阳能发电容量已增加了 7 倍，在此基础之上还将继续推动该地区的太阳能发电和其他分散式发电设施建设。例如，随着风能、太阳能等可再生能源不断并入电网，创新的可持续电网技术正逢其时。施耐德电气不含 SF_6 的 AirSeT 中压设备可以确保来自清洁能源的绿色电力在途经低碳的中压设备时仍能保持绿色低碳的“本色”，每套 AirSeT 可避免使用高达 3 kg 的 SF_6 温室气体，从而减少 75 000 $kgCO_2$ 的潜在碳足迹。

纽约电力管理局发布了一项十年战略计划“VISION2030”，其中包括到 2025 年计划投资部署装机容量为 325 MW 的分布式太阳能发电设施和共址部署太阳能发电设施，到 2030 年投资部署装机容量为 450 MW 的储能系统。该计划将每年投资 2 亿～4 亿美元，到 2030 年使纽约电力管理局的输电资产装机容量增长 3 ～ 5 倍。部署更多输电资产被视为将越来越多的可再生能源发电整合到电网中的关键。该州的目标是到 2030 年将可再生能源发电量提高到 70%。纽约电力管理局未来 10 年的其他战略重点包括保护和改善该州的水力发电资产，改造该州的运河系统，并在确保该州电网的可靠性、弹性和可承受性的同时朝着能源脱碳的目标迈进。

2. 绿色交通体系

交通需求与碳排放密切相关。《纽约 2050 规划》提出，将通过充分整合交通和土地使用、实行交通需求管理及更好地利用数据和技术等，从源头上避免不必要的交通出行所带来的碳排放。例如，将社会福利住房建在离就业中心更近的地方，避免长距离出行；更多采用电话 / 线上会议，减少因现场会议产生的交通出行；等等。

2019 年发布的《纽约城市出行报告》(*New York City Mobility Report*)的数据显示，2018 年纽约的绿色出行比例为 64%，公共交通出行比例为 32%，而通勤出行中公共交通的占比高达 56%。除皇后区部分区域及斯塔滕岛以外，大部分区域的居民出行主要采用步行、自行车及公共交通等绿色出行方式。在曼哈顿核心区，绿色交通出行的比例高达 85%。纽约提出要加快促进高碳的个体化出行向更加低碳的集约化出行（公共交通、骑行、步行、合乘）转移，2050 年可持续出行方式（含公共交通、骑行、步行）的比例将达到 80%（现状为 68%）。其中，40% 的行程由步行完成，10% 的行程由骑行完成，30% 的行程由公共交通完成，其余 20% 的出行仍将涉及小汽车。

其中有以下两方面的策略值得重点关注（孙婷，2022；孙晓飞，2019）：

一是促进共享交通的发展和一体化出行服务体验的提升，减少小汽车行驶里程。《纽约 2050 规划》之“宜人气候篇”中提到，促进共享交通发展对降低个人拥有车辆的需求、减少车辆的行驶里程具有重要效益。因此，纽约市交通运输管理局计划实施一项共享交通计划，包括加快共享自行车、共享汽车等绿色出行方式的发展，并将更多的路边停车位用于共享出行服务，以促进传统私家车拥有权的转变，等等。与此同时，纽约还提出将充分利用技术和数据实现出行服务模式的变革，大力发展“出行即服务”（Mobility as a Service，MaaS），以出行者需求为核心，将纽约不同交通方式的行程规划、车票支付等服务整合到一个平台上，为纽约市民提供更加流畅的一体化出行体验。

二是给予绿色出行方式更多的街道空间和路权，提高其对市民的吸引力。纽约市正在制订《纽约市街道规划》，计划分区域、精细化地优化街道空间，强化公共交通、步行和自行车的街道空间和路权保障。以自行车为例，纽约市提出到 2050 年实现每 10 次出行中就有 1 次是自行车出行的目标，其中有一项重要措施就是持续扩大自行车网络，并且每年计划修建 30 mile[1] 的受保护自行车道，从物理上隔绝车流，强化骑行的路权保护。此外，为改善公共汽车出行效率与服务，自 2008 年起纽约市在 16 条客流走廊上开通了 20 条选择性公共汽车服务线，通过基础设施改善、车辆改进和自动售票服务等方式为市民提供更快、更可靠的公共汽车服务。

为了更好地传导街道设计政策和方法、简化项目交付流程、促进卓越街道建设，

[1] 1 mile ≈ 1.61 km。

纽约市交通运输管理局于2009年首次出版了《街道设计手册》。2020年，为适应《零碳愿景行动计划》的实施，以及《纽约2050规划》制定的城市气候、公平、安全和出行目标，满足纽约市复杂多变的发展需求，2020年版《街道设计手册》正式发布。该版手册是纽约市街道设计政策、原则、流程和最佳实践的综合资源，在秉持绿色交通优先原则的基础上，通过对有限的街道空间进行合理分配，促进人员和资源以最有效的方式高效运转，推动设计、建设品质和功能相协调的街道。

在步行交通领域，纽约市自2007年起通过开展“广场计划”来扩大步行活动空间，为各个行政区的居民提供了更加优质和充满活力的步行空间。2019年，纽约市开展了“人行道坡道”计划升级和改善缘石坡道工作，为老年人、残疾人等群体提供了无障碍通行空间。在骑行交通领域，目前纽约市自行车道里程达到2 213 km，其中独立路权的自行车道里程约879 km，约占40%。2009—2019年，纽约市日均自行车出行量年增长2.9万人次/d，平均增长率达到8%，自行车通勤出行量10年增长了116%。在机动车低碳方面，为改善城市空气质量、减少温室气体排放、助力交通领域实现2050年碳中和，纽约市相继推出《电气化纽约：纽约市电动汽车愿景计划》与《纽约配送：纽约市智能货车管理计划》，积极推动机动车零碳进程及城市充电基础设施建设，助力技术和服务创新，提升城市交通系统的可持续性。

3.2 伦敦

3.2.1 伦敦碳中和目标

2018年，伦敦市长发布了《伦敦环境战略和零碳伦敦：1.5℃兼容计划》（*Zero Carbon London: A 1.5℃ Compatible Plan*）（以下简称《伦敦环境战略》）。该计划提出了符合2050年净零目标的伦敦能源系统方案（图3-1）。在发布该计划时，英国的目标是到2050年实现减排80%。自那时起，国家和地方的气候目标都有所提高。在国家层面上，英国承诺到2030年减排60%（相对于1990年的水平），到2050年实现净零排放。

伦敦的城市建设体现了区域协作意识，伦敦市区与周边区域共同构成大伦敦，以分工合作促进城市区域发展。伦敦市于2015年3月发布规划，提出了6个具体的发展愿景，分别为有效应对经济和人口增长挑战的社会城市，国际竞争力强、成功的城市，拥有多样化、强大保障和高可达性街区的城市，让人愉悦的城市，低碳节能的世界级环保城市，所有人能轻松、安全、方便地找到工作机会和享受服务设施的城市。从中可以看出，规划中所强调的积极应对经济、人口尤其是气候变化的挑战，多样化社区建设，以及低碳节能环保的理念均体现了韧性城市的基本思想。

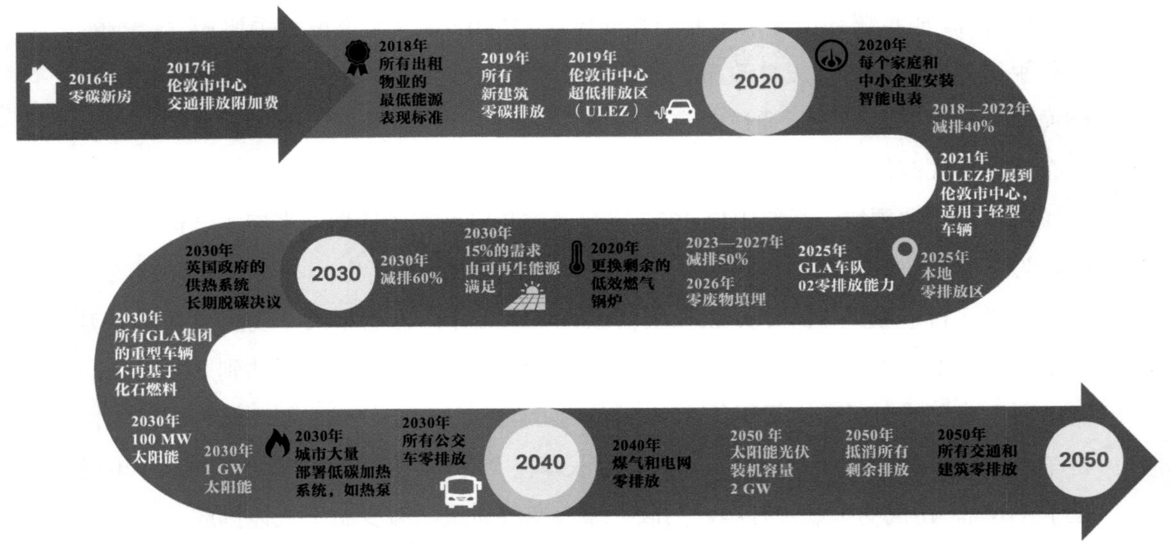

图 3-1 《伦敦环境战略》目标

《伦敦环境战略》中提出了多项韧性城市建设举措：①在基础设施韧性方面，重点改善中小企业、社区与中心城区的基础设施配套，增强内伦敦与外伦敦的联结；②在经济韧性方面，严格执行 CO_2 减排制度，因地施策，对不同企业、建筑和区域设定差异化的减排目标；③在社会韧性方面，与市镇、相关机构、志愿部门加强合作，实现医疗资源与保障性住房的最大化供给，关注特殊群体的公共服务水平；④在制度韧性方面，完善大伦敦区域的政府协调机制，推动地方当局就英格兰东部和东南部的安全可持续发展管理展开充分协商（李国平等，2020）。伦敦不仅致力于为个人和企业创造更多的机会，提高环境标准和生活质量，同时具有风险防范意识，提出要引领世界应对 21 世纪的城市挑战，特别是气候变化所带来的挑战。

3.2.2 伦敦碳中和政策

1. 绿色低碳交通运输体系

作为绿色出行先驱，伦敦拥有世界闻名的交通系统，伦敦市长为这座城市设立了交通战略目标：到 2041 年，伦敦 80% 的出行方式是步行、骑车或使用公共交通。伦敦大力发展节能型电动汽车，提供电动车购买刺激政策，优化城市充电网络基础设施；同时，加强公共交通基础设施建设，推动公交、地铁出行，建成多网并联轨道交通体系，线路总长超过 4 000 km，站点总数超过 1 200 个。为城市居民提供新的公共交通服务选择，投资 5 亿英镑增加自行车停车点 3.6 万个，公租自行车近 50 万辆。推行交通管理措施以提升运行效率，如实行“拥挤定价”机制、“低排放区”政策，以促进城市区域的降碳减排（尹华琛等，2022）。

（1）采用零排放街道政策激励

伦敦为了加速汽车电动化转型，已经采取了一系列综合性的政策措施，包括汽车法规、财税和非财税经济激励等，如零排放街道或近零排放街道、停车优惠政策等。伦敦金融城从 2020 年 3 月开始在一条名为 Beech 街的街道试点近零排放区，这一试点旨在改善空气质量，为这条街及周边地区步行和骑自行车出行的民众带来健康收益。Beech 街的近零排放区试点每周 7 天每天 24 小时运行。只有 CO_2 排放量不超过 75 g/km、零排放续驶里程不低于 20 mile、氮氧化物（NO_x）排放符合欧 6 排放标准（或与其等效的标准）的车辆才被允许进入，该要求对所有车辆类型（如乘用车、公交车、货车）均有效，符合要求的车辆包括纯电动汽车、燃料电池汽车和最清洁的那部分插电式混合动力汽车。自 2020 年 8 月 27 日起，不合规的车辆驶入该区域会收到处罚通知书，罚款额度最高为 130 英镑（合人民币约 1 000 元）。

（2）提高绿色出行比例

伦敦将形成一个有层次、快慢结合的城市自行车网络。首先，在城市中心有密集的自行车路网，以缓解市中心的汽车拥堵状况；其次，拥有连接市中心和郊区的放射状道路，也就是自行车超级高速公路，以方便人们快速通勤；再次，自行车安静路线分散在城市四周，可减少住所外的噪声，也可提升该区域慢行的安全度；最后，在城市周边设立荷兰式自行车友好社区，创造更有吸引力、更便捷和更人性化的街道，让每个居民都可以享受休闲和安全锻炼身体的体验。

为了推广骑行，伦敦也在城市中进行了许多实践。例如，“鼓励绿色通勤”，为 1 000 家企业提供自行车停车点、培训和护具；营造“大事件”，如设立周末节日“Ride London”，为业余、俱乐部和精英骑行者提供一系列活动，并为所有年龄段提供骑行技能的免费培训；开展“Santander Cycles”自助式自行车共享计划，该计划成为世界上最大的自行车租用网络之一。

（3）伦敦步行行动计划

一是建造和管理适合步行的街道。在伦敦交通局的健康街道项目上，步行和自行车交通的投资水平创纪录地达到了 22 亿英镑，这会重塑整个伦敦的步行环境。2017 年，伦敦交通局减少了学校、医院、交通枢纽附近的 200 个过街地点的信号等待时间，并在 1 200 个交通信号灯安装了行人倒计时装置，还在 7 个地点安装了智能行人过路灯系统（SCOOT），以便在繁忙时期提供给行人更多的绿色信号时间。

此外，不少区域引入了 20 mile 时速限速的措施，个人安全感的提升可以通过设计和环境措施来实现，如街道照明、增加自然监控等。

二是进行步行导向的规划设计。制定街道设计导则，伦敦交通局推出了一系列工具性导则用于相关计划，这些导则包括《健康街道指标指南》、《健康街道检查设计师手册》（HSCD）和《健康街道调查》。2018 年 7 月，伦敦交通局发布“步行行动计划”，通过重塑街道空间等举措改善城市步行环境，确保步行是伦敦市民最便捷、最安全的出行方式，以替代拥挤的公共交通出行及私家车的使用。该行动计划的发布旨在把伦敦打造成全球“最适宜步行”的城市。至 2024 年，该计划约可增加 100 万人的步行出行数量。

三是整合步行和公共交通。根据研究，行人步行至不同类型的公共交通平均可以忍受花费 4 ～ 10 分钟的时间，因此扩大公共交通网络、提升公交使用体验将会促进步行的增长。公共汽车是最容易到达（99.6% 的伦敦人居住在距离公交车站 8 分钟步行的距离内）的公共交通工具，伦敦交通局通过引入往返票价提升这种交通方式的吸引力，并且致力于改善公交车站的轮椅可达性，力争到 2025 年 95% 的公交车站实现轮椅可达。

四是引领文化和习惯变革。为促进儿童步行，伦敦交通局与各区合作减少学校周围的道路危险和空气污染。“星空联盟”是伦敦交通局对伦敦学校和托儿所的认证计划，倡导通过步行、踏板车和骑自行车上学。目前，伦敦有一半的学校获得了上述认证，这些学校的在校生上学时小汽车出行减少了 6%。通过构建组织者与技术提供商之间的新伙伴关系可以推动“人人步行”行动的开展，促进步行欲望的产生，以改变人们的长期习惯。伦敦拥有世界上最大的休闲步行网络之一。该网络连接公园、水道和历史遗迹，让人们既能触摸自然，又能体验伦敦的历史文化遗产。在这些路线上，人们可以将商务或者通勤出行目的与休闲出行目的相结合。

2. 绿色低碳建筑体系

在过去的 10 多年中，伦敦的“改造加速器计划”已经支持了价值超过 1.4 亿英镑的改造项目投资，涉及超过 800 个公共建筑，始终提供免费的专家咨询和建议，迄今已支持了 220 多个组织，每年共节省 900 万英镑和 110 GW·h 的能源。例如，国王十字车站就以环境可持续为核心进行了重新设计，通过遮阳、使用热质冷却和被动通风系统等方式促进建筑物的节能，且采用最新的节水和循环技术；屋顶种植了 9 000 m^2 的植物，充分展现了生物多样性。

除了优化现有建筑，伦敦还要确保新建筑从一开始就采取可持续发展原则。2016 年 10 月起，伦敦规定新建住宅要实现净零碳；“伦敦计划 2021”更是将这一要求扩展到非住宅开发领域，且大型项目也要遵照循环经济原则开发，需要对整个生命周期进行碳评估。水泥的含碳量非常高，英国几乎 70% 以上的房子都有 100 年以上的历史，很多时候是旧房改造而非拆掉重建，所以能在一定程度上实现减碳；建造新房时，使用的材料也是新型环保材料。以可持续建筑材料、可再生能源和绿色科技等为代表的伦敦低碳、环保产品和服务行业的市场规模目前已达 400 亿英镑，这些行业雇用了近 25 万名员工。

值得一提的是，位于伦敦金融城的彭博社大楼在经全球最权威的建筑环境评估体系之一——英国建筑研究院绿色建筑评估体系（BREEAM）检测评估后，在“可持续发展”这一项上获得了 98.5 的高分，位居全球大型办公楼项目之首。大楼外立面不像普通写字楼那样全是光滑的落地大玻璃窗，而是由上百扇玻璃和石料板组成的。这些石料板采自英国的采石场，形如鳞片，会根据室内的温度和湿度等因素选择打开或者闭合，从而实现通风循环、降温降噪等目的。把“鳞片外墙”作为整栋大楼关键的通风设备，既能省去高能耗的通风系统，节省能源，也避免了普通机械设备运行时产生的污染。此外，楼内的天花板设计也十分节能。天花板由 200 多万个高度抛光的铝制花瓣叶片构成，不仅外观漂亮，还综合了制冷、制热、照明和声学功能。天花板内置 50 万个 LED 灯，能耗比荧光灯系统低 40%。据英国广播公司报道，这栋楼内有一个发电中心，可以将天然气转化成电，这一过程中的余热也可以加以利用；屋顶可以收集雨水并加以净化；卫生间里配备飞机上使用的真空马桶，比传统马桶节水 75%。整体而言，这栋大楼的用水量比普通办公楼少 70%，用电量和碳排放量少 40%。节能环保领域的非凡创新正是这栋建筑的设计核心。

其实，除了这些被视为业内典范的建筑，英国普通住宅的环保节能标准也很高。一方面，这得益于英国政府对绿色建筑的“前置式管理”，即建筑项目在设计之初就必须综合考虑环保、光照、风力、能源、材料等各种节能元素，在获得当地政府批准的建筑能耗分析报告后才能开工；另一方面，政府对绿色建筑的各种补贴也在很大程度上刺激了环保节能建筑的普及。英国夏季较凉爽，冬季漫长阴冷，供暖费用是家庭最主要的能源开支。对此，英国一方面有强制性的建筑节能标准，如住宅外墙必须采取双层保温措施，屋顶需铺设保温材料，外窗要做成双层等；另一方面，推出了“绿色账单”等计划，通过退税和补贴等各种方式引导民众安装节能减排设施。根据相关计划，通过英国天然气公司安装保暖墙的家庭都可申请 100 英镑的退税。除去退税部分后，住户花 175 英镑安装保暖墙，每年可节省的取暖费约为 60 英镑，3 年就能收回成本。此外，英国政府还提供了居民节能补贴等直接补贴，如使用节能锅炉、节能家电的家庭都可获得相应补贴。英国天然气公司的一项统计显示，政府推出的家庭节能措施可使英国家庭每年的“能源账单”节省超过 3 亿英镑。除了鼓励对老房子做节能改造，英国政府还鼓励建设节能环保的新房。早在 2005 年，英国政府就宣布了一项“百万绿色住宅”计划，鼓励建设百万栋新型环保住宅，这些住宅将采用太阳能电池板、洗澡水循环处理装置和无污染涂料等。采用这些节能产品建造的“绿色住宅”可享受减免税收等优惠。

3. 废弃物管理体系

根据《伦敦环境战略》，伦敦致力于成为零废弃城市，到 2026 年将实现有机垃圾生物可降解及可回收物零填埋，到 2035 年伦敦城市生活垃圾回收率将达到 65%。这一目标主要依赖商业行为回收率的提高，预计商业回收率将从 48% 提升到 75% 以上（图 3-2）。

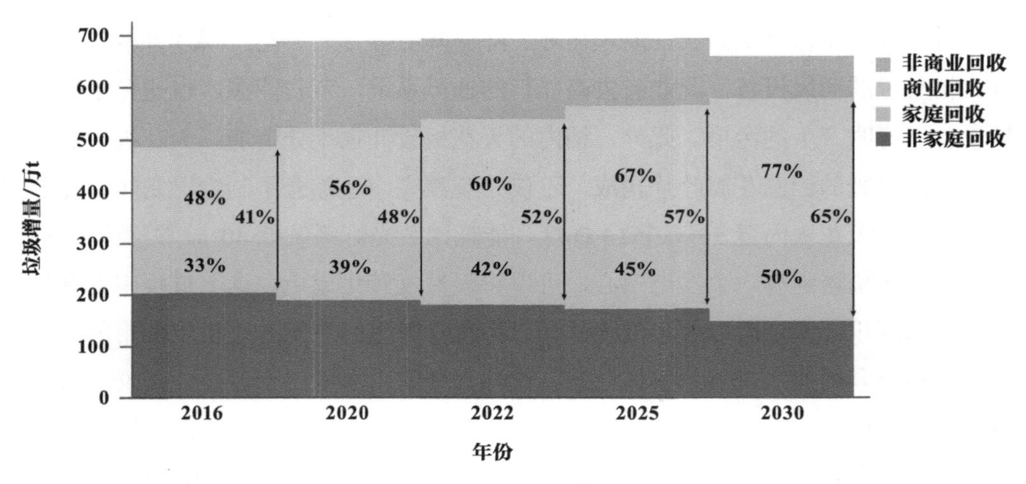

图 3-2 伦敦实现垃圾回收率 65% 的途径

（资料来源：《伦敦环境战略》）

（1）减少浪费

首先，为了提高资源效率、减少浪费，伦敦专注于食物垃圾和一次性包装废弃物管理。例如，伦敦提出 2020 年一次性包装减量计划，包括在饮水处重新灌装和设置咖啡杯回收点。其次，2019 年前伦敦在咖啡厅和公共福利设施逐步淘汰了一次性塑料瓶 / 杯 / 吸管和其他一次性小型塑料制品；同时，伦敦市政府从填埋税收入中提取出合理份额支持伦敦进一步促进回收。最后，在废弃物和资源管理战略中，伦敦市政府特别关注加强生产者责任，逐步杜绝不宜回收的包装设计，并从立法上形成“塑料责任”。此外，还对重复使用和再生材料进行税收减免，建立城市垃圾（数据）强制报告系统，同时要求商业机构执行分类，分出可以实现物质回收的可回收物，开展“循环为伦敦”“爱食物不爱垃圾”等宣传活动；通过伦敦废弃物和回收管理委员会依托150万英镑规模的伦敦向前计划、循环资本，以及伦敦SME基金会的资金支持，推动可持续商业模式和循环经济的发展及规模的扩大。

（2）提升废弃物回收率

为了最大化地提升废弃物回收率，伦敦严格审核新签订的垃圾处理合同，确保其与现行《伦敦环境战略》及相关政策保持一致。2020年前，伦敦制订并实施了垃圾减量和回收计划，包括市长批准的回收率指标；建设了公开的垃圾行业招投标系统，鼓励不同区域、不同废弃物类型的联合招标的协同处理；建立专业机构，提高商业废弃物的数据共享，并在2018年建立伦敦商业废弃物管理现状基线；2018年开展了商业垃圾综合治理试点。

（3）减少垃圾行业的环境影响

伦敦要求到2025年，所有新的车辆及小型运输车（小于3.5 t）应实现零排放；到2030年，大型运输车（大于3.5 t）应实现无化石能源；到2050年，应实现全部零排放。此外，伦敦还继续探索新的垃圾收运系统，减少车辆运输，增加河运和铁路运输，新增合同中设置与温室气体排放及排放强度相关的考核指标，包括减少垃圾、增加再利用；最大化地提高回收率，尤其针对高碳原材料（塑料、金属和纺织产品）；利用有机垃圾产生低碳能源；采用垃圾产生的能源作为替代能源，促进垃圾收运过程的低碳发展；确保只有不能回收利用的材料进入能源利用环节（焚烧）；避免填埋（避免有机垃圾填埋）。

4. 打造零碳社区试点

英国零碳社区贝丁顿BedZED（建筑碳中和, 2022）于2002年建成，至今已运营近20年并获得了巨大的声望。贝丁顿社区占地1.65 hm^2，包括82套公寓和2 500 m^2的办公和商住建筑，是世界上第一个完整的生态村，也是英国最大的零碳生态社区，被誉为人类的“未来之家”。该零碳社区所在地原来是一片污物回填地，萨顿区政府为了将废地充分利用起来，决定在此开发生态村项目，希望建造一个“零化石能耗发展社区”，即整个小区只用可再生资源产生满足居民生活所需的能源，不向大气释放CO_2，其目的是向人们展示一种在城市环境中实现可持续居住的解决方案及减少能源、水和汽车使用率的良策。

在低碳交通方面，该社区采用生活、工作混合的模式，以减少远途上下班。采取步行优先的政策，设计更为方便的步行道路，设置良好的照明系统，四处都设有婴儿车、轮椅通行的特殊通道。该社区拥有完善的公共交通网络，通过建设限制机动车停放的停车场来限制机动车的使用，包括两个通往伦敦的火车站台和社区内部的两条公交线路。开发商还建造了宽敞的自行车库和自行车道。此外，社区还提倡合用或租赁汽车，以改变“一人一车”的浪费现象。当地政府在公路上划出了专门的特快车道，专供载有两人以上的小汽车行驶，以鼓励人们合坐一辆汽车出门，通过互享车系统实现汽车的低保有量。

在生活用水方面，为了充分利用水资源，社区建有完善的污水处理系统和雨水收集系统。生活污水被送到小区内的生物污水处理系统进行净化处理，部分处理过的中水和收集的雨水被储存后用于冲洗马桶。其后，这些水即可进行净化处理，并在芦苇湿地中进行生物回收。而多余的中水则通过铺有沙砾的水坑渗入地下，重新被土壤吸收。此外，社区的设计者采用多种节水装置以降低水的消耗。例如，所有马桶均采用控制冲水量的双冲按钮，一次冲水量比普通马桶节水 5 ～ 7 L；采用节水喷头，每分钟水流量比普通喷头少 6 L；节水龙头具有水流自动检测功能，每分钟水流量比普通水龙头少 13 L；等等。

在低碳建筑方面，英国冬季寒冷漫长，有大约半年为采暖期。针对这一特点，贝丁顿零碳社区通过各种措施减少建筑热损失并充分利用太阳热能，以实现不使用传统采暖系统的目标。社区建筑的绝缘水平远高于建造时强制性建筑标准的要求。朝南立面上的窗户是双层玻璃，而社区朝北、东、西的较小窗户是三层玻璃。外墙在外砖层和混凝土砌块内层之间有 300 mm 厚的岩棉绝缘层。相同绝缘层安装在地面混凝土地板和屋顶下方。混凝土地板、天花板及外墙上的混凝土砌块连同其结构钢框架为建筑提供了大部分热质量，这有助于全年将温度保持在舒适的水平。除此之外，其他措施还包括各建筑物紧凑相邻以减少建筑的总散热面积，窗框采用木材以减少热传导等。

在用能方面，贝丁顿社区采用热电联产系统为社区居民提供生活用电和热水。供电方面，采用屋顶太阳能光伏与组合热力发电站相结合的供电方式。社区铺设的 777 m^2 太阳能光伏板可以满足 20% 的电力需求，其余需求则由 130 kW 的生物质热电联产机组满足。小型热电联产厂通过燃烧木材废物发电，且 52% 的废木料都取自方圆 35 mile 以内的地区，木头在燃烧后还可变为有机肥料。与此同时，发电过程中产生的热量可以保存起来用以制造热水。该热电联产厂还与国家电网相连，在生态村用电量较低时将产生的多余电能输送给国家电网。此外，社区内大部分住宅都朝南设计，从而最大限度地从阳光中吸收热量；玻璃材料为双层低辐射真空玻璃，墙壁采用导热材料建筑，建筑物之间紧凑相邻，以减少其总散热面积。房屋使用可积蓄热能的材质建造，温度过高时可自动储存热能，甚至可以保留每个家庭煮饭时所产生的热能，温度降低时再自动释放，以此减少暖气的使用。此外，屋顶种植的大量植物也可以达到自然调节室内温度的效果。

总体来说，零碳社区的绿色体现在生活的方方面面。例如，小区房屋的建造材料都是特制的可回收材质，具有保温、绝缘性能；屋顶南侧铺设太阳能板，北侧则种植着各种植物（如半肉质植物），以达到自然调节室内温度的效果。冬日，景天类植物就是防止室内热量流失的绿色屏障；夏天，这些隔热降温的绿色屏障上还会开满鲜花，把整个贝丁顿装扮成美丽的大花园。楼内楼梯扶手由废弃的钢管制成。每户都装有一个 1 m 多高的热水桶，除了提供生活用水，还可以在室温较低时自动释放热量，辅助取暖。社区交通也鼓励“绿色出行”，小区内安装有电桩，方便居民为电动车充电。

3.3 波特兰

3.3.1 波特兰碳中和目标

波特兰（Portland）是美国俄勒冈州最大的城市，也是美国西北太平洋地区仅次于西雅图的第二大城市。波特兰市由于临近太平洋，介于地中海气候和温带海洋性气候之间，冬季湿冷多雨，夏季炎热干燥，因此市内有许多玫瑰种植园，也被称为“玫瑰之城”。2000 年，波特兰被评为创新规划之都，2003 年被评为生态屋顶建设先锋城市，2005 年分别被评为美国十大宜居城市和全美第二宜居城市，2006 年被评为全美步行环境最好的城市之一。

20 世纪 60 年代末，波特兰针对城市问题制定了新的城市规划法案，以推动城市的可持续发展。一是对城市增长的控制。为防止无限制的城市扩张与蔓延，每个城市化地区都设置一个增长边界，一方面保护了边界外部的农田、森林、景区、公共空间等不被城市开发侵占；另一方面促成了边界内部更加紧凑、高效的城市开发，并提高了公共服务设施的利用效率。二是完善的交通管理体系。波特兰被誉为美国最环保的绿色城市，是美国较早转变交通投资导向的城市。为提高公交吸引力、鼓励更多居民采用公交出行，波特兰从对小汽车交通的投资逐渐转向对公共交通的投资，采用了多种富有创新性的公交发展政策与实践。三是雨水的可持续管理。在街道绿化改造中巧妙地融入街道雨水管理与利用，并营造出自然优美的街道景致，防止城市洪涝，恢复了城市中水系统的自然循环。四是公众参与。波特兰市在编制规划之初就以社会学家为先导，对该市居民开展了广泛深入的问卷调查，并于 1975 年建立了关心城市发展的民众代表组织“千友会”，使民众参与成为一种经常性制度（李迅等，2018）。

自 1990 年以来，波特兰的人口增长了 31%，就业岗位增加了 20%，而温室气体排放量减少了 14%。2015 年，波特兰市的“气候行动计划”将目标制定为于 2030 年实现减少 40% 的碳排放量，至 2050 年减少 80%（相较于 1990 年水准）。为实现这一目标，波特兰制订了 100 多项详细的行动计划，包括提高建筑和车辆能效，鼓励风能、太阳能和生物柴油等低碳能源的使用等。至 2030 年，住宅和企业比 2010 年的能效高出 25%；所有新建建筑都将实现净零碳排放，可再生能源将提供建筑能源的 50%，高出目前 41%；80% 的居民将通过轻松步行或骑自行车来满足他们的基本交通需求，高出目前 15%。波特兰市将以最大的效率运营，与 2006 年相比碳排放量将减少 53%。

《波特兰市的 2022—2025 年气候应急工作计划》（*The City of Portland's 2022—2025 Climate Emergency Workplan*，2022）提出：“到 2030 年——我们必须将波特兰的碳排放量与 1990 年的水平相比削减 50% 或更多。我们有八年的时间来实现这个目标，否则达到净零就可能变得不可能。”（图 3-3）

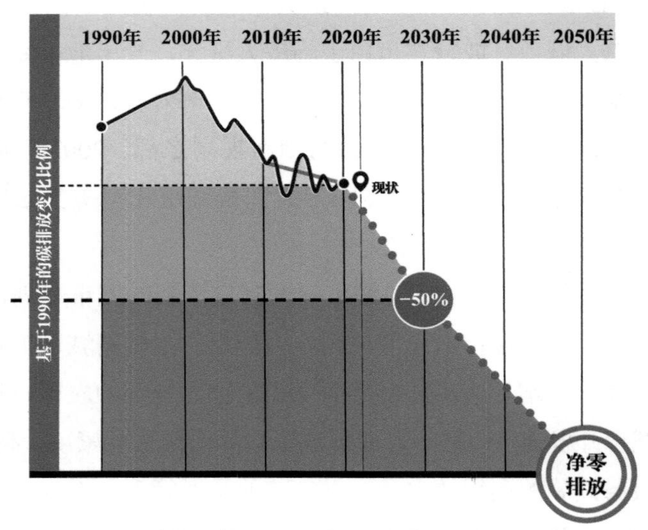

图 3-3　波特兰基于 1990 年的碳排放量变化百分比

3.3.2　波特兰碳中和政策

低碳城市可以刺激当地的经济发展、创造就业机会。低碳政策在实施过程中也会产生巨大的市场机会，如绿色和可持续房地产、低碳技术、可再生能源供应和电力微电网、能源社区服务（天气预报员、电工、工程师、建筑商）。根据波特兰市的“气候行动计划”，波特兰在绿色建筑和基础设施设计，建筑、风能和太阳能开发商，光伏制造商和生物柴油生产商等方面有 1.2 万个工作岗位。自 2001 年以来，这些行业的增长速度一直快于其他行业。波特兰是美国绿色建筑和绿色基础设施行业中一些领先的开发商、建筑商、建筑师、工程师和产品制造商的所在地。此外，大量的清洁能源公司，如风能开发商、光伏制造商、生物柴油生产商和能源社区咨询顾问称该地区为“家”。波特兰也是创新自行车产品和服务的全国领导者。这些企业通过创造熟练和半熟练、高薪的工作岗位，以及直接为当地的环境质量作出贡献，为社区带来了经济利益。例如，俄勒冈州快速增长的清洁能源部门正显示出对训练有素的工人的强劲需求，从太阳能安装工人到风力涡轮机技术人员。自行车制造商和商店每年贡献 9 000 万美元，为当地经济增加了 1 500 个就业岗位。

1. 绿色低碳交通运输体系

波特兰早在 1999 年就成为北美第一个拥有现代有轨电车系统的城市。至今该市已拥有 300 mile 长的自行车专用道，未来数年还计划新增数百条。该市居民驾驶的混合动力汽车的数量在北美城市中高居榜首，全市共安装了 2 000 个电动汽车充电站。为居民提供更多的选择和替代方案不仅可以减少碳排放，也可以产生良好的经济效益，由于比其他美国人平均每天少开 4 mile 的车，波特兰市每年可节约油气开支大约 24 亿美元。

除了公共交通，波特兰还是美国少有的自行车友好城市，在市区、森林和乡间都可以看到人们骑车轻松穿越的身影，据统计，约 8% 的波特兰人经常骑车上下班，这些骑行者每天 16 700 次穿过波特兰的 4 座大桥。市政府的自行车协调官罗杰・盖勒说，自行车在这里的推广之所以能取得成功，是因为修建了相关设施，如遍布城市的长达 500 km 的自行车道、方便的存车处、列车上专门悬挂自行车的装置，等等。

波特兰实施“20 分钟街区”（李迅等，2018）。虽然波特兰市只有 11% 的街区可以称为“20 分钟街区”，但波特兰居民的驾车出行时间仍比同等规模的城市减少了 20%。多功能城市形态不仅能够节能减排，还可以节省交通费用。通过减少自驾出行次数，波特兰居民每年可节省近 8 亿美元。市长山姆・亚当斯还表示，进一步向当地居民普及节能减排的教育，进而减少当地居民自驾次数，将会在节能减排方面取得更大进步。联邦机构一般以私家车出行次数为依据来计算所需资金，而“20 分钟街区”的分区体系则强调“私家车未成行次数”，即尚未发生的自驾出行次数。波特兰仍有必要筹集足够资金建设基础设施，如修建通往本地市场和学校的步道，改造公用设施以纳入商住混用设施，或修建连接社区中心和附近街道的自行车道等。

2. 绿色低碳建筑体系

美国 LEED 体系是一个国际性绿色建筑认证系统。1998 年由美国绿色建筑委员会（非政府、非营利组织）建立了LEED认证组织，开始了绿色建筑认证工作。波特兰一共拥有175个LEED认证建筑，同时也是全美第一个明令禁止拆毁老建筑的城市。建于1916年或之前的建筑，在拆解时需要保存其中的建筑材料。虽然波特兰老城区的历史不足200年，但是大部分的建筑都保存得十分完好。例如，坐落于市中心的EGWW联邦大楼，共有18层，占地51万多平方英尺[1]。原建于1974年的老楼由于水、暖、电系统的老化过时，在2013年得到了重新翻修。历时3个月，设计团队将古老陈旧的建筑与闪耀的玻璃材质和平滑的墙面相结合，把整座大楼打造成了全新的环保型建筑。此外，以旧城改造的典范城区——珍珠区为例，它是在原本废弃的仓库和旧铁道上建立起来的兼具绿化、艺术、娱乐和商业功能的都市社区，其中的自然中心是波特兰的绿色地标。该建筑从一栋19世纪的老楼改建而来，当年在改造时很大程度地回收了其本身的建筑材料，同时也运用了创新的环保技术，现在可以采集雨水，实现能源循环再利用。

3. 绿色能源体系

波特兰哥伦比亚大道废水处理厂（CBWTP）是美国俄勒冈州最大的废水处理厂，由波特兰市环境服务局负责运营，日平均废水处理量为30 300万～34 100万L。1998年，该废水处理厂安装了一个产能为200 kW的燃料电池，为其自身提供持续电能，并利用剩余热量满足该厂的其他热量需求。该燃料电池的能量来自废水沼气。2003年，该废水处理厂还引入了一个产能为120 kW的热电联产系统。该厂生产燃料电池和引入热电联产系统的初衷是给自身提供备用电源，因为该厂在20世纪90年代中期遭遇了几次大规模的停电事故。此燃料电池为该厂每年节省了大约6万美元的净运营成本，热电联产系统更是节约了7万～8万美元的成本。该厂获得了税务补贴，以及联邦政府、州政府和公用事业补贴。

3.4 国际城市碳中和规划经验总结

一是碳中和城市实践要点主要体现在能源低碳模式（能源利用的技术创新）、空间和功能低碳模式（城市结构与功能的调整）、资源低碳模式（城市废弃物与水资源的循环利用）、行为低碳模式（居民生态理念与生活模式的调整）4个方面。国外碳中和城市建设是在工业化已经基本完成的条件下，通过生态化改造和提升、工业科技化和信息化尽量减少工业化带来的弊端（李迅等，2018）。其建设趋势从传统的小城镇延伸到一些开发时间较长、城市空间较大、产业形态复杂的国际大都

[1] 1平方英尺≈0.092 9 m^2。

市等，其建设模式具有因地制宜、模式多样、新旧结合的特点。在建设尺度上，既包括城市尺度的整体综合规划（如美国波特兰），又包括较小尺度的生态社区或者工业园区建设（如英国贝丁顿社区）；在规划内涵上，既包括综合性生态城市，如美国波特兰生态城市建设涵盖了交通、绿色空间、基础设施、绿色建筑、土地利用及用地布局、公民环保意识、废物再生利用、能源与水资源、环境保护等所有层面，又包括单项重点突出的城市，如丹麦的风能产业和自行车文化、巴西的公共交通体系、德国弗莱堡的太阳能资源利用、日本的循环经济等。当然，不同城市根据产业结构、政策体系、技术现状等各方面的原因，在低碳政策的制定上也会有不同的侧重。例如，美国的生态城市建设坚持规划先行，统筹考虑区域环境、整体规划。美国进行生态城市规划的出发点是为遏制大城市蔓延、无序发展，以新城市主义和精明增长指导生态城市建设，多在城市尺度上进行生态城市建设探索，如波特兰、洛杉矶等。美国的低碳生态建设几乎涵盖了交通、绿色空间、基础设施、绿色建筑、土地利用及用地布局、废物再生利用、能源与水资源、公民环保意识、环境保护等社会发展的所有层面，属于综合型提升模式。作为世界上最早完成工业化的地区，欧洲也是可持续发展理念的发源地。生态理念贯穿城市总体规划、专项规划、技术体系等各个方面，并逐级引入各层次的规划措施。欧洲的生态城市均以较为适宜的小尺度（人口大多在 1 万～ 20 万人）来进行探索，碳中和城市建设涵盖不同的建设类型且分布广泛，既包括综合性碳中和城市，也包括生态新城建设、生态社区、共生工业园区、新能源开发建设等。同时，公众参与度较高，不仅包括一些 NGO 组织，环保人士、志愿者和普通市民也积极参与碳中和城市建设的各个层面。

二是未来更关注城市范围三排放。城市由于其规模和连通性，不可避免地会导致其边界以外的温室气体排放。通过测量和减少这些排放，城市能够采取更全面的方法来应对气候变化，评估其供应链对上游和下游温室气体排放的影响，并确定负有共同责任的领域。此外，部分国际城市的统计数据显示，范围三的碳排放主要集中在第三产业，并且在碳排放总量中占比较高。同时，第三产业发展迅速，如果忽略城市的范围三排放，则会导致整个宏观核算体系存在巨大缺陷，这不利于城市、国家，甚至全球范围内的低碳发展。因此，关注城市范围三排放将是实现城市碳中和的重要议题。

统计发现，城市的范围三排放量比范围一或范围二多，甚至远远超过范围一和范围二之和。尤其是对于交通运输业和服务业，范围三是其主要碳排放范围。英国标准协会（BSI）在遵循国际标准 GPC 的基础上，在 2013 年提出了城市温室气体排放评估规范（PAS2070）。PAS2070 以英国伦敦为例，给出了详细的数据收集、排放核算和报告模板等技术细节。其核算结果显示，2010 年伦敦的范围三排放量为 3 633 万 tCO_2，固定源排放量为 599 万 tCO_2，交通运输排放量为 1 686 万 tCO_2，废物及回收的排放量为 46 万 tCO_2，食品和服务的排放量为 1 302 万 tCO_2。马德里已经通过《社区规模温室气体排放清单全球议定书》来报告其 2010 年的温室气体排放，核算结果显示，2010 年马德里的范围三排放量为 1 607 万 tCO_2，固定源排放量为 139 万 tCO_2，交通运输排放量为 775 万 tCO_2，食品和服务的排放量为 693 万 tCO_2。比较伦敦和马德里的范围三排放可以发现，伦敦的排放量为马德里的 2 倍多，对这两个城市来说，交通和服务业的排放量占比最高，其次是固定源排放。表 3-2 展示了伦敦和马德里的范围一、范围二和范围三排放量，两个城市的范围三排放量都比范围一或范围二多，尤其是在交通运输业及食物和服务业方面，范围三是主要的碳排放范围。

表 3-2　2010 年伦敦和马德里的温室气体排放量

单位：万 tCO_2e

	伦敦			马德里		
	范围一	范围二	范围三	范围一	范围二	范围三
固定源	1 469	1 953	599	284	44	139
交通运输	726	110	1 686	334	34	775
工业产品	191	—	—	73	—	—
农业、林业和其他土地利用	3	—	—	-2	—	—
废物及回收	20	—	46	45	—	—
食品和服务	1	—	1 302	—	—	693
总计	2 410	2 063	3 633	734	78	1 607

类似地，美国华盛顿州的金县也估计了该地区在 2008 年的 200 万居民消费的所有商品和服务的相关温室气体排放量。基于投入产出分析来估计生产、运输、销售、使用和处置该区域消耗的所有材料、商品和服务的排放量，结果显示总排放量估计为 5 500 万 tCO_2e，其中超过 1/4 是在美国以外排放的。总体而言，居民、政府和企业与当地消费相关的排放量，包括从金县以外生产的商品、食品和服务，是该县范围内排放量的 2 倍多。金县使用 GPC 方法估计该区域的排放量为 2 300 万 tCO_2e。根据伦敦城市大学的研究，当使用基于市场的范围二排放量来计算总量时，范围三碳排放占总碳排放量的 97%，而在范围三中，不同类型的活动所造成的碳排放量占比如表 3-3 所示。

表 3-3　不同类型的活动所造成的碳排放量占比

类别	具体活动	范围三占比 /%
采购货物和服务	购买供校内使用的商品和服务，如设备、材料、专业服务等	51
资本货物	资本货物的采购（金融城运营所必需的），如家具、建筑升级、文具、计算机设备和软件等	40
投资	城市的投资组合	4.5
与燃料和能源有关的活动	购买燃料和电力造成的储能或输配电损失	1.3
浪费	工作人员和学生在现场产生的废物	1.1
员工通勤	工作人员每天往返于校园和家庭之间	0.9
商务旅行	机票、旅行和酒店住宿	0.7

根据对澳大利亚首都领地（ACT）的城市范围三碳中和研究（ACT OCSE Investigation into Scope 3 Greenhouse Gas Emissions），2018 年 ACT 的范围三隐含碳排放占总碳排放的 83%。具体排放规模证实 ACT 是一个消费城市，它依靠从澳大利亚和世界各地进口的排放来满足私人、公共和公司的消费和投资。家庭占消费碳排放的最大份额（59%），其次是政府（33%）和企业（8.2%）。按主要产品类别划分，隐含碳排放主要源于运输、邮政和仓储（占总碳排放的 16.8%），食品（包括所有食品，9.9%），零售业（9.2%），建筑业（7.4%），公共管理和安全（7.3%）及制造业（7.2%）。家庭排放绝大多数与交通（直接排放，以及从澳大利亚其他地区和世界其他地区进口）、零售贸易（主要从世界其他地区进口）和食品（主要从澳大利亚其他地区进口）有关。相比之下，政府的隐含排放主要来自澳大利亚其他地区提供的服务，其次是澳大利亚境内的医疗保健、建筑和教育，澳大利亚境外的零售贸易，以及来自澳大利亚其他地区和世界各地的运输。总体而言，国际进口（29%）与来自昆士兰（19%）、新南威尔士州（18%）和维多利亚州（13%）的进口占隐含排放的 3/4 以上。这反映了 ACT 依赖贸易网络的程度，有助于构建当前和未来的供应链关系，以减少范围三排放。

第 4 章
中国城市低碳发展

4.1 城市低碳发展进程

综观城市发展的历史，随着人口的不断增长，城市面积不断增加。其后果就是交通工具、行业格局、生活方式的变化，如由原来低速的步行、骑行等改为更快捷的开车、轨道交通等。这又会进一步导致城市面积的扩张。在这个过程中，城市的碳排放也随之变得越来越严重。IPCC 第五次评估报告及相关研究表明，城市经济总量约占全球 GDP 的 80%，其能源消耗量占全球能耗总量的 67% ～ 76%，所产生的 CO_2 排放量占全球排放总量的 71% ～ 76%。我国作为人口大国，2020 年第七次人口普查之后的数据显示已有 18 个城市人口突破千万。人口越多，需求越多，特大型城市实现低碳发展就更为复杂。

国家发展改革委于 2010 年启动了低碳省区和城市试点工作，并于 2012 年、2017 年进一步扩大了试点范围。低碳城市意味着通过能源效率的提升、能源结构的调整、高碳行业向低碳行业的转型及更加环境友好的资源分配等方式推动城市发展的全面低碳化，而绿色技术创新则是实现这种发展模式的关键力量。根据研究（徐佳等，2020），低碳城市试点政策是为落实中国气候行动目标而提出的城市层面的环境规制政策，该政策具有弱约束性、行业针对性和政策组合性的特点。

我国目前已经有 3 批低碳城市试点。国家发展改革委于 2010 年 7 月 19 日发布了《国家发展改革委关于开展低碳省区和低碳城市试点工作的通知》（发改气候〔2010〕1587 号），根据地方申报情况，统筹考虑各地方的工作基础和试点布局的代表性，经沟通和研究，确定首先在广东、辽宁、湖北、陕西、云南 5 个省和天津、重庆、深圳、厦门、杭州、南昌、贵阳、保定 8 个市开展试点工作。在第一批试点中，国家要求试点地区测算并确定本地区温室气体排放总量控制目标，研究制定温室气体排放指标分配方案，建立本地区碳交易监管体系和登记注册系统，培育和建设交易平台，做好碳交易试点支撑体系建设等。

2012 年 11 月 26 日，国家发展改革委继续下发《国家发展改革委关于开展第二批低碳省区和低碳城市试点工作的通知》（发改气候〔2012〕3760 号），第二批国家低碳省区和低碳城市试点范围包括北京市、上海市、海南省和石家庄市、秦皇岛市、晋城市、呼伦贝尔市、吉林市、大兴安岭地区、苏州市、淮安市、镇江市、宁波市、温州市、池州市、南平市、景德镇市、赣州市、青岛市、济源市、武汉市、广州市、桂林市、广元市、遵义市、昆明市、延安市、金昌市、乌鲁木齐市。

2017 年 1 月 7 日，国家发展改革委发布《国家发展改革委关于开展第三批国家低碳城市试点工作的通知》（发改气候〔2017〕66 号）。按照“十三五”规划纲要、《国家应对气候变化规划（2014—2020 年）》（发改气候〔2014〕2347 号）和《“十三五”控制温室气体排放工作方案》（国发〔2016〕61 号）要求，为了扩大国家低碳城市试点范围，鼓励更多的城市探索和总结低碳发展经验，国家发展改革委组织各省、自治区、直辖市和新疆生产建设兵团发展改革委开展了第三批低碳城市试点的组织推荐和专家点评。经统筹考虑各申报地区的试点实施方案、工作基础、示范性和试点布局的代表性等因素，确定在内蒙古自治区乌海市等 45 个城市（区、县）开展第三批低碳城市试点（表 4-1）。

表 4-1　第三批低碳城市试点清单

省（自治区、直辖市）	城市	峰值年	创新重点
内蒙古	乌海市	2025	建立碳管理制度 探索重点单位温室气体排放直报制度 建立低碳科技创新机制 推进现代低碳农业发展机制 建立低碳与生态文明建设考评机制
辽宁	沈阳市	2027	建立重点耗能企业碳排放在线监测体系 完善碳排放中央管理平台
	大连市	2025	制定推广低碳产品认证评价技术标准 建立“碳标识”制度 建立绿色低碳供应链制度
	朝阳市	2025	建立碳排放总量控制制度 建立低碳交通运行体系
黑龙江	逊克县	2024	探索低碳农业发展模式和支撑体系
江苏	南京市	2022	建立碳排放总量和强度“双控”制度 建立碳排放权有偿使用制度 建立低碳综合管理体系
	常州市	2023	建立碳排放总量控制制度 建立低碳示范企业创建制度 建立促进绿色建筑发展及技术推广的机制
浙江	嘉兴市	2023	探索低碳发展多领域协同制度创新
	金华市	2020（前后）	探索重点耗能企业减排目标责任评估制度
	衢州市	2022	建立碳生产力评价考核机制 探索区域碳评和项目碳排放准入机制 建立光伏扶贫创新模式与机制
安徽	合肥市	2024	建立碳数据管理制度 探索低碳产品和技术推广制度

省（自治区、直辖市）	城市	峰值年	创新重点
安徽	淮北市	2025	建立新增项目碳核准准入机制 建立评估机制和目标考核机制 建立节能减碳监督管理机制 探索碳金融制度创新 推进低碳关键技术创新
	黄山市	2020	实施总量控制和分解落实机制 发展“低碳＋智慧旅游”特色产业
	六安市	2030	开展低碳发展绩效评价考核 健全绿色低碳和生态保护市场体系
	宣城市	2025	探索低碳技术和产品推广制度创新
福建	三明市	2027	建立碳数据管理机制 探索森林碳汇补偿机制
江西	共青城市	2027	建立低碳城市规划制度
	吉安市	2023	探索在农村创建低碳社区及碳中和示范工程
	抚州市	2026	在资溪县创建碳中和示范区工程
山东	济南市	2025	探索碳排放数据管理制度 探索碳排放总量控制制度 探索重大项目碳评价制度
	烟台市	2017	探索碳排放总量控制制度 探索固定资产投资项目碳排放评价制度 制定低碳技术推广目录
	潍坊市	2025	建立“四碳合一”制度 建设碳数据信息平台
湖北	长阳土家族自治县	2023	在清江画廊旅游区、长阳创新产业园、龙舟坪郑家榜村创建碳中和示范工程
湖南	长沙市	2025	推进试点“三协同”发展机制 建立碳积分制度
	株洲市	2025	推进城区老工业基地低碳转型 创建城市低碳智慧交通体系
	湘潭市	2028	探索老工业基地城市低碳转型示范
	郴州市	2027	建设绿色金融体系
广东	中山市	2023—2025	深化碳普惠制度体系
广西	柳州市	2026	建立跨部门协同的碳数据管理制度 建立碳排放总量控制制度 建立温室气体清单编制常态化工作机制
海南	三亚市	2025	选择独立小岛区域创建碳中和示范工程
	琼中黎族苗族自治县	2025	建立低碳乡村旅游开发模式 探索低碳扶贫模式和制度
四川	成都市	2025（之前）	实施“碳惠天府”计划 探索碳排放达峰追踪制度

省（自治区、直辖市）	城市	峰值年	创新重点
云南	玉溪市	2028	建立重点企业排放数据报送监督与分析预警机制 制定园区 / 社区排放数据的统计分析工作规范
	普洱市思茅区	2025（之前）	建设温室气体排放基础数据统计管理体系
西藏	拉萨市	2024	创建碳中和示范工程
陕西	安康市	2028	试点实施“多规合一” 建立碳汇生态补偿机制 建立低碳产业扶贫机制
甘肃	兰州市	2025	探索多领域协同共建低碳城市 建设跨部门发展和工作管理平台
	敦煌市	2019	全面建设碳中和示范工程
青海	西宁市	2025	建立居民生活碳积分制度
宁夏	银川市	2025	健全低碳技术与产品推广的优惠政策和激励机制 推进低碳技术与产品平台建设 建立发掘、评价、推广低碳产品和低碳技术的机制
	吴忠市	2020	在金积工业园区创建碳中和示范工程
新疆	昌吉市	2025	创建碳排放总量控制联动机制 建设碳排放数据管理平台和数据库 建立固定资产投资碳排放评价制度
	伊宁市	2021	开展政府部门低碳绿色示范 探索创建低碳技术推广服务平台 建立碳汇补偿机制
	和田市	2025	建立碳排放总量控制制度 建立企业碳排放总量考评管理制度 建立重大建设项目碳评制度 创建碳排放管理综合服务平台
新疆生产建设兵团	第一师阿拉尔市	2025	探索总量控制和碳数据管理制度 推广低碳产品和技术 探索新建项目碳评估制度

首先，从低碳城市试点政策来看，这是一种弱约束性政策。国家层面并未设定低碳城市试点的具体目标，如碳排放的达峰时间、不同行业的排放标准等，而是将此权力下放给了各试点政府，各试点可以依据自身的情况进行低碳工作的推进，而这相较于其他具有明确目标的环境规制政策，只是一次探索性的尝试。

其次，从政策内容来看，低碳城市试点政策主要针对工业、建筑、交通、能源供应、废弃物管理等城市高耗能、高排放重点领域的低碳化发展，以实现城市层面控制温室气体排放的目标，并在此过程中有针对性地诱发企业的绿色技术创新。相较之下，其他城市层面试点政策（如创新型城市试点和智慧城市试点等）的侧重点均有不同，但大多并未针对企业的绿色技术创新。

最后，低碳城市试点政策也具有政策组合性的特点。各试点城市政府根据当地经济发展情况、技术和行业优势等特点制定低碳城市发展规划方案，其中均包含了不同类型的政策工具，如命令控制型、市场型和自愿型政策等；同时，试点城市也出台了各种绿色金融政策，包括专项资金、行业补贴和信贷优惠等政策。因此，该政策是通过不同政策的组合来推动城市化进程与碳排放脱钩的。

根据《应对气候变化报告（2021）：碳达峰碳中和专辑》（谢伏瞻等，2021），我国大部分城市的绿色低碳发展水平有了实质性提高，低碳试点城市的整体低碳水平明显高于非试点城市，通过历年低碳评估的分数聚类发现，达峰基本呈现5个梯队。通过对182个城市进行的系统评估，并对比分析了2010年、2015—2020年这些城市的绿色低碳动态变化情况，我国部分城市的绿色低碳水平有了显著提升。在总体评估中，深圳市以总分96.17分排名第一。低碳试点城市的绿色低碳效果明显优于非试点城市。2020年，试点城市中，80分及以上的城市接近80%，60～69分的城市已减少至1.37%；非试点城市中，80分及以上的城市达到68.81%。通过历年跟踪评估发现，试点城市对“双控”指标的完成及能源结构的调整优势最为明显，且城市内部收敛性更好。

中国社会科学院生态文明研究所构建了中国城市绿色低碳指标体系，这些指标包括宏观、能源低碳、产业低碳、生活低碳、环境低碳、政策创新6个方面，每个方面涵盖2～3个指标。例如，宏观方面包括碳排放总量下降率、单位GDP碳排放、人均碳排放3个指标，生活低碳方面包括新能源汽车数量、绿色建筑数量、人均垃圾日产生量等。2020年，182个城市的绿色低碳总分集中在62.55～96.17分，整体水平有所提高。其中，90分及以上的城市有18个，80～89分的城市有115个，70～79分的城市有44个，60～69分的城市有5个，无不及格城市。相较2019年，大部分城市出现CO_2排放总量下降等特征。在2010年试点建立之初，未出现90分及以上的城市。到2020年，90分及以上的城市达到18个，接近评估城市的10%；80～89分城市从12个增加到115个，占评估城市的63.19%，60～69分的城市减少到2.75%。从三批试点城市的角度来看，这些城市已经较为稳定地表现出第一批优于第二批、第二批优于第三批的特点。截至2020年，第一批试点城市已无80分以下的城市，特别是在宏观、产业和能源领域的优势全面超过第三批且拉开了一定差距；第二批试点城市在产业领域的得分高于第三批；第三批试点城市自身分数提高得更快。

4.2 城市低碳发展措施

城市低碳发展要结合本地自然条件、资源禀赋、经济基础与经济和社会发展阶段等方面的具体情况，选择本市低碳发展的重点领域。根据城市的主体功能定位，优化开发的城市化地区通常应以转变经济发展方式、调整产业结构、构建低碳产业体系和消费模式、优化空间结构与城镇布局、加快现有建筑和交通体系的低碳化改造等为重点领域；重点开发的城市化地区具有较大聚集经济和人口的潜力，其重点领域是坚持走低消耗、低排放、高附加值的新型工业化道路，加快技术创新，加大对传统产业的改造升级，在城市基础设施与空间布局、建筑和交通规划设计过程中贯彻低碳发展理念；限制开发地区和禁止开发地区一般为农产品主产区、重点生态功能区、文化功能区，其重点领域是控制农业废弃物等领域的温室气体排放、增加碳汇、提高适应气候变化的能力。

4.2.1 优化城市空间形态

低碳城市在空间形态上具有高密度、紧凑型、土地混合利用、高连通性、高可达性等特征。优化城市空间形态领域的重点是大力提高城镇土地利用效率和城镇建成区人口密度，合理控制城市发展边界，将紧凑型城市、土地混合利用等低碳发展理念融入城乡规划、土地利用规划和交通等基础设施规划的编制、实施、动态管理的各个环节，以低碳为导向，合理规划城市功能区，优化产业空间布局，打造紧凑型、集约型的城市空间格局。

全国主体功能区中的优化开发地区与重点开发地区是我国推进城镇化发展的主要地区。其中，优化开发地区是指城镇体系已经基本形成，建设密度和人口密度较高的地区，其低碳发展的重点措施是科学定位城市功能，引导人口和产业由特大城市主城区向周边和其他城镇疏散转移，划定城市发展边界，控制建设用地增长和城市蔓延，优化空间结构、城镇布局和人口分布、基础设施布局和生态系统格局，推动城市结构向多中心、多层次、组团式结构转变；重点开发地区是指具有大规模经济集聚和人口集聚的良好基础条件，未来可大量吸纳农村转移人口、推进城镇化建设的地区，其低碳发展的重点措施是完善基础设施网络，健全功能完备、布局合理的城镇体系，在城市基础设施与空间布局、建筑和交通规划设计过程中贯彻紧凑型城市、土地混合利用等低碳发展理念，形成职住平衡、功能互补、相互依托、以公共交通为主导的城镇体系。

以上海市为例，上海市规划和国土资源管理局、中国（上海）自由贸易试验区管理委员会在2014年出台了《关于中国（上海）自由贸易试验区综合用地规划和土地管理的试点意见》（沪规土资地规〔2014〕443号），明确提出综合用地的概念，即土地用途分类中单一宗地具有两类或两类以上使用性质（商品住宅用地除外）且每类性质地上建筑面积占地上总建筑面积的比例超过10%的用地，包括土地混合利用和建筑复合使用方式；鼓励公共服务设施用地、工业用地、仓储物流用地根据业态需求进行土地混合开发和建筑复合利用，以进一步提高土地利用的质量和效益。

2017年11月28日，上海市人民政府办公厅印发《上海市加快推进具有全球影响力科技创新中心建设的规划土地政策实施办法》（沪府办〔2017〕69号），鼓励土地节约集约混合利用。尤其是要适应产业结构调整、科技研发和产业融合发展的需求，在自贸试验区开展的混合用地试点基础上，探索对规划编制的弹性控制与土地混合利用的引导，明确合理比例，由市场调节用途结构，充分发挥市场配置资源的决定性作用。此外，要加强对闲置和低效产业用地的处置。强化区政府闲置和低效产业用地处置的主体责任，建立完善闲置土地处置的长效工作机制，严格土地供后监管，按照合同约定落实土地利用绩效评价和土地使用权退出机制，切实预防土地闲置。

4.2.2 优化经济和产业结构

人口和人均GDP会继续推动城市碳排放增长。受我国以煤为主的能源结构影响，单位能源碳强度在未来较长时期内不会发生大的改变，通过能源结构调整带来的减排潜力很有限。因此，通过优化产业结构、提高服务业和低碳产业比重、促进产品结构升级等结构调整措施降低单位GDP能耗对实现减排目标尤为重要。《中国应对气候变化的政策与行动》《节能减排“十二五”规划》等文件都将加快调整产业结构作为重要措施。产业结构调整成为城市低碳发展最大的贡献来源，如在青岛市和贵阳市的低碳发展规划中，青岛市的产业结构调整对实现城市2015年和2020年低碳发展目标的贡献率在40%以上，贵阳市的产业结构调整对实现城市2020年低碳发展目标的贡献率为43%。近10年来，中国第三产业比重虽然从2003年的38.1%上升到2012年的45.6%，但是依然低于第二产业比重（2012年第二产业比重为48.7%）。在第二产业内部，重工业产值比重呈上升趋势，从2003年的64.5%上升到2012年的71.8%。很多城市的情况与之类似，如广州市的重工业占工业总产值的比重从2003年的49.53%上升到2012年的66.1%。经济和产业结构调整既给低碳发展带来了巨大挑战，又具有很高的减排潜力。

首先，政府可以提高三次产业中服务业的产值比重。一方面，可以发展有特色的低碳服务业，如自然环境优美和旅游资源丰富的地区主导开发绿色低碳旅游、会展业，经济发达城市提升金融服务业的竞争力等。另一方面，可以发展低碳型生产性服务业，如合同能源管理、能源与排放核算、碳交易咨询服务业等。

其次，政府可以进一步优化第二产业结构，对传统产业进行低碳化改造。在第二产业内，可以根据城市的经济水平和资源条件发展战略性新兴产业和高端制造业，如节能环保、新一代信息技术、生物、高端装备制造、新能源、新材料、新能源汽车等产业。在对传统产业进行低碳化改造时，通过技术和管理措施降低传统能源密集型行业的能耗，控制部分高能耗行业的增长，如调整重工业能源结构，使其转为使用更清洁和低排放的能源，通过节能技术改造和更新生产设备、改进生产工艺，降低能耗和排放。还可以在能源管理或其他低碳型生产服务业的帮助下，识别生产全流程中的减排潜力。

最后，政府可以优化调整现有的产品结构，如提高行业生产技术，延长产业链，从初级产品的加工逐渐扩展为核心部件的制造和终端商品的生产，提高产出的附加值，走向产业链高端。例如，某些资源型城市可以从过去采矿业初级开采和加工业发展为矿产品精加工业。在实际调整产业结构的过程中，各城市应根据各自的资源禀赋状况、经济发展水平和优势、行业技术水平等条件，选择合适的调整方式。例如，对于某些资源型城市，应以调整产品结构、延长产业链和提高产品增加值为主要结构调整措施；对于某些经济比较发达、服务业比重已经较高的城市，应以培育低碳型服务业和鼓励技术创新为工作重点。

4.2.3　发展低碳农业

城市的低碳发展，一方面需要加快转变农业的发展方式，加大现代农业投入力度，加强农业科技创新和推广，选育选种适应性广、抗逆性强的优良农作物品种，扩大测土配方施肥规模，改善化肥使用习惯，增加有机肥、缓释肥用量，促进化肥科学合理高效利用等；推广保护性耕作技术，不断提高农业土地产出率和综合效益；推广现代化农业基地、规模化农业基地、特色产业基地和农副产品深加工出口基地，积极推广农业节能减排技术，把延伸绿色农业产业链作为“低碳农业”的调整方向，提高农业附加值；积极拓展农业功能，发展观光旅游、文化科普、体验参与、休闲度假等特色产业，恢复农村的整体生态功能。另一方面，需要优化创新农业生产形式，以集中节约为原则，大力推广节地、节水、节肥、节药、节种、节电、节油、节柴和节粮等集约低碳的农业生产方式，大力发展农业低碳技术，积极探索化肥、农药、农用薄膜的减量和替代；推进光伏智能温室、太阳能产业生态园区等太阳能现代农业项目建设；以规模化畜禽养殖场大中型沼气池建设为重点，加强农村生态能源建设，加快大中型沼气工程建设力度，按照循环农业理念大力推广减量化、资源化和再利用，推进“一池三改”，把沼气建设与改厨、改厕、改圈结合起来，利用生活垃圾、牲畜粪便、作物秸秆发酵生产沼气，利用沼渣为农作物施肥，既变废为宝，减少碳排放，又节省开支，增加收入；提高农作物秸秆综合利用水平，实现畜禽粪便资源化利用、畜禽粪便污染零排放和能源低碳化的三重目标；提高生物质能在农村生产、生活用能中的比例，优化农业内部发展环境，重点推动农村生物质能源示范镇、示范村建设。

4.2.4 发展低碳建筑

随着中国经济、社会的发展和城镇化进程的持续推进，建筑部门能耗与温室气体排放量将快速增长。建筑部门能耗是指非工业生产用的建筑物内各种用能系统和设备的运行能耗，依据其功能可分为居住建筑和公共建筑两类，主要包括采暖、空调、制冷、家用电器、照明、办公设备、热水供应、炊事、电梯、通风等能耗。中国城市的行政辖区中包含农村单元，因此在城市建设低碳建筑的过程中也需要关注农村建筑。根据建筑能耗和温室气体排放特点的不同，建筑用能可分为 4 类：北方城镇集中采暖能耗、城镇住宅除集中采暖外的能耗、公共建筑除集中采暖外的能耗和农村住宅能耗。

减少建筑能耗和优化建筑用能结构是建筑部门低碳发展的两大对策。其中，减少建筑能耗的主要途径包括合理控制建筑规模、提高建筑能源利用效率、引导节约的建筑用能方式等；优化建筑用能结构的重点是推进低碳能源在建筑部门的应用，尤其是积极促进可再生能源在建筑中的规模化应用。

4.2.5 合理处置城市废弃物

城市废弃物处置是城市温室气体排放的重要来源，主要包括垃圾填埋处理产生的 CH_4 排放、废水处理产生的 CH_4 和 N_2O 排放，以及垃圾焚烧处理产生的 CO_2 排放。

城市垃圾处置的低碳化对策首先是在垃圾产生源头尽量做到垃圾减量化。通过改变产品材料设计、制造工艺和使用方法，节约各种材料的使用，防止过度包装，倡导节约的生活方式等措施来减少垃圾生成量。其次，对垃圾进行充分的回收和再利用。通过推行合理的垃圾分类，充分回收废纸、废旧塑料、破碎玻璃、金属制品、废电池等材料并进行再利用，促进城市静脉产业发展，减少对各种原材料的需求。

对垃圾分类后的有机废物进行堆肥，在其转变成土壤附加物和肥料后再加以利用。再次，对无法再利用的垃圾进行安全高效的焚烧处理，尽量减少 CO_2 排放，充分利用垃圾焚烧发电。最后，对于必须以填埋方式处理的垃圾，按照卫生填埋的标准建设垃圾场，并配套建设垃圾填埋气发电装置，对填埋气进行有效收集、合理利用。

目前，城市废水低碳化处置的方式首先是推广节水设备与器具，通过需求管理政策与宣传教育手段激励或倡导节水的生活方式与生产方式，提高水资源利用效率，从源头减少污水生成量。其次，推广雨水收集与中水回用，作为农业灌溉或工业回用及地下水或江河湖泊水体的水量补充等，实现雨污分开处理。再次，提高污水集中处理率，由城市排水管网汇集污水并输送到污水处理厂进行集中处理，对产生的 CH_4 进行回收利用，避免依赖下水道或化粪池现场处理而因厌氧降解产生更多的 CH_4。最后，对污水处理后的污泥进行低碳化处置。通过“生物堆肥 + 土地利用”和“厌氧消化 + 沼气发电”等处理工艺对污泥进行处置，并进行资源化利用。

4.2.6 生态建设与碳汇

城市生态系统是城市居民与其环境相互作用而形成的统一整体，也是人类通过对自然环境的适应、加工、改造而建设起来的特殊的人工生态系统。城市生态系统不仅能提高城市应对气候变化的适应性，还能利用碳汇减少温室气体排放。碳汇是指自然界中碳的寄存体，主要是指城市中绿色植物通过光合作用吸收、固定大气中的 CO_2，并将大气中的温室气体储存于生物碳库。城市植被在维持大气的碳氧平衡、降低热岛效应、净化和美化城市环境等方面的功能是城市其他生态系统元素无法替代的。充分利用城市森林的固碳增汇作用、提高森林覆盖率与森林蓄积量是成本低、见效快的低碳发展措施。

目前，保护城市碳汇的重点政策主要是，通过植树造林等行动增加绿色植被面积，提高森林覆盖率以增加森林蓄积总量；通过林分改造等行动提高植被质量，以增加单位面积森林蓄积量；通过采取加强绿色生态区防护及管理、加强林地用途管制、提高林业经济效益等方面的措施，保护已有的碳汇资源。

4.2.7 城市低碳发展的政策保障

规划能够顺利实施并取得预期效果，建设保障体系是必不可少的组成部分。城市低碳发展的体制与政策保障一般包括组织保障、制度保障、法律法规保障、数据保障、市场保障、政策保障、资金保障、科技保障、人才保障和观念保障等。下面主要介绍其中的 3 种。

1. 法律法规保障

根据国家发展改革委发布的《中国应对气候变化的政策与行动2013年度报告》，国家发展改革委、全国人大环资委、全国人大法工委、国务院法制办和有关部门已经联合成立了应对气候变化法律起草工作领导小组，正在推进应对气候变化法律草案的起草工作，目前已经形成了立法框架和法律草案。与此同时，近年来国家相关部委也出台了与应对气候变化和低碳发展相关的一系列规章制度。国家层面促进低碳发展的法律法规体系逐渐成形，城市层面采取低碳转型措施与行动将有章可循。

在建立适应气候变化工作机制方面，2022 年 6 月生态环境部联合 16 部门印发《国家适应气候变化战略 2035》，提出要加强气候变化监测预警和风险管理，将人体健康、水资源、农业等列为适应气候变化的重点领域之一，建立完善适应气候变化相关法律法规和制度体系，健全适应气候变化协调工作机制，探索建立国家适应气候变化信息共享机制和平台等。生态环境部将在适应气候变化工作开展过程中充分考虑有关建议，研究制定地方适应气候变化行动方案编制指南，协调推动地方积极开展相关工作。生态环境部表示，下一步将继续把加强应对气候变化立法作为加快推进生态文明建设的一项重要任务，在生态环境法律体系内制定一部综合性的应对气候变化法，密切配合立法机关，加快推进立法进程。国务院第 23 次常务会议通过了《碳排放权交易管理暂行条例》，并于 2024 年 5 月 1 日起施行。此外，在生态环境保护、自然资源保护、能源管理、国土空间开发、城乡规划建设等领域的法律法规制修订过程中，我国将会增加更多应对气候变化的相关内容，不断完善生态环境保护法律制度体系。

2. 数据保障

加强城市温室气体统计、监测与核查及温室气体目标责任评价考核这两项基础性制度的建设。国家发展改革委于 2013 年会同国家统计局发布了《关于加强应对气候变化统计工作的意见的通知》（发改气候〔2013〕937 号），又于2014年印发了《单位国内生产总值二氧化碳排放降低目标责任考核评估办法》（发改气候〔2014〕1828 号），这两项工作通知可为城市建立相关评价体系提供指南。

对于城市温室气体排放统计与核算体系，可在现有统计制度的基础上将温室气体排放基础统计指标纳入政府统计指标体系，编制温室气体排放清单，并逐步建立和完善与温室气体清单编制相匹配的基础统计体系。此外，还需要建立和完善城市及重点企业的温室气体排放基础统计报表制度，加快构建城市、下属辖区及重点企业的温室气体排放统计与核算体系，并加强相关机构和企业的统计能力建设。按照国家要求，应逐步完善温室气体排放基础统计，细化和增加能源统计品种指标，修改完善能源平衡表，完善工业企业能源统计，完善建筑业、服务业及公共机构能源统计，健全交通运输能源统计等。

对于城市温室气体排放目标责任评价考核制度，每个五年规划所确定的单位地区生产总值 CO_2 排放下降目标（或者日后可能实施的总量控制目标）要科学分解，确定城市各个辖区的目标，并由市政府与各责任单位签订目标责任书，明确目标，落实责任，层层分解落实考核指标，建立健全目标责任评价考核制度。市级部门可参考国家考核办法制定本地区的考核办法，分年度对各区市控制温室气体排放的目标完成情况、任务与措施落实情况、基础工作与能力建设情况等进行评价考核。根据组织部门的要求，可将考核对象的低碳指标完成情况纳入各部门社会经济发展的综合评价体系及干部考核体系，作为各部门达标评价、业绩考核及各级领导干部政绩考核的重要内容。

3. 市场保障

党的十八届三中全会提出，使市场在资源配置中起决定性作用，加快生态文明制度建设。实行碳交易是落实“实行资源有偿使用制度和生态补偿制度”的具体举措，也是实现碳排放控制目标的重要政策手段。国家发展改革委要求部分低碳试点城市“推动体制机制创新，更大程度、更广范围发挥市场机制在实现温室气体排放控制目标中的作用”。因此，碳交易是保障城市实现低碳发展目标的重要手段。2021 年 7 月 16 日，全国碳市场在北京、上海、武汉三地同时开市，第一批交易正式开启。“十四五”时期，全国碳排放交易所将会纳入更多行业与企业，强化与自愿减排量抵扣联动，建立完善的碳价机制，加速与地方碳市场的融合，催生更多绿色金融产品，以市场化、渐进化的方式支持清洁能源、节能环保和碳减排技术的发展。

对于非碳交易试点地区，在当前形势下需要明确自身发展定位，未雨绸缪，与国家充分对接统计、监测和核查规则、注册登记平台设计、配额分配方法、履约规则、市场监管机制等，避免标准不一和重复建设。全国碳交易市场的运行仍然需要依托区域中心。非试点地区可考虑尽早培育本地的碳交易第三方核查机构和金融服务机构，未来不仅可以服务于本地履约企业，还可以拓展到周边地区，形成新的经济增长点，并促进本地服务业的就业。此外，还应开展能力建设，分别针对政府部门、重点用能企事业单位、第三方核查机构开展低碳发展宏观政策、温室气体核算报送、碳交易运行及监管等相关领域的专业培训，为接入国家碳交易市场做好人才储备。

表 4-2 给出了中国典型城市碳达峰主要任务。

表 4-2　中国典型城市碳达峰主要任务

城市	文件名	发文部门	发文时间	核心内容
衢州	《衢州市能源发展“十四五”规划》	衢州市人民政府办公室	2021 年 7 月 26 日	能源消费总量控制在 1 450 万 tce（吨标准煤）以内，单位地区生产总值能耗累计下降 16% 以上，全社会用电量达到 246 亿 kW·h，煤炭消费量约为 743 万 t，年均下降 1.0%，占一次能源消费的比重控制在 47% 以内；可再生能源消费量 181 万 tce，年均增长 7.2%，占一次能源消费的比重达 12.5%。“十四五”新增电源装机 251 万亿 kW。到 2025 年年初步构建清洁低碳、安全高效、多元融合、智慧共享的现代能源体系，打造浙江省智慧能源利用新高地、能源创新发展的示范地，成为绿色低碳生活新典范，为衢州经济社会高质量绿色发展提供坚实支撑
武汉	《武汉市人民政府办公厅关于印发武汉市二氧化碳排放达峰评估工作方案的通知》	武汉市政府办公厅法制处	2021 年 9 月 14 日	全市煤炭消费总量控制在 1 950 万 tce 以内，力争控制在 1 600 万 tce 以内。实现全市主城区和各开发区生产生活供热配套，满足工业生产负荷 4 300 t/h，供热面积 4 200 万 m^2，年供热量 6.5×10^7GJ。在全市创建 5 个低碳示范城（园）区、10 个低碳示范社区、100 家以上低碳示范单位。到 2022 年，森林覆盖率达到 14.05% 及以上，建成区绿化覆盖率达到 41% 及以上。到 2022 年，全市碳排放量达到峰值，工业（不含能源）、建筑、交通、能源领域和全市 14 个区（开发区）CO_2 排放得到有效控制，基本建立以低碳排放为特征的产业体系、能源体系、建筑体系、交通体系，基本形成具有示范效应的低碳生产生活“武汉模式”，低碳发展水平走在全国同类城市前列
	《武汉市人民政府关于印发武汉市碳排放达峰行动计划（2017—2022 年）的通知》		2018 年 1 月 4 日	
深圳	《深圳市国民经济和社会发展第十四个五年规划和二〇三五年远景目标纲要》	深圳市发展改革委	2021 年 6 月 9 日	形成低消耗、少排放、能循环、可持续的绿色低碳发展方式，以先行示范标准推动碳达峰迈出坚实步伐。单位地区生产总值 CO_2 排放降低并达到国家要求，单位地区生产总值能源消耗降低并达到国家要求，森林覆盖率大于 37%
朝阳	《朝阳市低碳城市试点工作实施方案》	朝阳市人民政府办公室	2017 年 8 月 31 日	努力实现 2020 年前后煤炭消费总量基本达到峰值，力争在 2025 年前实现 CO_2 排放基本达到峰值。单位地区生产总值 CO_2 排放比 2015 年降低 18.5%，单位地区生产总值能耗比 2015 年降低 15%，非化石能源占一次能源消费的比重达到 9.55%，城镇绿化覆盖率达到 42%
成都	《关于以实现碳达峰碳中和目标为引领优化空间产业交通能源结构促进城市绿色低碳发展的决定》	中共成都市委	2021 年 12 月 27—28 日	到 2025 年，重点领域结构调整取得明显进展。森林覆盖率达到 41%，空气质量优良天数比例达 83.7% 以上，建筑节能水平大幅提高，城市精明增长制度体系基本形成；单位产出能耗和碳排放持续降低，工业增加值占地区生产总值的比重保持在 25% 以上；交通运输结构不断优化，中心城区公共交通占机动化出行分担率达 60%、绿色出行比例达 70% 以上；能源利用清洁化、高效化水平进一步提升，非化石能源消费比重提升至 50% 以上，为实现碳达峰碳中和奠定坚实基础

城市	文件名	发文部门	发文时间	核心内容
贵阳	《贵阳市“十四五”能源发展专项规划》	贵阳市发展改革委	2021年9月3日	能源消费总量控制在2 760万tce以内，煤炭消费总量约470万tce，煤炭消费比重控制在17%以内。能源利用效率指标方面，万元地区生产总值能耗控制在0.39 tce，比“十三五”末下降24.7%；燃煤发电机组平均供电煤耗符合贵州省相关要求
三亚	《中共三亚市委关于制定国民经济和社会发展第十四个五年规划和二〇三五年远景目标的建议》	中国共产党三亚市委办公室	2021年7月	建成投产满负荷运行后，海棠湾区域内的能源消耗量下降40%，每年能节约标准煤3.26万t，CO_2减排量约8.79万t，SO_2减排量约0.24万t
中山	《中山市“十四五”生态环境保护规划》	中山市生态环境局	2022年4月	以建设粤港澳大湾区为契机，进一步加大环境保护和生态建设力度，加大环境综合整治力度，基本实现城乡环境基础设施服务均等化。加强空气污染防控工作，消除连续大气重污染天气，积极推动碳排放达峰。单位地区生产总值CO_2排放降低，完成广东省下达的任务，非化石能源占一次能源的比重为24%
西宁	《西宁市2021年控制温室气体排放工作要点》	西宁市应对气候变化及节能减排工作领导小组	2021年7月13日	2021年全市单位地区生产总值CO_2排放达到国家考核要求，各领域碳排放总量得到有效控制，碳汇能力得到显著加强，低碳城市试点初见成效，减污减碳协同作用进一步增强，公众低碳意识明显提升。鼓励利用可再生能源、天然气、电力等优质能源替代燃煤使用，实现煤炭消费占能源消费的比重持续降低，天然气消费比重达到16.3%及以上。单位地区生产总值CO_2排放达到国家考核要求
银川	《中共银川市委员会关于制定国民经济和社会发展第十四个五年规划和二〇三五年远景目标的建议》	中国共产党银川市委办公室	2021年1月5日	推进绿色低碳发展。保持绿色发展定力，从源头上减少资源消耗、污染排放和生态破坏，推动经济社会发展绿色化、低碳化。推动能源体系转型发展，积极应对气候变化，提高煤炭高效转化和利用水平，降低碳排放强度，持续优化能源消费结构，加快形成以新能源为主的能源供应格局。加大减排降耗力度，加强能源消耗总量和强度“双控”，持续推进节能减排。碳排放达峰后稳中有降，水资源节约集约利用水平全国领先，万元地区生产总值能耗水平位居西部地区前列，绿色生产生活方式广泛形成，天更蓝、地更绿、水更清、环境更优美
沈阳	《沈阳市“十四五”城市民用供热规划》	沈阳市政府办公室	2022年2月11日	清洁取暖率从目前的38%（不含特别排放限值标准的燃煤锅炉）到2025年增加到100%，并且此后新增的供热需求全部以清洁取暖方式覆盖；清洁能源供热比例从目前的4.2%力争到2025年增加到20%，并努力争取到2030年进一步增加到32%

城市	文件名	发文部门	发文时间	核心内容
安康	《关于解决碳中和落地的建议》	安康市发展改革委	2021 年 8 月 19 日	把碳达峰碳中和纳入生态文明建设，更加有效地将生态资源转化为经济优势，推动安康市生态经济化、经济生态化在陕西省走在前列，在全国争一流，应是今后一段时期的重要工作
乌鲁木齐	《乌鲁木齐以能源绿色低碳发展为关键落实“双碳”目标任务》	乌鲁木齐市人民政府	2022 年 4 月 7 日	产业结构和能源结构调整优化取得明显进展，重点行业能源利用效率大幅提升，煤炭消费增长得到严格控制，新型电力系统加快构建，绿色低碳技术研发和推广应用取得新进展，绿色生产生活方式得到普遍推行，有利于绿色低碳循环发展的政策体系进一步完善
洛阳	《洛阳市人民政府办公室关于印发洛阳市“十四五”时期“无废城市”建设实施方案的通知》	洛阳市工业和信息化局	2022 年 3 月 1 日	加快能源结构优化调整。提高清洁能源消费比例，推动能源体系清洁低碳发展，加快建立天然气和非石化能源利用体系，积极探索推进风光水互补能源模式。严格控制煤炭、石油消费量，加强煤炭、石油的高效利用。加快供热管网建设、充分释放供热能力，积极推进燃煤锅炉和小热电关停整合。加快工业炉窑燃料清洁替代，优先使用清洁能源及工厂余热、电厂热力等。稳步推进碳达峰碳中和。研究制定碳达峰目标、路线图、实施方案，积极推动工业领域碳减排，鼓励钢铁、建材、化工、石化、电力等重点行业率先制定碳达峰碳中和目标及行动方案，逐步降低重点行业工业企业碳排放强度
昌吉	2022 年昌吉州人民政府工作报告	昌吉回族自治州人民政府	2022 年 2 月 10 日	加强生态环境保护与建设。牢固树立“绿水青山就是金山银山、冰天雪地也是金山银山”的理念，统筹山水林田湖草沙系统治理。坚持绿色低碳发展，稳步实施碳达峰碳中和行动，加快构建绿色低碳产业体系，推动减污降碳协同增效，淘汰高耗能机电设备 2 000 台以上。精准实施能耗“双控”，推动能耗“双控”向碳排放总量和强度“双控”转变。抓好煤炭清洁高效利用，增加新能源消纳能力，推动煤炭与新能源优化组合，确保到 2030 年、2060 年与国家同步实现碳达峰、碳中和。深入推进大气、水、土壤污染防治攻坚战，全面完成新疆维吾尔自治区下达的生态环境保护与建设目标任务。落实最严格的生态保护制度，健全生态补偿机制，实施生物多样性保护工程，加快实施生态屏障工程，探索实施碳汇林建设，新增人工造林面积 15 万亩*，努力建设天蓝地绿水清的美丽昌吉
益阳	2022 年政府工作报告	益阳市人民政府	2022 年 1 月 25 日	落实国家碳达峰碳中和部署，制定碳达峰行动方案。实施减污降碳示范工程，加快低碳产品认证，推广低碳技术应用。落实产业准入政策，从严控制“两高”项目。促进资源节约循环高效使用，保证静脉产业园正常运行，推进北部、西部垃圾焚烧发电项目建设，实现全市生活垃圾焚烧处置率达到 100%。支持绿色清洁生产，倡导绿色低碳生活

城市	文件名	发文部门	发文时间	核心内容
通辽	中国共产党通辽市第六次代表大会上的报告	通辽市工业和信息化局	2021 年 9 月 30 日	全面推动绿色低碳发展。突出结构节能重点，坚决淘汰落后产能、化解过剩产能、压减低效产能，坚决遏制“两高”项目盲目发展，推动新兴产业、高技术产业、现代服务业加快发展，提高可再生能源消费比例。坚持技术节能先导，在重点行业领域全面推行节能诊断、节能改造，设立节能低碳技术进步专项资金，提升产业链、供应链绿色化水平，实施能效提升计划，推行绿色建筑，支持绿色交通，发展绿色金融。强化管理节能基础，坚持严控增量、挖潜存量、优化变量，严格落实能耗“双控”预算管理，开展节能降碳三年行动，抓好低碳项目库建设。强化节能源头治理，加快制定实施覆盖经济社会各领域的节能降耗政策措施，实行全面节约战略，推动资源集约高效利用
唐山	《关于组织申报社会发展领域绿色低碳技术重点研发项目的通知》	唐山市科学技术局	2021 年 8 月 30 日	围绕碳达峰碳中和技术需求，支持开展零碳、低碳和负碳关键技术研发与应用。重点支持钢铁、电力、化工、建材等碳排放重点行业，开展低碳燃料与原料替代、过程智能调控、余热余能高效利用等减污降碳关键核心技术研发与应用，支持碳捕集、利用与封存关键核心技术的研发与应用，促进高碳行业绿色、低碳、循环发展；支持开展生物质能、海洋能等关键技术研发与应用，促进清洁能源替代
乐山	《乐山市国民经济和社会发展第十四个五年规划和二〇三五年远景目标纲要》	乐山市发展改革委	2021 年 7 月 19 日	支持发展分布式光伏、农林生物质、垃圾发电等资源综合利用项目，继续抓好对川南核电项目犍为厂址的保护。鼓励使用清洁能源车辆，引导社会资本参与充电基础设施建设运营，加快构建布局合理、功能完善、使用便捷的充电基础设施网络体系。积极开展储能、氢能产业研究，探索发展储能、氢化工及配套产业

*1 亩 = 1/15 hm^2。

4.3 中国低碳城市发展案例

4.3.1 深圳市

深圳市是中国首批低碳城市试点单位，也是全国首个与住房和城乡建设部合作共建的国家级低碳生态示范城市。根据21世纪经济研究院碳中和课题组的研究，在22个城市净零碳发展水平排行中，排名第一的深圳市在9项指标上高居榜首，包括2020年城镇化率、2020年单位面积地区生产总值产出、城市绿化覆盖率、新能源汽车保有量/机动车、百人新能源汽车保有量、每万人拥有公共汽（电）车数量、绿色出行比例等。在其他指标方面，深圳市也几乎保持在前三的水平。可以看出，深圳在保持经济、人口快速增长的同时，在绿色发展质量、能耗与排放、绿色交通方面也表现出色。通过在生态环保、绿色低碳发展方面的多年布局，深圳市已经在不少领域显现出优势，能在生态环境保护政策方面走在全国前列，这与其具备特区立法权有很大关系，可以从源头到末端展开行动，包括交通、建筑、产业、能源结构、碳交易市场等各个方面。

深圳市低碳发展的先进经验可以总结为以下几个方面：

一是健全法律法规，突出考核管理。深圳市充分运用其经济特区的立法优势，将生态环境相关法律法规在国家法律框架的基础上进行补充和完善。重视制定绿色标准和规章，建立了《绿色建筑评价标准》（SJG 47—2018）等多种行业绿色标准与规范，为低碳建设提供了具体的标准考量。同时，严守生态红线，建立考核机制。2007年，深圳市启动生态文明建设考核，后又印发《深圳市环境保护实绩考核试行办法》（深办〔2007〕46号）、《深圳市生态文明建设考核制度（试行）》（深办发〔2013〕8号）等，将考核结果作为干部政绩、选拔任用的重要依据之一，成为保障其绿色低碳发展的长效机制和有力手段。

二是建设碳交易市场，发挥市场作用。2011年10月，国家发展改革委发布《关于开展碳排放权交易试点工作的通知》（发改办气候〔2011〕2601号），批准在北京、天津、上海、重庆、湖北、广东和深圳开展碳交易试点工作。2022年，深圳市碳交易市场交易额为2.47亿元，同比增长30.39%；碳配额交易额为2.30亿元，同比增长188.40%；年末碳配额收盘价为53.50元，市场累计交易额突破20亿元大关；碳交易市场流动率为21.25%，连续多年稳居全国第一。自2022年7月1日起，深圳市正式施行《深圳市碳排放权交易管理办法》，明确建立碳普惠机制，对小微企业、社区家庭和个人的节能减排行为进行量化，将碳普惠核证减排量纳入碳交易市场核证减排量交易品种，鼓励组织或者个人开立公益碳账户，购买核证减排量用于抵消自身碳排放量，实现自身碳中和。

三是落实产业迭代，优化基建配套。在产业发展方面，深圳推动产业形态从最初的劳动密集型产业向以高新技术、高端研发为主导的新兴产业升级。在基建配套方面，深圳积极倡导绿色出行，推进轨道、公交、慢行交通三网融合，率先实现了公交车、出租车、网约车全面电动化。在建筑减排方面，深圳市要求新建民用建筑100% 执行绿色建筑标准，推广新式装配住宅，降低建筑过程中产生的污染与碳排放。在低碳交通方面，2021 年深圳市地铁全线网全年累计运送乘客 21.7 亿人次，全市公共交通分担率达 60.4%。按照《深圳市低碳公共出行碳普惠方法学》进行测算，相比一般市内出行，乘坐地铁每人每千米可减少 46.8 gCO_2 排放，深圳地铁单日通行人次减碳量超过 2 000 t，2021 年全年共实现碳普惠减排量 78.4 万 t，相当于 3.92 万 hm^2 林地的一年吸收量。此外，深圳市还在城市轨道建设中启动绿色节能科研项目，通过技术创新，在工程建设项目中实践智慧照明、光伏发电、智慧控制等理念，为节能降耗“添砖加瓦”。

4.3.2 青岛市

青岛市在 2012 年成为全国第二批低碳试点城市，并在 2013 年提出“到 2020 年力争达到二氧化碳排放峰值”的目标。青岛市的碳排放强度在“十三五”期间实现了明显下降，并且跻身全国低碳城市前列。青岛市一直致力于通过规划和实施方案来引领整个城市的低碳发展，如低碳发展规划、控制温室气体排放工作方案、节能与绿色发展行动方案等，并采取了一系列政策措施从源头到末端展开行动，包括加快产业结构和能源结构优化调整，深入开展工业、建筑、交通等重点领域节能减排和能效提升，加强基础能力建设，普及绿色低碳发展理念，拓展国际合作空间等。

青岛市具有较好的低碳基础，但也面临产业结构和能源结构优化空间有限、内部挖潜减排难度较大、新增能源消费需求大、短期内难以实现能源消费增长与碳排放脱钩等困难。青岛市以能源、工业、建筑、交通等领域的节能降碳为重点，以政策、科技、人才等要素的协同创新为保障，“十三五”期间，万元地区生产总值能耗下降 21.5%，万元地区生产总值 CO_2 排放下降 27%，超额完成山东省下达的约束性目标任务。青岛市新能源和可再生能源发电量占全市总发电量的 23.4%，单位工业增加值能耗下降 26.1%，既有公共建筑节能改造 706 万 m^2，新增装配式建筑面积 2 634 万 m^2，开通了山东省第一条地铁和现代有轨电车线路，全国首条“5G+ 氢能”公交车示范线投入运营，森林覆盖率达到 14.46%，降碳增绿取得良好成效，山海相依、产城相宜的城市愿景稳步实现。

在零碳社区方面，青岛奥林匹克帆船中心零碳社区项目被确定为“中国公共建筑能效提升项目”示范子项目，通过开展既有建筑节能低碳改造示范，每年可实现减排 8 663 tCO_2，并促进光储直柔、海水源热泵、能源互联网、智慧能源控制系统等技术的推广。这座极具代表性的零碳社区将成为青岛市全面融入碳达峰碳中和发展大局的重要成果。当下，青岛奥林匹克帆船中心零碳社区项目正以零碳能源为起点，逐步建设起包括零碳建筑、零碳交通、零碳人文及零碳经济在内的新型社区，为实现城市建设的绿色复苏提供中国样板，为兑现碳中和承诺贡献中国特色的解决方案与核心技术。据初步测算，该项目建成后每年能够直接节约用电 303 万 kW·h，节约用热 2.2 万 GJ，节约燃气量 5 500 m^3（标准），直接减少碳排放 8 663 t。

“十四五”时期，青岛市将继续深化低碳城市试点，争做碳中和先锋城市，加紧编制实施碳达峰行动方案及应对气候变化“十四五”规划等，探索实施海洋碳汇交易机制，在西海岸新区开展气候投融资试点，争创全省乃至全国碳中和先行示范区。

4.3.3 镇江市

镇江市是第二批国家低碳试点城市、全国首批生态文明建设先行示范区，也是江苏省唯一的生态文明综合改革试点市。近 10 年来，镇江市通过“九大行动”等措施实现经济高质量发展、环境持续优化和碳排放强度大幅降低“三个同步”。镇江市坚持“生态优先、绿色发展”理念，扎实推进低碳城市建设和生态文明发展，有力推动了经济持续发展和碳排放强度逐年下降。

镇江市创造性地建设了碳平台、碳峰值、碳评估、碳考核，“四碳”同建开全国之先河（姜亦华，2018）。

在碳平台方面，为了厘清城市碳排放的基础状况，镇江市升起了全国第一朵“生态云”，首创低碳城市建设管理云平台。该平台采用云计算、物联网、地理信息系统、智能分析等技术，通过采集、核算，整合相关部门的节能、减排、降碳数据，实现了低碳城市建设的系统化、信息化及空间可视化。碳平台面向政府、企业及社会的虚拟化网络服务中心，实时在线监测重点企业、重要山体、水体及大气的碳状况，为现状评估、趋势预测、目标制定、跟踪管理提供科学决策支撑。碳平台是城市碳管理体系的核心和基础，是政府加快转型升级、实现低碳发展的技术助手，发挥着日益重要的作用。

在碳峰值方面，根据历年来能源消耗数据，镇江市综合考量人口、地区生产总值、产业结构、能源结构等因素，在碳平台的支持下建立城市碳排放趋势模型。经测算，在通常情况下镇江市将在 2039 年前后达到碳排放峰值，但通过对产业结构、能源结构的大幅调整优化，有可能在 2020 年前后实现碳排放峰值目标，比全国提前 10 年。通过碳峰值目标的确立及实现路径的探索，镇江市在决策层实施碳排放预算管理，确定产业发展的“负面清单”，形成低碳发展的倒逼机制，分别进行调高、调优、调轻、调绿。一方面，加快传统产业改造升级，继续淘汰落后产能；另一方面，上马低碳型战略新兴产业，现已在全省率先实现经济技术开发区循环化改造全覆盖。

在碳评估方面，为了如期实现碳峰值达标，镇江市在耗能评估、环境评估的基础上，测算项目的碳排放总量、碳排放强度等 8 项指标，使碳评、能评、环评合一。碳评估将项目划分为 3 个等级，分别用红灯、绿灯、黄灯表示。“红灯项目”不予通过；“黄灯项目”强制要求采取低碳减碳技术，不能达标的给予碳补偿，直至达标才予通过；“绿灯项目”提出进一步减碳优化建议，直接通过。碳评估由政府公共财政买单，从源头为项目准入把关，为镇江市低碳产业发展筑起一道“防火墙”，确保碳峰值达标。

在碳考核方面，从 2014 年开始，镇江市以县域为单位实施碳排放总量和强度的“双控”考核。用碳峰值倒逼机制，充分考量产业结构、能源结构、地区生产总值占比、人口占比和主体功能区定位等因素，兼顾各地的历史排放量和经过努力可以达到的减排能力，确定全市及所辖市（县、区）的差异化碳排放任务，并将其纳入辖区年度党政绩效管理考核体系。碳考核发挥了“指挥棒”的导向作用，加速了城市的低碳转型。

“十三五”时期以来，镇江市全市地区生产总值年均增长 5.8%，CO_2 排放强度下降了 26.73%，实现了经济高质量发展、环境持续优化和碳排放强度大幅降低“三个同步”。10 年来，镇江市一直坚持每年制订《镇江低碳城市建设行动计划》，开展空间布局、低碳产业、低碳建筑、低碳能源、低碳交通、低碳能力及低碳生活方式等“九大行动”，细化制定“百项任务”清单，实行项目化推进。

第 5 章
城市全范围排放核算（混合法）：以武夷山市为例

武夷山市，福建省辖县级市，由南平市代管，位于福建省西北部（东经117°37'22 ～ 118°19'44、北纬 27°27'31 ～ 28°04'49），属中亚热带季风湿润气候区，总面积 2 813 m^2。截至 2022 年 5 月，武夷山市辖 3 个街道 3 个镇 4 个乡，市政府驻地崇安街道。截至 2022 年年末，武夷山市常住人口 26.1 万人。

5.1 社会经济与能源利用现状

武夷山市地区生产总值近 15 年一直保持中高速增长趋势，占南平市地区生产总值的 10% 左右，于 2019 年突破 200 亿元，人均地区生产总值略高于南平市，但低于福建省平均水平，经济基础仍较为薄弱（图 5-1 和图 5-2）。2005—2015 年，武夷山市地区生产总值高速增长，增长率波动变化，增速基本稳定在 10% 以上，且于 2013 年突破 100 亿元。进入“十三五”时期，武夷山市地区生产总值增速有所下降，但年均增速也稳定在 6% 左右，并于 2019 年突破 200 亿元大关。2020 年受到新冠疫情的影响，武夷山市经济出现大幅下降，地区生产总值增速仅为 0.1%，实现地区生产总值为 208 亿元。但 2021 年经济复苏，地区生产总值增速达到 7.6%，比 2019 年增长 7.8%。武夷山市地区生产总值和人均地区生产总值一直略高于南平市，不过从近 2 年的数据来看，二者的差距在逐渐缩小。武夷山市人均地区生产总值一直低于福建省平均水平，以 2021 年为例，要比福建省低 30%。

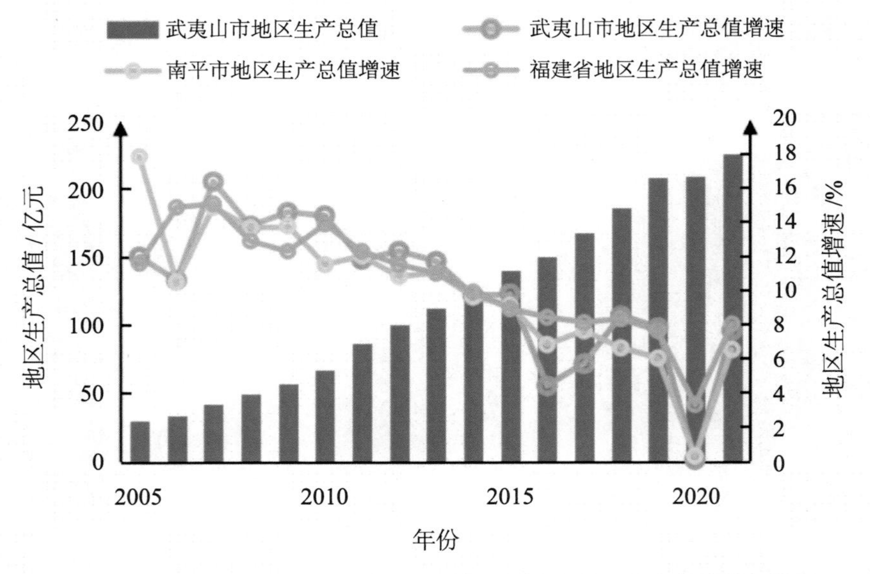

图 5-1 2005—2021 年武夷山市、南平市、福建省地区生产总值增长情况

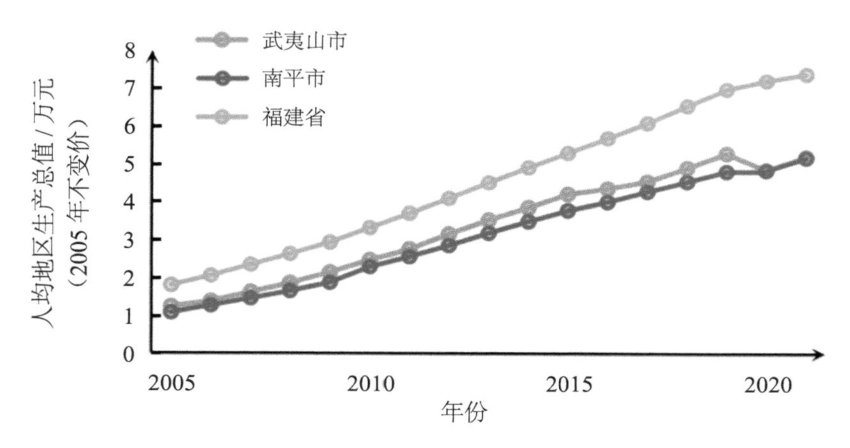

图 5-2　2005—2021 年武夷山市、南平市、福建省人均地区生产总值增长情况

武夷山市产业结构呈波动变化趋势，第一产业占比保持稳中有降，第二产业占比先增后降，第三产业短暂下降后上升（图 5-3）。武夷山市第一产业占比从 2005 年的 23.8% 降至 2021 年的 13.4%；第二产业占比先升后降，从 2005 年的 23.9% 升至 2015 年的 40%，随后开始下降，到 2021 年降至 33.3%；第三产业占比经历短暂下降后一直处于上升趋势，从 2005 年的 52.2% 降至 2014 年的 42.1%，随后一直在增长，到 2021 年增至 53.3%。可以看出，武夷山市的主要产业一直都是第三产业，基本都维持在 42% 以上，近两年第三产业占比已经超过 50%。从与福建省和南平市对比来看，武夷山市第三产业占比一直高于福建省和南平市平均水平，这为武夷山市碳达峰碳中和低碳转型打下了良好的产业基础。

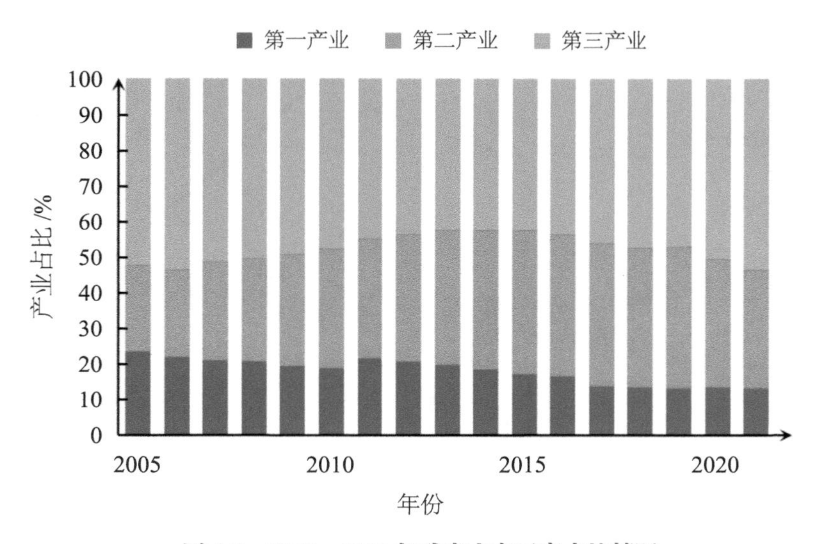

图 5-3　2005—2021 年武夷山市三产占比情况

武夷山市常住人口整体变化不大，变化趋势与南平市基本一致。在“十一五”和“十二五”期间，武夷山市常住人口一直在下降，从2005年的24.3万人降至23.2万人。在“十三五”期间，武夷山市常住人口数量基本趋于稳定，没有出现明显增长，维持在23.5万人左右。近两年，武夷山市常住人口有小幅上升，2021年已经达到26.05万人。同时，武夷山市城镇化进程也在加速推进，常住人口城镇化率已从2010年的53%增至2020年的61%。根据《武夷山市国民经济和社会发展第十四个五年规划和2035年远景目标纲要》，2025年武夷山市城镇化率将达到65%。随着农村人口转移到城镇，其生产生活模式和消费模式都将有所改变，预计将对电力行业及交通、建筑领域的碳排放产生一定影响。

2020年武夷山市能源消费总量约为44.9万tce（吨标准煤），煤炭消费量占武夷山市能源消费总量的12.5%，油品占43.7%，天然气仅为2%左右，煤、油、气消费总量占能源消费总量的56.5%（图5-4）。从不同品种能源在各部门的分布来看，建筑部门的煤炭消费在各部门中居首，为3.36万tce，占全省煤炭消费总量的60%；其次是农业部门，占39.8%；交通部门占0.2%；武夷山市无本地煤电生产，因此电力部门无煤炭消费。油品消费量最大的部门是交通部门，占全市的97.1%；其次是农业部门，占2.1%；建筑和工业部门的油品消费均低于1%。天然气消费量整体偏低，总量仅为0.90万tce，主要分布在交通部门和工业部门。

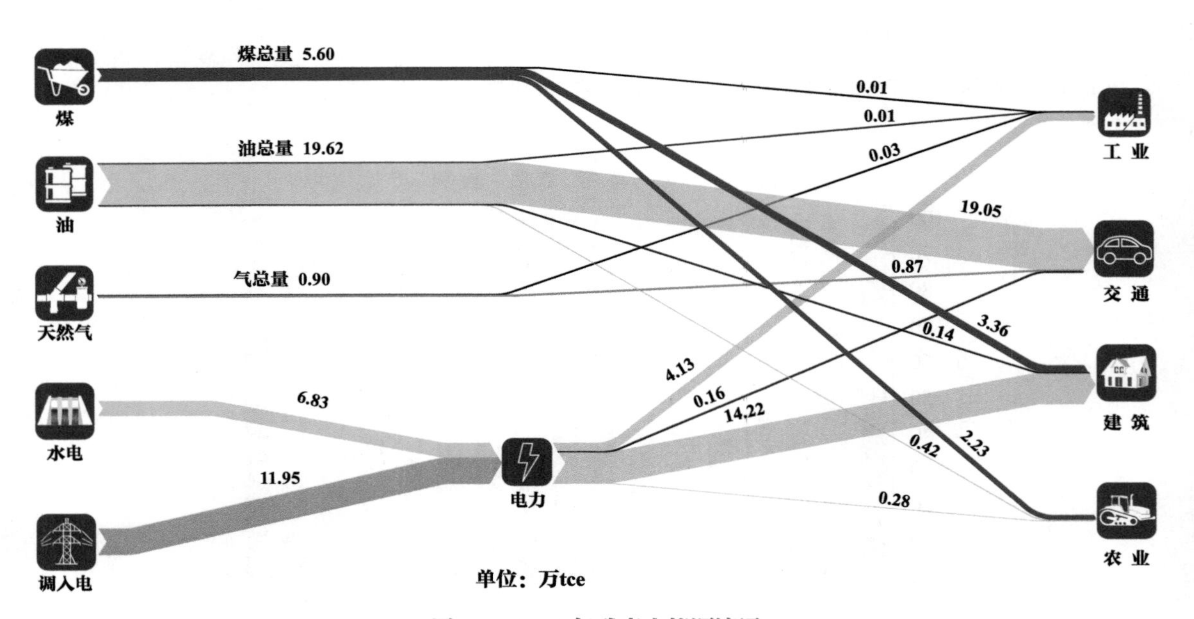

图5-4 2020年武夷山能源流通

从分部门情况来看，武夷山市工业用能以电力为主，占部门总用能量的近 99%，煤、油、气消费量合计占 1%。交通部门主要消费能源为油品，占交通部门用能总量的 94.5%，其次是天然气和电力，分别占比 4.3% 和 0.8%；建筑部门是电力消耗大户，电力消费量占该部门的 80.2%，煤和油消费量分别占 18.9% 和 0.8%。农业部门的能源消费以煤为主，煤消费总量占该部门的 76.2%，其次是天然气，占 14.3%。在电力消费方面，武夷山市电力构成以非化石能源发电和外调电为主，分别占全市能源总量的 15.2% 和 26.6%；2020 年总用电量为 6.15 亿 kW·h，全部来自可再生能源发电，包括水电和光电，调入电总量约为 3.91 亿 kW·h。电力消费主要集中在建筑部门和工业部门，分别占电力消费总量的 75.7% 和 22%。

武夷山市能源消费总量变化不大，约为 32.99 万 tce，占南平市能源消费总量的 5%。“十三五”期间，武夷山市能源消费年变化率仅为 1.26%，仅 3 年有小幅增长趋势，但变化不大，整体都维持在 32 万 tce 左右（图 5-5）。而南平市能源消费总量基本在 600 万 tce 以上，武夷山市能源消费总量占南平市总量的 5% 左右。从能耗增速来看，福建省的能耗增速相对稳定。

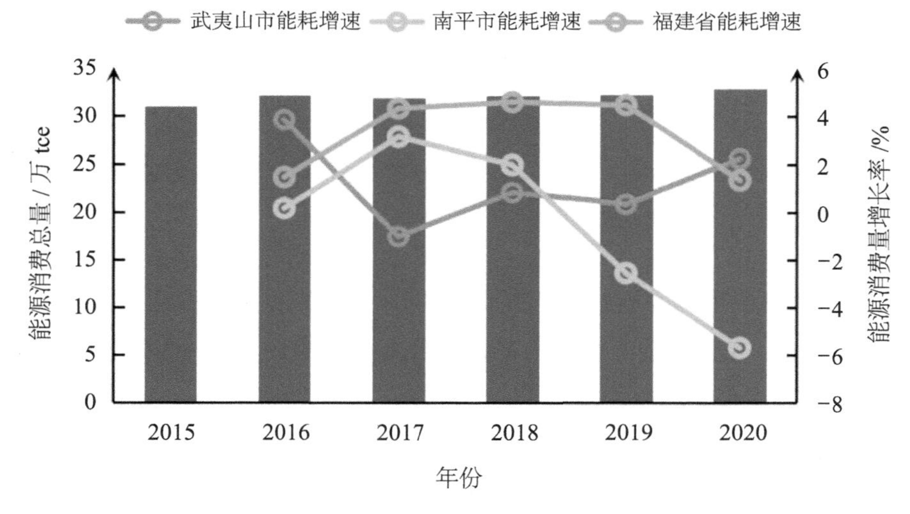

图 5-5　2015—2020 年武夷山市、南平市、福建省的能源消费现状

武夷山市能耗强度（2015 年不变价）稳定下降，2020 年为 0.26 tce/ 万元，远低于福建省和南平市的能耗强度（0.48 tce/ 万元和 0.47 tce/ 万元）。人均能耗也在稳定下降（2020 年为 1.27 tce），也远低于福建省（3.5 tce）和南平市（2.3 tce）的人均能耗。根据图 5-6，“十三五”期间，武夷山市能耗强度下降了 18%，从 2015 年的 0.32 tce/ 万元降至 2020 年的 0.26 tce/ 万元。武夷山市能耗强度一直低于福建省和南平市，是其一半左右的水平。武夷山市人均能耗也在持续下降，“十三五”期间下降了 5%，与南平市的下降幅度相同，但福建省的人均能耗却在上升，增幅为 13%。武夷山市人均能耗同样低于南平市和福建省，以 2020 年为例，武夷山市人均能耗比南平市低 45%，比福建省低 64%。

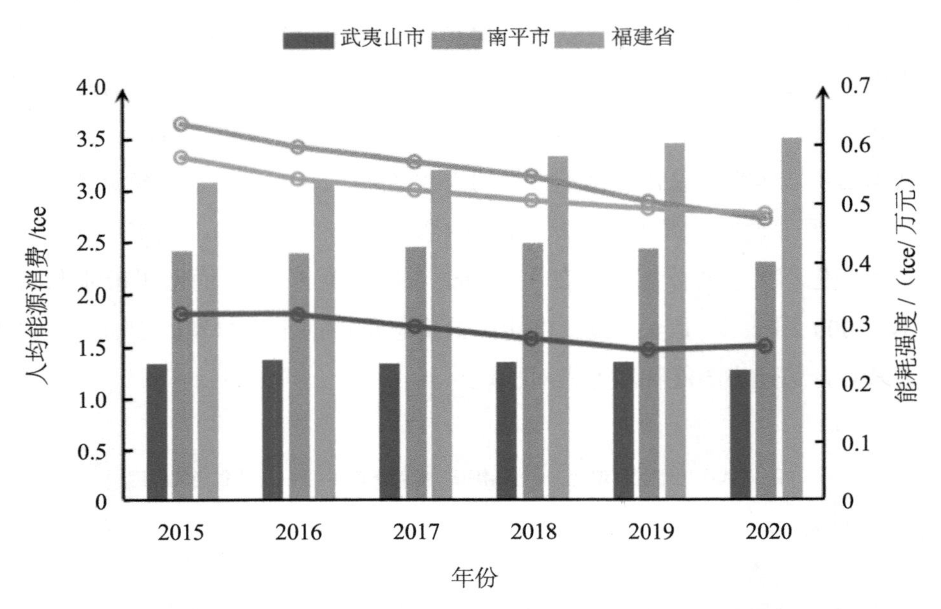

图 5-6　2015—2020 年武夷山市、南平市、福建省的能耗强度与人均能源消费变化

注：柱形为人均能耗，折线为能耗强度。

2020 年武夷山市总发电量为 2.24 亿 kW·h，全部来自非化石能源发电，其中水力发电占 99.5%；总用电量为 6.15 亿 kW·h，主要来自居民生活和服务业（图 5-7）。武夷山市年发电量低于用电量，没有火力发电厂，所有发电全部来自水电和光伏发电，其中水力发电占据绝大部分。2017 年以前，武夷山市只有水电，2017 年后开始有光伏发电，但占比较小，均在 0.5% 以下。2020 年武夷山市总发电量 2.24 亿 kW·h，较 2015 年下降 34%。武夷山市用电量近些年也在波动变化，年均用电在 7.2 亿 kW·h 左右。2020 年总用电量为 6.15 亿 kW·h，主要来自居民生活和服务业，分别占总用电量的 44% 和 33%。2020 年用电量与 2015 年相比下降了 20%，是近 5 年用电最低的一年。近两年电力消费下降主要来自工业用电下降，从 2015 年的 3.69 亿 kW·h 降至 2020 年的 1.35 亿 kWh，下降了 63%。与此同时，居民生活和服务业一直在上升，从 2015 年的 2.29 亿 kW·h 和 1.61 亿 kW·h 分别增至 2020 年的 2.7 亿 kW·h 和 2.0 亿 kW·h，增幅分别为 18% 和 24%。

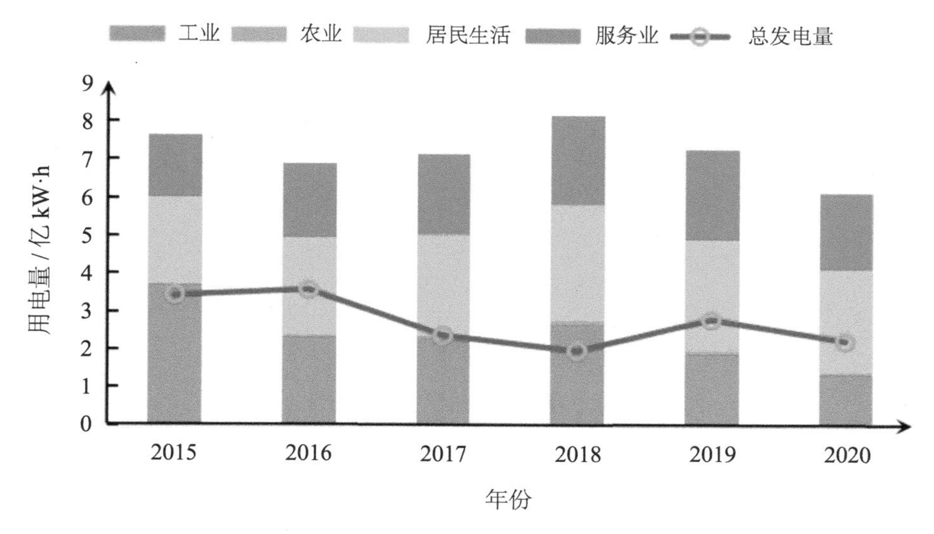

图 5-7　2015—2020 年武夷山市电力消费统计

5.2　温室气体排放现状

5.2.1　温室气体排放总量和结构

由图 5-8 可知，武夷山市 2020 年温室气体排放量为 90 万 tCO_2e，其中 CO_2 排放 60 万 t（67%），非 CO_2 排放约 30 万 t（33%）。在 CO_2 排放中，能源活动排放最高，为 45 万 t（占 CO_2 排放总量的 75%）；外调电约 3.91 亿 kW·h，净调入电带来的间接排放约 15 万 t，占比为 25%；无工业过程排放。在 CO_2 排放的能源活动中，交通部门是最主要的能源消费和碳排放领域，2020 年的碳排放量约为 29 万 t，占比 48%，其中主要来自道路交通排放，约 25 万 t，其次为农业排放，约 7 万 t；建筑部门（包括城镇生活、农村生活、服务业部门）的 CO_2 排放量为 9 万 t，占比 15%，其中生活部门排放为 8 万 t；农业部门也是武夷山市较为重要的排放领域，排放量为 7 万 t，占比 11%；由于武夷山市没有大型工业企业，工业部门排放较低，仅为 0.11 万 t。非 CO_2 温室气体排放为 30 万 t，主要为 CH_4 排放，2020 年的排放量约为 17 万 tCO_2e，占非 CO_2 温室排放的 57%，其中水稻种植占绝大部分；N_2O 和含氟温室气体排放量分别为 12 万 tCO_2e 和 1 万 tCO_2e。

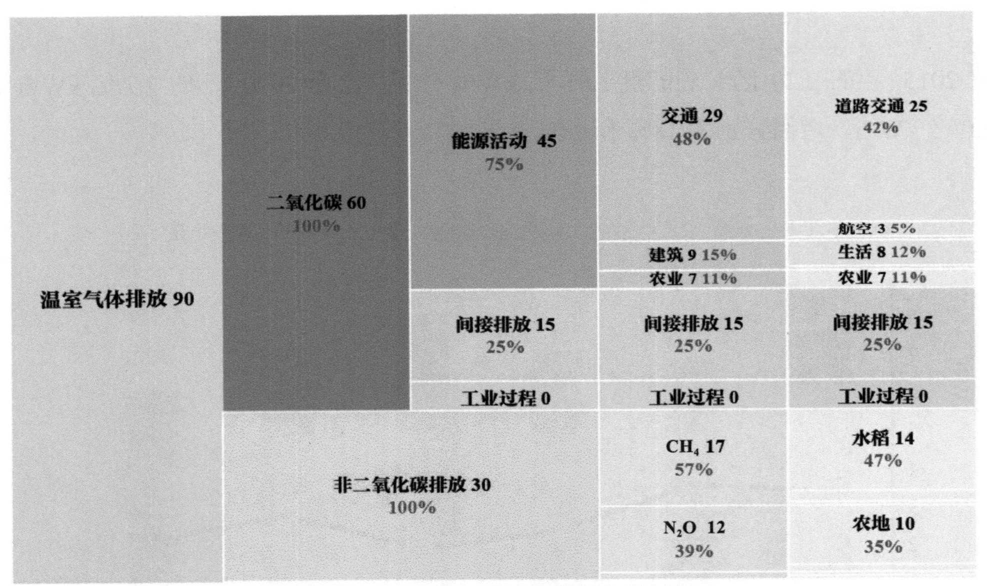

图 5-8 2020 年武夷山市温室气体排放

注：图中黑色数字是排放量（单位：万 t），红色数字为排放占比。

武夷山市目前的碳排放总量体量较小，人均碳排放和碳排放强度指标均优于全国、福建省和南平市的平均水平（图 5-9）。2020 年，武夷山市碳排放总量（能源活动 + 间接排放，不包括工业过程）为 60 万 t，占南平市总碳排放量的 7%。2020 年，武夷山市人均碳排放量为 2.32 t，远低于全国、福建省、南平市的平均水平。武夷山市人均碳排放基本可以代表福建省最优水平。2020 年，武夷山市碳强度（2020 年当年价格）为 0.29 t/ 万元，同样低于全国、福建省、南平市的平均水平，其排放强度仅为福建省的一半。但与福建省厦门市相比，还存在一定差距。

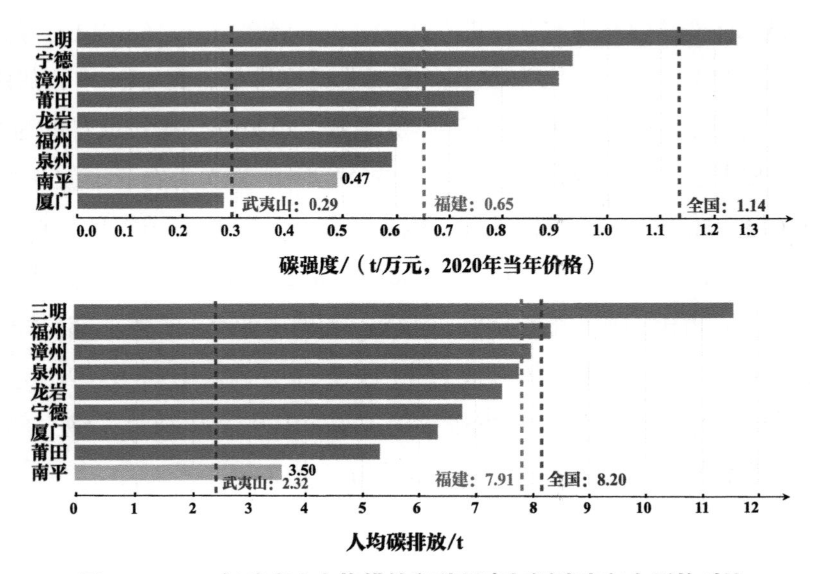

图 5-9 2020 年武夷山人均排放和碳强度与福建省和全国的对比

若考虑城市范围三排放，武夷山市 2020 年的温室气体排放共计 181 万 tCO_2e，范围三排放为 91 万 tCO_2e，占总排放的 50%（图 5-10）。范围三主要来自城市上游的原料使用，如正在建设的房屋中使用的水泥、钢铁等建筑材料；茶产业包装时使用的纸箱、锡箔纸等包装材料；服务业企业购买的外地产品，如酒店购买的一次性用品；等等。范围三排放还有一小部分来自下游的废弃物处置，如运往建阳区处理的城市生活垃圾等。

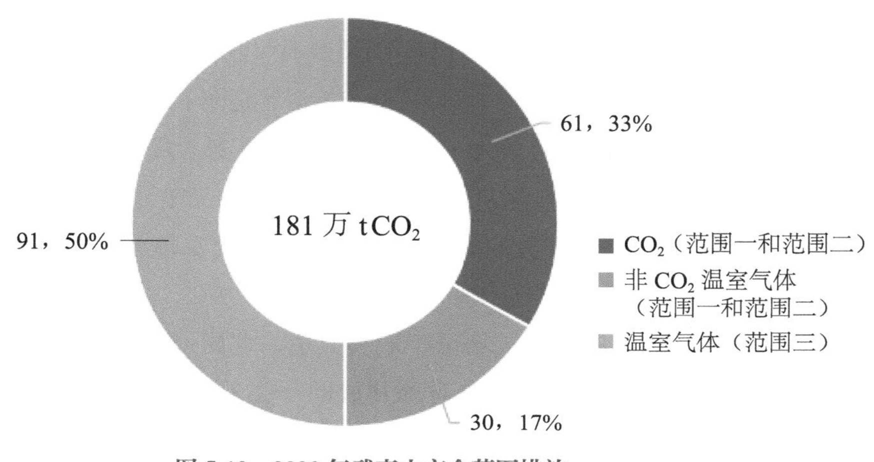

图 5-10　2020 年武夷山市全范围排放

5.2.2　重点排放领域及排放空间格局

交通领域作为重点排放领域，道路交通贡献较大。从空间分布来看，武夷山市高排放地区集中位于高速公路（如宁上高速、浦武高速和京台高速）和机场等区域。

从排放结构来看，交通领域是武夷山市 CO_2 排放最重要的组成部门，2020 年武夷山市 CO_2 排放总量为 60 万 t，交通领域 CO_2 排放量为 29 万 t，占排放总量的 48%。交通领域排放中，道路交通、航空运输和铁路运输排放量分别为 25.3 万 t、3.2 万 t 和 0.4 万 t，对交通排放总量的贡献率分别为 87%、11% 和 1%。

对于道路交通，本研究基于交通领域统计体系，根据武夷山市 2020 年私家车、公交车、摩托车及各类载客汽车、各类载货汽车保有量及分车型的年平均行驶里程，再结合分车型的单位行驶里程排放因子，计算道路交通 CO_2 排放量。其中，私家车、各类营运车辆、摩托车等车型的保有量数据来源于武夷山市公安局、交通运输局、车管所等部门的实际调研，公交车数据来源于市公交公司并参考《武夷山市公共交通专项规划》；年均行驶里程基于《非道路移动源大气污染物排放清单编制技术指南（试行）》，同时结合武夷山市实际调研结果进行修正；各类车型排放因子（单位行驶里程碳排放量）基于本地化修正的综合移动源排放模型（motor vehicle emission simulator，MOVES）模拟 8 种内燃机车辆在不同行驶速度下的 CO_2 排放因子，并建立速度与排放因子变化关系的拟合方程，再结合路网运行平均车速得到。截至 2019 年 12 月底，武夷山市公路通车里程达 1 358 km，公路面积密度为 48.53 km/ km^2，市内农村公路入库里程达 1 123.52 km，其中县道 219.82 km、乡道 442.80 km、村道 460.90 km，115 个建制村的通硬化路率达 100%，通双车道公路的建制村比例达 54%。全市共有中型客车 11 辆、小型客车 32 571 辆（其中新能源车 687 辆）、微型客车 49 辆、重型货车 127 辆、中型货车 32 辆、轻型货车 5 360 辆、低速货车 74 辆、重型专项作业车 21 辆、中型专项作业车 6 辆、轻型专项作业车 9 辆，此外有大型新能源客车 197 辆，包括公交和旅游客运车。摩托车作为武夷山市重要的交通工具之一，全市保有量为 57 976 辆。由此得到，武夷山市内私家车年排放量约为 13.66 万 t；其次是轻型货车，年排放量为 7.02 万 t；由于武夷山市摩托车保有量较大，所以摩托车年排放量也有 3.62 万 t；公交车等公共交通工具整体排放较低，年排放量仅有 0.06 万 t。

对于航空排放，武夷山机场位于武夷大道，北距武夷山市中心 5 km，为 4C 级军民合用旅游干线机场、国家对外开放的一类航空口岸。2020 年，武夷山机场客运吞吐量为 230 520 人次，位居全国 240 个机场中的 164 位；货邮吞吐量为 641 118 t，居全国第 157 位；起降架次共 2 856 架，居全国第 183 位。2020 年，武夷山机场的排放量约为 3.2 万 tCO_2。

基于中国高空间分辨率网格数据（China high resolution emission database，CHRED）建立武夷山市 1 km×1 kmCO_2 排放网格（图 5-11），可以直观展示全市 CO_2 排放量的空间分布特征与地域关联。通过地理识别高排放网格，再结合遥感影像精准识别高排放源，可以为碳排放精细化管理提供基础数据需求。武夷山 CO_2 排放的空间分布差异明显，3 000 个 1 km 网格的年平均排放量约为 377 t，排放量最高的网格其排放量超过 3.22 万 t，即武夷山机场。高排放区域集中位于交通领域中的高速公路段，如宁上高速、浦武高速和京台高速。

5.2.3 支柱产业碳足迹分析：茶产业

中国是世界上最大的茶叶种植国，拥有全球最多的饮茶人口，茶叶已经成为人们日常生活中不可或缺的一部分，并发展出独具民族特色的茶文化。茶产业作为绿色经济的重要组成部分，在改善生态环境、提高茶农收入、出口创汇及文化输出中均有着独特的作用。当前，中国茶产业发展较快，茶叶生产加工日趋规范化、标准化，我国茶叶消费量、茶园面积、茶叶产量均位居世界第一，在全球茶产业中具有

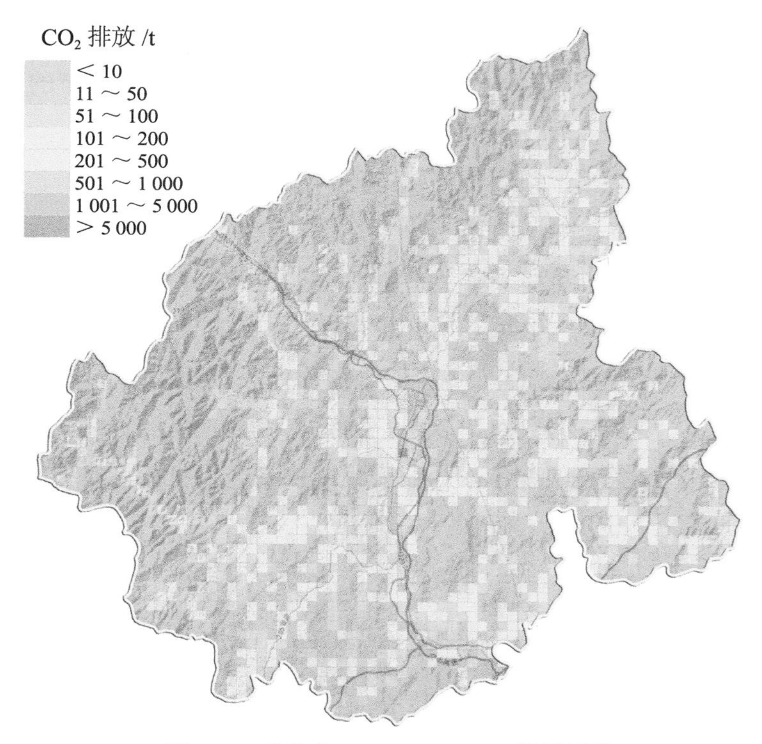

图 5-11 武夷山 1 km×1 km CO_2 排放网格

举足轻重的地位。茶产业可以分为农业、工业及服务业三大部分。从农业的角度来看，茶叶种植属于农业中的种植业；从工业的角度来看，茶叶加工业及茶叶机械工业等均属于工业的范畴；从服务业的角度来看，茶文化产业等属于服务业。

茶产业是武夷山市产业的重要组成部分，直接关系到武夷山市的民生状况和经济发展。作为福建省重要的茶叶基地、中国首批茶文化艺术之乡，武夷山市的茶产业由于具有天然的资源禀赋、政府的大力支持、厚重的文化底蕴等优势取得了较大发展，各类茶叶品种风靡全球，武夷岩茶更是作为全国十大名茶之一享誉中外。在各种茶品类型中，“正山小种”商标被认定为中国驰名商标；武夷岩茶、武夷山大红袍和正山小种被列入中欧地理标志协定保护名录；武夷岩茶、武夷红茶入选中国农产品地域品牌价值 2020 年标杆品牌；武夷岩茶品牌强度 905 评估价值高达 700.17 亿元，并连续 4 年蝉联中国茶叶类区域品牌价值第二。武夷山市也荣获“2020 年中国茶叶品牌建设十强县”称号。

武夷山市现有茶山面积 14.8 万亩，有 6 个茶农场，茶产业已发展成为武夷山市绿色发展和精准扶贫开发的支柱产业。2015—2020 年，武夷山市茶叶产量呈不断上升趋势。2020 年，武夷山市注册茶企业有 4 560 家，通过 SC 认证企业

834家，茶叶合作社236家，涉茶人数12万余人，年产茶叶2万多吨，产值达22.85亿元，实现了茶产业8 499万元的税收，茶产业为武夷山市的经济发展做出了较大的贡献。

茶叶制作工序很细致，茶叶生产链条要消耗大量的能源和材料，碳排放自始至终存在于茶叶生产流程中，因此应合理评估茶叶系统，确定种植—加工—出厂—消费生命周期中的环境机会和限制。图5-12基于生命周期评价（LCA）方法、依据欧盟建立的统一的产品环境足迹（PEF）标准，以武夷山市特色茶叶作为研究对象，对其生命周期产生的温室气体排放进行分析，研究的物理边界范围为从“摇篮”到“大门”，以种植为起点，以消费为终点，覆盖包括种植—采摘—运输—加工—包装—运输—消费的整体茶产业流程，核算边界包括直接和间接温室气体排放。

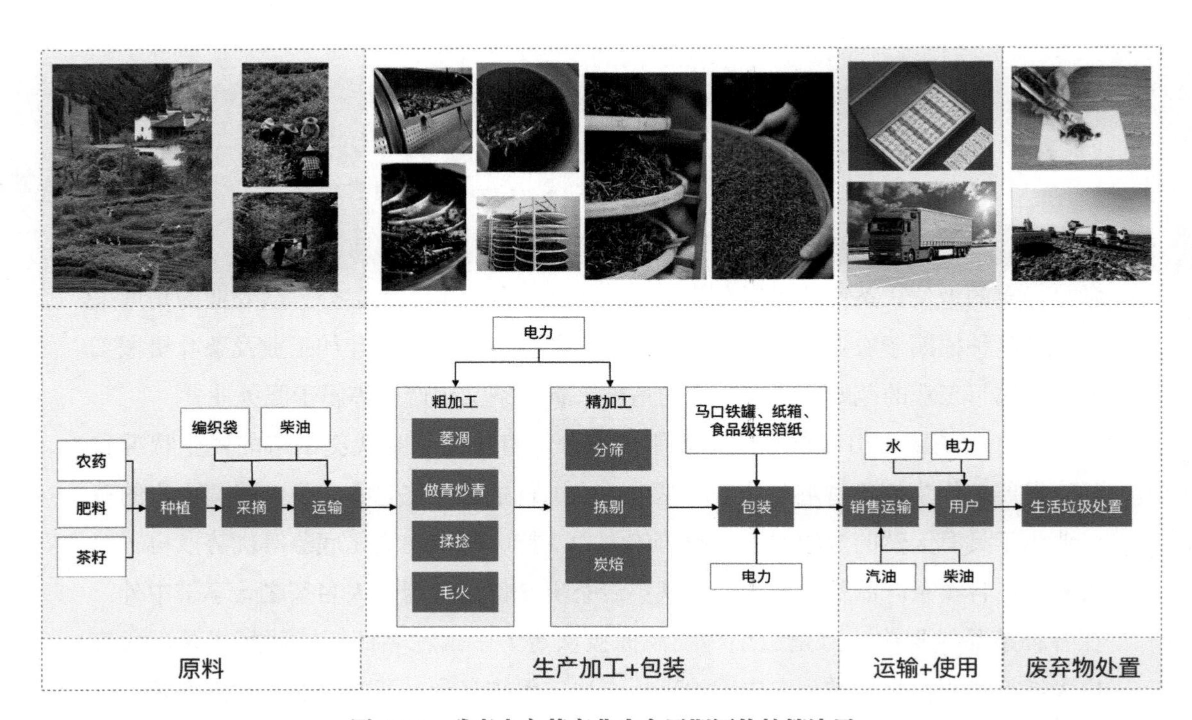

图5-12　武夷山市茶产业生命周期评价核算边界

通过问卷调研的形式对武夷山市内3家知名茶企进行调研，包括武夷山香江茶业有限公司、武夷山正山茶业有限公司、武夷星茶业有限公司（2020年中国茶业百强），了解到茶园的基本信息、各环节详细情况，从而获得茶叶的种植面积、年产量、化肥施用量、运输车燃料类型、运输距离、电力数据等数据，见表5-1。

表 5-1　茶企基础信息（2020 年）

内容	武夷山香江茶业有限公司	武夷山正山茶业有限公司	武夷星茶业有限公司
茶叶类型	乌龙茶（武夷岩茶）	莱茶	乌龙茶（武夷岩茶）
产量 /t	50	180	120
茶园面积 / 亩	1 286	550	1 835
年收入 / 万元	9 217	16 108	23 762.2

种植：在茶叶供应链的碳足迹中，种植园所排放的 CO_2 等温室气体占较大比重，如茶籽和化肥生产、播撒过程中的施肥、茶叶生长过程中因修剪消耗的燃料等都会产生碳排放。武夷山茶叶在种植过程中大多选择人工种植，多为自然雨水浇灌，在肥料方面多选择有机肥料，如有机肥、菜籽饼肥，并结合短稳杆菌、石硫合剂、苦参碱等生物农药。

采摘：每年 3—5 月武夷山茶叶会进入采摘阶段。采摘是武夷岩茶的首道工序，武夷岩茶采用“三叶中开面”的标准采青法，从而保留了茶叶的独特内质。采摘方式包括人工采摘和机械采摘，采摘量较大。机械采摘使用的农用机械会消耗一定的柴油，排放一定量的 CO_2。在采摘环节还会使用编织袋，编织袋的生产过程同样会有一定量的 CO_2 排放。

运输（茶园—加工厂）：茶叶在采摘后需要运输到工厂进行加工。从茶园运输到茶企工厂，物流需要控制温度、湿度等，对车辆运输要求较高。武夷山茶叶运输一般都使用柴油车，该环节主要与运输距离有关，会产生一定碳排放。

加工：武夷岩茶加工制作工序细致、工艺考究，可分为粗加工环节和精加工环节，主要包括萎凋、做青、炒青、揉捻、毛火、分筛、拣剔和炭焙等。其中，萎凋、做青、炒青、揉捻、毛火为粗加工环节，分筛、拣剔和炭焙为精加工环节，在此过程中会造成大量的电力消耗，产生 CO_2 排放。在加工环节，萎凋是鲜叶丧失水分的过程，此过程对岩茶香型的形成和能否有醇厚的滋味关系极大。岩茶制作工艺最重要的阶段是做青，即通过多次摇青使茶青叶片不断受到碰撞和互相摩擦，使叶片边缘逐渐破损，并均匀地加深，经以酵氧化后产生绿底红镶边，而在静置发酵过程中茶青内含物逐渐进行氧化和转变，散发出自然的花果香型，形成乌龙茶特有的高花香，兼有红茶、绿茶的风味优点。揉捻是形成武夷岩茶外形和影响茶叶制率的主要因素。复揉除使条形紧结外，还能提高茶汤浓度。复揉手法与初揉相同，揉 20 余下即可进行“走水焙”。毛火是岩茶的第一道火，也称“走水焙”，在一个密闭的焙间中用培笼进行。初焙的温度要控制好，一定要高温，有经验的制茶老师傅用手背便可测定出来。初焙结束即是毛茶。在精加工环节，要对毛茶进行第二道火，即复焙，俗称“中足火”。其目的是将拣剔后的茶叶焙至所要求的程度，这样就可以防止茶叶霉变和减少茶叶的苦涩味，茶叶的醇厚度就提高了。第三道火，俗称“炖火”，也就是茶在足干的基础上进行文火慢焙的过程。炖火过程的细致处理为岩茶所独有，其他茶类无法企及。精加工环节用到的电要远大于粗加工环节。

包装：武夷山茶叶采用符合卫生要求的包装材料进行包装，内袋包装材质为食品级铝箔复合袋等，外部包装材质为纸盒、马口铁罐等。储存条件需要满足常温、干燥、避光、密封、无异味。

运输（工厂—商店）：茶叶在采摘后需要运输转移，而物流需要控制温度、湿度等，对车辆运输要求较高，武夷山茶叶在运输中使用汽油车或者柴油车，该环节主要与运输距离有关，会产生较大碳排放。在加工与包装之后，武夷山茶叶销往全球，其中主要是销往全国各地，在运输过程中会产生较大的交通碳排放。考虑到武夷山茶叶在中国具有广泛的市场及系统的复杂性，对企业运输地点进行实际调查，确定省外平均运输距离和省内平均运输距离，以及省内和省外销售比例。

使用：用户在泡茶时一般要用水和用电，生产水和电也会产生一定量的碳排放。武夷岩茶一般为 5 g/ 包的小包茶，每包茶通常需要 500 mL 的热水冲泡，烧开一壶热水又会耗电。

废弃物处置：喝剩下的茶叶渣属于湿垃圾，也属于厨余垃圾。在武夷山市内，厨余垃圾一般与生活垃圾混合送往建阳区垃圾处理厂进行焚烧处理，通过垃圾焚烧产生的热量进行发电。对于不在武夷山市内消费的茶叶，产生的茶叶渣会随生活垃圾进行填埋、焚烧、堆肥处置。

根据上述生产环节，建立武夷山茶叶全生命周期模型，对茶叶全生命周期产生的环境影响进行分析，清单中所包含的数据主要包括整个系统中物料和能量的输入与输出。输入原料包括肥料、农药、茶籽等；柴油、电力为主要能源消耗，排放物重点关注温室气体排放。

根据各企业填写的数据，排放因子结合中国产品温室气体排放系数集（CPCD）、Gabi 数据库和相关参考文献，经核算，武夷山市内生产 1 kg 茶叶从“摇篮”到“坟墓”的碳足迹为 28.99 kgCO_2，如图 5-13 所示。其中，按照对碳足迹的贡献排名分别为使用环节、加工环节、包装环节、种植采摘环节、废弃物处置和运输环节；茶园在种植过程中会吸收一定量的 CO_2，茶叶的碳汇吸收约为 3.26 kgCO_2/kg。就具体环节而言，种植和采摘阶段碳足迹贡献顺序为采摘茶叶所需编织袋排放，种植过程中所需肥料排放和其他排放，1 kg 茶叶分别排放了 0.42 kgCO_2e、0.36 kgCO_2e 和 0.06 kgCO_2e；对于加工阶段，碳足迹贡献顺序为炭焙、萎凋和其他，1 kg 茶叶分别排放 9.38 kgCO_2e、1.41 kgCO_2e 和 0.16 kgCO_2e；对于包装阶段，碳足迹贡献顺序为纸箱、铝箔袋和包装所用电力，1 kg 茶叶分别排放 2.84 kgCO_2e、1.82 kgCO_2e 和 1.10 kgCO_2e；对于运输阶段，1 kg 茶叶交通运输排放 0.11 kgCO_2e。在生产到销售的全过程中，加工阶段的炭焙和萎凋流程排放相对较高，原因是这两个加工步骤是高耗电步骤，过程中所用的能源消耗主要是电力，造成较高的碳排放。此外，包装所用材料的碳排放也相对较高。在使用阶段，用电是排放量最高的环节，1 kg 茶叶会耗电 36 kW·h，排放 14.08 kgCO_2e，占茶叶碳足迹的一半左右；其次是用水，1 kg 茶叶会耗水 0.1 t，排放 0.19 kgCO_2e。

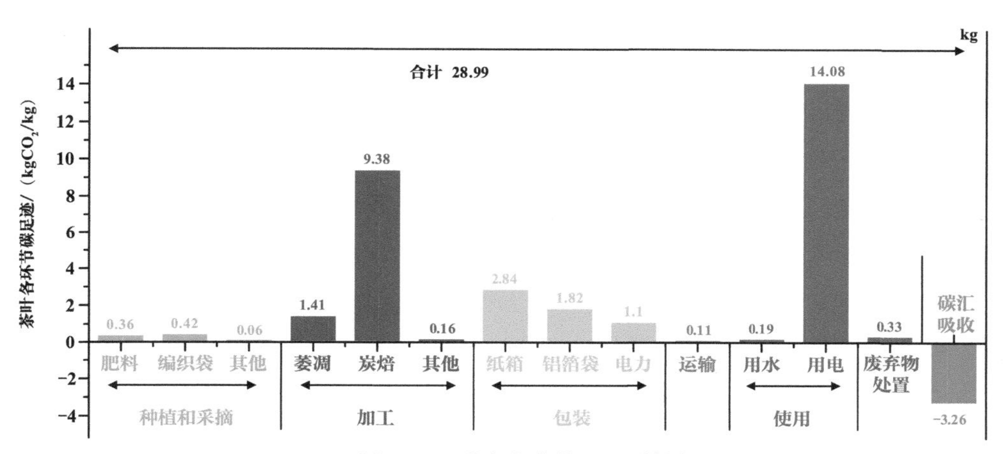

图 5-13 武夷山岩茶 LCA 结果

从全市茶叶生产来看，2020 年全市武夷岩茶的产量为 22 482 t，而武夷山全市由于茶叶生产制造（包括上下游）导致的碳排放为 65.18 万 t，这也给未来武夷山市茶叶行业全生命周期碳减排提出了较大挑战。

5.2.4 支柱产业碳足迹分析：旅游业

旅游业是为旅游者提供各种满足旅游消费需求的服务和货物的行业。在信息交通更加便捷的时代，旅游业及相关产业在持续发展过程中由交通、住宿、餐饮等活动产生的碳排放逐渐增加。2022 年，世界旅游及旅行理事会（WTTC）第 21 届全球峰会在菲律宾首都马尼拉举行。会议发布的《旅游业经济影响报告》预测未来 10 年旅游业将持续带动经济增长和就业。2022—2032 年，旅游业的 GDP 将以平均每年 5.8% 的速度增长，超过全球经济 2.7% 的平均增长率。预计在 2032 年达到 14.6 万亿美元（占全球经济总量的 11.3%）。

武夷山自 1999 年被联合国教科文组织批准列入《世界遗产名录》，成为我国第 4 处、世界第 23 处世界文化与自然“双遗产”地之一，拥有首批国家重点风景名胜区、国家重点自然保护区、国家旅游度假区、国家一类航空口岸、国家森林公园、国家重点文物保护单位、中国历史文化名村等，是首批中国优秀旅游城市、中国茶文化艺术之乡、原中央苏区县，先后获评全国十大文明风景旅游区、中华十大名山。“十三五”期间，武夷山旅游人次大幅增长，从 2015 年的 976 万人次增至 2019 年的 1 626 万人次，增长 67%。随着旅游人数的增多，旅游收入也在增长，已经从 2015 年的 159 亿元增至 2019 年的 359 亿元，翻了一倍。由于新冠疫情的影响，2020 年武夷山旅游人数和收入有大幅下降，但 2021 年已经有所回升。2021 年接待旅游总人数 1 047 万人次，已经恢复至 2019 年的 73.66%；旅游总收入 141.9 亿元，恢复至 2019 年的 70%。“十四五”期间，武夷山市旅游产业预计要完成“2522”发展目标，即全市旅游接待人数超过 2 000 万人次，旅游综合收入突破 500 亿元，旅游综合税收突破 2 亿元，主景区旅游接待人数超过 200 万人。

旅游业大幅发展的同时也会带来巨大的碳排放。2009—2013 年，全球旅游业碳足迹从 39 亿 t 增至 45 亿 t，约占全球温室气体排放量的 8%。旅游业的碳足迹主要包括交通、购物和饮食。其中，旅游交通是旅游业碳排放最主要的来源（70% ～ 94%），越在偏远地区（岛屿尤其高）占比越高。为推进旅游业节能减排，国务院陆续颁布《关于促进全域旅游发展的指导意见》（国办发〔2018〕15 号）、《关于促进旅游业改革发展的若干意见》（国发〔2014〕31 号）系列文件，并在文件中提出旅游业集约低碳发展道路。在各项政策支持下，不同地区先后开发出“碳中和旅游”“绿色补碳旅游”“零碳旅游小镇”等项目。为了确定旅游业所涉及的温室气体排放，促进相关产业低碳减排，相关学者在旅游业碳排放方面做了大量研究。2001 年，Gossling 首次提出了旅游业碳排放的研究方法，计算出当年旅游业碳排放占全球碳排放的 5.3%，此后学者就全球、大洲、国家、地区和省市等尺度的旅游业碳排放进行了评估。旅游业 CO_2 排放核算方法主要分为自下而上和自上而下两大类。

自上而下法，即直接估算一个完整系统内（如国家或地区）旅游业能耗 / 排放所占的比重；自下而上法，是从到达目的地游客的数据分析入手，向上逐级统计能耗与排放量。考虑到中国尚未建立系统的旅游卫星账户及温室气体排放监测制度，本书主要采用自下而上的碳排放核算方法。该核算方法借鉴 Becken 等和 Patterson 等的实证研究法，确定旅游交通、旅游住宿和旅游游玩为旅游业碳排放的重点领域，采取分解加总的方法对旅游业 CO_2 排放量进行自下而上的测度。旅游活动包括吃、住、行、游、购、娱六大环节，可以将旅游碳足迹分解为旅游交通碳足迹、旅游住宿碳足迹、旅游餐饮碳足迹、旅游游玩碳足迹（包括游、购、娱三大环节），如图 5-14 所示。

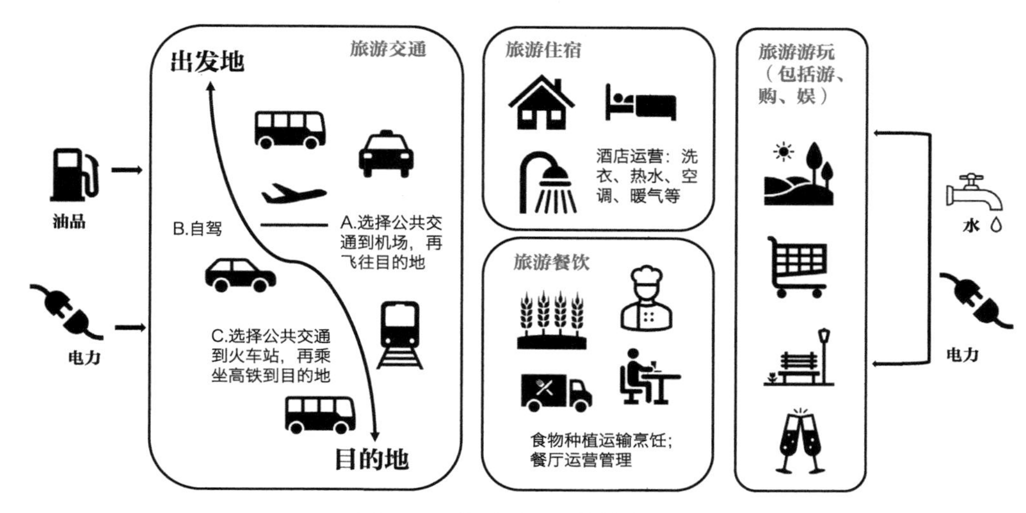

图 5-14　旅游碳足迹核算边界

旅游交通：旅游交通是为了旅游者从旅客出发地到旅游目的地及目的地之间提供的交通设施、设备和交通服务。旅游业和交通运输业紧密联系，便捷的交通方式、不断完善的交通管理系统吸引了越来越多的游客，同时也会促进交通的进一步发展和改善。目前，武夷山市已初步形成集航空、铁路、公路于一体的旅游交通网，成为闽北立体交通网络中心。市内拥有国家一类航空口岸，武夷山机场现已开通境内外航线 20 多条；合福高铁武夷山高铁北站已开通；南平至浦城、宁德至上饶、武夷山至邵武 3 条高速公路汇通武夷山下。在建的无水港项目将建设集装箱码头及海关国检监管场所，建立“无水港”国际集装箱储运，实施铁海联运。旅游交通也是旅游碳足迹总量占比最大的一部分。旅游交通碳足迹包括从“客源地—旅游目的地—客源地”的整个过程，交通运输工具消耗能源产生的碳排放也包括交通运输过程中提供的产品和服务的再生产、使用、维护管理等环节产生的碳排放。2020 年，武夷山旅游人次共 1 079 万，其中 70.87% 的游客来自福建省，不到 30% 的游客来自省外。在本省游客中，又有 40% 的游客来自南平市，25% 的游客来自福州市，其他城市占比均在 10% 以下，莆田、龙岩、漳州三市占比最低。在省外游客中，由于江西省临近武夷山，有 16.4% 的游客来自该省；其次是浙江省和广东省，占比约 12%；来自江苏省和上海市的游客同样较高，占比分别为 9.7% 和 10.9%。

旅游住宿：旅游住宿指向所有类型的游客提供商业性或准商业过夜住宿设施的

所有机构，根据住宿设施特点可以分为服务型和非服务型两类。其中，服务型设施是指在经营场所中有员工随时提供服务，如清洁、餐饮等；非服务型设施是指以出租方式提供的家具齐备的住宿设施。旅游住宿行业的碳排放可分为直接碳排放和间接碳排放，直接碳排放主要包括酒店直接控制或拥有的化石燃料燃烧所产生的碳排放，间接碳排放主要包括由酒店的建设、运营、销售、管理等活动带来的电力消耗而产生的排放。在武夷山市的旅游业中，住宿部分所产生的碳排放可以通过出租客房床位数与每床每晚碳排放因子的乘积得到。据统计，2019 年武夷山市的酒店平均客房使用率在 40.8% 左右，当地酒店床位数有 4.02 万床。受新冠疫情影响，2020 年酒店民宿于 4 月后逐步恢复营业；旅行社于 5 月后开放省内游，7 月 20 日后开放跨省游，导致 2020 年酒店平均客房使用率仅在 25% 左右，比 2019 年下降了一半。

旅游餐饮：旅游餐饮是餐饮业中为旅游者提供餐饮产品与服务的部分，是保证游客旅游行程能够持续进行的基础性支撑要素，游客途中或在旅游目的地的饮食状况直接影响其对该次旅游行程满意度的评价。餐饮业的碳排放环节包括食物的生产和消费过程及从餐饮原料采购、设施配备、厨房生产、餐饮销售服务的各个阶段。得天独厚的地理条件使武夷山市餐饮文化多样，游客在享受餐饮产品与服务的过程中产生的碳排放不可忽视。2020 年，武夷山市旅游总收入为 229 亿元，而 2019 年为 359 亿元，下降了 36%。其中，2020 年旅游餐饮收入占比 17.5%。近年来，旅游餐饮收入占比一直在上升，2005 年餐饮收入占总收入的 11.6%，2015 年升至 16.6%，2015—2020 年没有较大变化，一直维持在 17% 左右。

旅游游玩：旅游游玩包括游、购、娱三大环节。这些游玩活动按动机和内容一般可分为观光、商务、会展、休闲、度假、修习、宗教、生态旅游等。大众化旅游时代来临，旅游活动的方式更加多元化和个性化，旅游活动的类型更加丰富，不同类型活动能源消耗和 CO_2 排放特征差异也十分明显，如观光游客每天的能耗为 8.5 MJ，排放 CO_2 417 g，而水上摩托艇项目游客每天的能耗为 236.8 MJ，是观光游客的 28 倍，排放 CO_2 15 300 g，是观光游客的 37 倍。不仅如此，旅游活动能耗和 CO_2 排放的区域差异和个体差异也十分明显。因此，对于武夷山旅游游玩来说，游玩活动主要集中在漂流、观光等 CO_2 排放量较低的游玩项目上。

根据《武夷山市统计年鉴 2021》《福建统计年鉴—2021》《中华人民共和国文化和旅游部 2021 年文化和旅游发展统计公报》等的数据测算（图 5-15）可知，2019 年武夷山市旅游业碳足迹为 87.3 万 t，其中旅游交通排放 62 万 tCO_2，旅游住宿排放 18.2 万 tCO_2，旅游餐饮排放 3.3 万 tCO_2，旅游游玩排放 3.8 万 tCO_2。由于旅游业受新冠疫情影响因素较大，与 2019 年相比，2020 年武夷山市旅游业碳排放各环节均在下降。2020 年，武夷山市旅游业碳排放 45.0 万 t，其中旅游交通排放 29.8 万 tCO_2，旅游住宿排放 11.4 万 tCO_2，旅游餐排放饮 2.3 万 tCO_2，旅游游玩排放 3.8 万 tCO_2。旅游交通对整体旅游碳足迹贡献最大，占比 66%，其次是旅游住宿，占比 25%，旅游餐饮和旅游游玩的碳足迹占比分别为 5% 和 3%。由于整体旅游人次下降了 34%，武夷山市旅游碳足迹下降了 49%，其中旅游交通碳足迹下降了 52%，旅游住宿碳足迹下降 37%，旅游餐饮碳足迹下降 30%，旅游游玩碳足迹下降 62%。

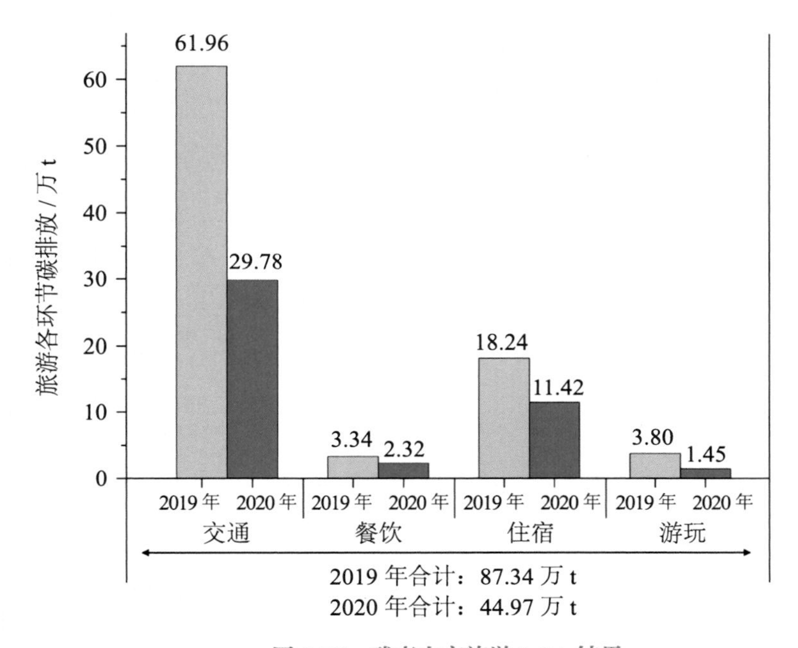

图 5-15 武夷山市旅游 LCA 结果

2020 年，武夷山市旅游业碳足迹为 41.7 kgCO_2/ 人次，比 2019 年下降 22%。2020 年，武夷山市旅游业碳强度为 196.5 kgCO_2/ 万元，比 2019 年下降 19%。根据其他文献，全国旅游业碳足迹在 47.91 ～ 106 kgCO_2/ 人次，福建省旅游业碳足迹约为 76.75 kgCO_2/ 人次，武夷山市人均碳足迹要低于全国和福建省的平均水平。从碳强度来看，全国和福建省的碳排放强度为 316.8 ～ 909.5 kgCO_2/ 万元。

第 6 章 城市全范围排放核算(投入产出法)：以厦门市为例

厦门市地处我国东南沿海，位于福建省东南部，是我国东南沿海重要的中心城市、港口及风景旅游城市，现辖思明、湖里、集美、海沧、同安和翔安6个行政区，所辖陆地面积1 573 km^2，海域面积300多km^2。厦门市是我国首批实行对外开放的5个经济特区之一，是我国海峡西岸经济区的中心城市，定位为现代化国际性港口风景旅游城市和海峡西岸重要中心城市。2010年，国家发展改革委发布《关于开展低碳省区和低碳城市试点工作的通知》，将厦门市列入五省八市中的首批试点城市之一，因此厦门市是进行城市能源利用碳足迹研究的良好区域。

6.1 社会经济和能源利用现状

能源是社会经济发展的基础和动力，对经济发展和人民生活水平的提高起到至关重要的作用。伴随厦门市经济的高速发展，其能源消费总量逐年上升。然而厦门市是一个能源资源相当匮乏的城市，其使用的一次能源99%以上需从外地调入，是能源净进口城市。厦门市能源消费的主要类型有煤炭、成品油、天然气、外调电力及其他能源。从历年的能源消费结构来看，2005—2009年，厦门市煤炭的消费量最大，在能源消费总量中的占比为36.70%～46.42%；其次为成品油，占比为35.04%～39.62%；再次为外调电力，占比为16.15%～23.68%；天然气和其他能源消费量非常微小，二者合计在能源消费总量中的占比为0～1.72%（表6-1）。在各类能源中，外调电力所占比例呈减小趋势，其他能源及天然气所占比例迅速增加，煤炭和成品油所占比例相对稳定。

表6-1 厦门市历年的能源结构

单位：%

能源类型	2005年	2006年	2007年	2008年	2009年
煤炭	36.70	41.98	46.30	46.42	45.21
成品油	39.62	36.47	36.35	36.97	35.04
天然气	0	0.04	0.05	0.35	1.62
外调电力	23.68	21.51	17.30	16.15	18.03
其他	0	0	0	0.11	0.10

对于厦门市的各个部门，能耗汇总主要以6个终端部门进行统计，分别为工业部门、居民生活、商业及公共机构、市内交通运输部门、建筑业部门及其他部门。厦门市2009年各部门的终端能源消费情况如表6-2所示。

表 6-2　2009 年厦门市各部门终端能源消费活动数据

单位：万 tce/（万 kW·h）

部门	原煤	汽油	柴油	燃料油	液化石油气	天然气	电力[b]	热力[c]
工业部门	54.16[a]	3.54[a]	9.16[a]	20.75[a]	4.08[a]	0.59[a]	698 673.00	32.78
商业及公共机构	0.00	9.41[d]	0.00	0.00	9.45[e]	0.90[e]	273 297.00	0.00
居民生活	3.67[g]	0.00	0.00	0.00	6.17[f]	1.33[f]	275 143.00	0.00
建筑业部门	21.91[d]	6.63[d]	15.47[d]	0.00	0.00	0.00	22 353.00	0.00
市内交通运输部门[h]	0.00	34.06	9.56	0.00	0.00	0.00	0.00	0.00
其他部门	3.14[d]	0.95[d]	2.22[d]	0.00	0.00	0.00	12 329.00	0.00
合计	82.88	54.59	36.41	20.75	19.70	2.82	1 281 795.00	32.78

资料来源：a. 根据《2010 厦门市经济特区年鉴》中 2009 年规模以上工业企业能源消耗数据推算得到全市工业的能耗；b. 来自对厦门市电业局的调研；c. 来自 2009 年厦门市能源平衡表；d. 将厦门市能源平衡表终端消费总量与工业部门终端消费量的差额，按照福建省终端部门的能源消费结构及部门产值的比例进行分配而得；e. 按照《2010 厦门市经济特区年鉴》中工商业统计的该能源消耗数据，本部门该能源类型的消耗数据等于工商业总计消耗数据减去工业能耗；f. 来自《2010 厦门市经济特区年鉴》；g. 来自调研数据；h. 该部门的数据主要来自对交通运输管理处各交通型能耗调研数据的汇总。

基于城市的功能性，城市主要材料的上游生产、加工、运输等过程中的间接能源利用所产生的碳排放虽然发生在城市边界之外，但需要计算在城市的温室气体核算之中，这符合世界资源研究所（WRI）与世界可持续发展工商理事会（WBCSD）用于描述碳足迹而引进的范围三内含能。结合该协议内容，并根据厦门市的实际情况，本研究考虑的主要城市材料包括燃料、食物、水、水泥、钢铁，对于厦门市消耗的其他材料、商品或者服务，如电视、计算机、手机、家具等，认为在城市间工商交换过程中其内含碳排放已被相互抵消。厦门市本地消耗的水大部分来自九龙江北溪，水泥来自龙岩市、漳州市，煤炭部分来自龙岩市，钢铁部分来自三明市，食物主要来自福建省内的其他城市等，因此本研究假设厦门市消耗的主要材料均来自福建省内，利用福建省投入产出表初步探索了主要材料内含能引起的碳排放及在上游产业链部门间的 CO_2 分布结构。其中，石油和天然气来源于国外，并且福建省该产业很少，由于数据的难获得性及时间关系，在本书中选取了适用远距离外调的上游产业链碳排放因子，以尽可能反映实际情况。

本案例利用福建省 2007 年价值型投入产出表及能源消耗数据，基于 EIO-LCA 模型，建立了 2007 年各行业能源消费 CO_2 排放矩阵，从中选取了燃料、食物、水、水泥、钢铁的代表性行业，即煤炭开采和洗选业、农副食品加工业（指谷物磨制、肉类加工、蔬菜水果加工等）、食品制造业（指焙烤食品、方便食品制造等）、水的生产和供应业、非金属矿物制品业、黑色金属冶炼及压延加工业，从最终需求的视角分析了内含能引起的 CO_2 排放在部门间的分布结构。其中，福建省 2007 年投入产出表和能源消耗量的行业统计分类不完全对应，本书以《国民经济行业分类》（GB/T 4754—2002）为基本参考，将投入产出表的 144 个部门调整为 43 个部门。2007 年福建省 43 个部门的能源消耗情况及部门产值见表 6-3。

6.2 核算方法和数据来源

6.2.1 核算方法

碳足迹的核算首先要划定系统边界。本书的城市碳足迹只计算能源利用所引起的温室气体排放，不计算其他因素引起的碳排放，温室气体包括 CO_2、CH_4、N_2O，通过 GWP 综合计算出 CO_2 等价排放量。考虑到现有统计资料大多以行政边界为准，本研究的城市边界设定为行政边界，而非城市建成区。

城市内各部门的碳排放主要来源于 3 个部分：①化石燃料燃烧的直接碳排放（不包括能源加工转换过程中的化石燃料燃烧）；②电力的间接碳排放；③热力的间接碳排放。各部分的具体计算过程见本书第 2 章。跨境交通属于范围三，其碳排放具体参考本书第 2 章。同时，由于跨境交通部分碳排放产生在城市边界之外，所以此处涉及碳排放责任分配的问题。

城市主要材料的内含碳排放指本地消费的主要物质在城市边界之外的上游生产、加工、运输等过程中的碳排放。这部分碳排放根据城市的实际情况选取，一般包括的主要城市消费物质有燃料、水泥、水和食物等。对于这部分内含碳排放的计算，本书采用 EIO-LCA 模型，从最终需求视角分析温室气体排放在部门间的分布结构。该模型是 20 世纪 70 年代由 Leontief 研究开发的，综合了生命周期评价方法和经济投入产出两种方法，用于分析产品或服务生产链中的环境影响。

6.2.2 数据来源

厦门市案例研究所需的数据资料主要包括基本的社会经济数据，能源消费的活动数据，能源的转换与排放系数，能源生产、供应、终端利用等有关技术数据及成本数据。数据资料的主要获取途径如下：

一是统计与规划资料。社会经济数据参考统计资料与相关规划，包括《2010 厦门经济特区年鉴》、《中国能源统计年鉴 2010》、《福建统计年鉴 2010》、《中国城市年鉴 2010》、2007 年厦门市投入产出表、2007 年福建省投入产出表及 2009 年

表 6-3　2007 年福建省各部门的能源消耗活动数据及部门产值

单位：万 tce/ 万元

序号	部门	原煤	洗精煤	焦炭	汽油	煤油	柴油	燃料油	液化石油气	其他石油制品	电力	产值
1	农、林、牧、渔、水利业（5）	44.67	0.00	0.00	20.89	0.00	166.56	6.49	0.03	14.64	43.07	16 921 600.00
2	煤炭开采和洗选业（1）	44.11	0.00	0.00	0.15	0.00	0.43	0.00	0.00	0.00	15.25	1 202 376.19
3	石油和天然气开采业（1）	0.00	0.00	0.00	0.00	0.00	0.00	0.00	0.00	0.00	0.00	0.00
4	黑色金属矿采选业（1）	1.72	0.01	0.00	0.06	0.02	1.69	0.00	0.00	0.00	15.14	514 626.35
5	有色金属矿采选业（1）	0.00	0.00	0.00	0.07	0.02	2.43	0.00	0.00	0.00	11.48	619 526.33
6	非金属矿采选业（1）	11.19	0.00	0.47	0.05	0.00	1.93	0.05	0.00	0.00	7.28	809 271.13
7	农副食品加工业（7）	24.62	0.00	0.19	0.46	0.02	2.09	2.64	0.00	0.00	41.80	4 827 262.81
8	食品制造业（4）	28.12	0.07	0.01	0.36	0.01	0.84	1.70	0.00	0.00	26.91	4 219 308.03
9	饮料制造业（2）	16.76	0.00	0.00	0.19	0.00	0.59	2.93	0.00	0.00	17.22	2 133 582.55
10	烟草制品业（1）	1.04	0.00	0.00	0.02	0.00	0.10	0.86	0.00	0.00	3.80	1 359 500.33
11	纺织业（5）	81.98	0.00	0.00	0.99	0.01	3.29	4.15	0.00	0.00	180.81	8 680 455.24
12	纺织服装、鞋、帽制造业（1）	4.99	0.10	0.00	0.84	0.01	0.99	0.54	0.00	0.00	39.95	8 675 932.32
13	皮革、毛皮、羽毛（绒）及其制品业（1）	6.49	0.00	0.00	0.97	0.01	2.22	2.08	0.00	0.00	69.12	10 177 059.47
14	木材加工及木、竹、藤、棕、草制品业（1）	10.75	0.00	0.00	0.19	0.00	0.48	0.00	0.00	0.00	40.26	2 617 239.43
15	家具制造业（1）	0.13	0.00	0.00	0.18	0.00	0.77	0.04	0.00	0.00	11.88	1 505 917.25
16	造纸及纸制品业（1）	98.01	0.00	0.00	0.62	0.01	1.24	1.39	0.00	0.00	103.82	3 772 509.90
17	印刷业和记录媒介的复制（1）	0.25	0.00	0.00	0.29	0.01	0.14	0.01	0.00	0.00	8.68	842 420.37
18	文教体育用品制造业（1）	0.24	0.00	0.04	0.18	0.00	0.58	0.27	0.00	0.00	10.78	1 327 885.21
19	石油加工、炼焦及核燃料加工业（2）	0.28	0.00	0.00	0.01	0.00	0.09	0.84	0.00	0.00	10.59	2 008 456.47
20	化学原料及化学制品制造业（7）	306.56	0.07	0.49	1.25	0.40	1.68	2.01	0.00	0.00	209.62	5 810 605.98
21	医药制造业（1）	17.32	0.00	0.00	0.12	0.00	0.18	0.77	0.00	0.00	21.00	1 125 070.83

序号	部门	原煤	洗精煤	焦炭	汽油	煤油	柴油	燃料油	液化石油气	其他石油制品	电力	产值
22	化学纤维制造业（1）	16.09	0.00	4.17	0.07	0.00	0.12	2.84	0.00	0.00	78.75	2 519 440.82
23	橡胶制品业（1）	7.66	0.00	0.00	0.50	0.00	0.38	0.92	0.00	0.00	39.90	2 284 716.55
24	塑料制品业（1）	10.72	0.00	0.00	0.61	0.03	1.84	1.21	0.00	0.00	76.73	5 813 801.79
25	非金属矿物制品业（7）	610.38	2.67	0.13	1.14	0.18	20.01	36.36	0.00	0.00	353.39	10 854 143.13
26	黑色金属冶炼及压延加工业（4）	62.59	101.08	331.20	0.22	0.00	0.88	1.90	0.00	0.00	254.46	6 520 282.51
27	有色金属冶炼及压延加工业（2）	3.53	0.67	4.18	0.10	0.05	1.61	3.36	0.00	0.00	96.80	3 115 179.57
28	金属制品业（1）	1.14	0.00	0.07	0.35	0.03	1.60	0.52	0.00	0.00	29.65	3 769 994.50
29	通用设备制造业（5）	5.13	0.05	4.21	0.71	0.10	0.91	0.34	0.00	0.00	51.99	3 889 252.63
30	专用设备制造业（4）	0.82	0.00	0.14	0.45	0.03	1.19	0.10	0.00	0.00	14.14	3 028 822.42
31	交通运输设备制造业（4）	0.59	0.00	0.24	0.80	0.06	3.72	0.91	0.00	0.00	43.39	5 870 397.70
32	电气机械及器材制造业（5）	1.55	0.00	0.31	2.04	0.07	2.18	0.65	0.00	0.00	42.31	5 591 007.59
33	通信设备、计算机及其他电子设备制造业（6）	0.03	0.00	0.00	1.19	0.02	0.54	1.23	0.00	0.00	54.66	16 785 720.58
34	仪器仪表及文化、办公用机械制造业（2）	0.10	0.00	0.00	0.18	0.00	0.14	0.00	0.00	0.00	18.75	1 648 539.18
35	工艺品及其他制造业（1）	1.59	0.00	0.00	0.66	0.10	1.73	0.63	0.00	0.00	29.95	4 305 694.85
36	废弃资源和废旧材料回收加工业（1）	0.06	0.00	0.00	0.00	0.00	0.00	0.00	0.00	0.00	0.29	11 288.66
37	电力、热力的生产和供应业（1）	2 160.62	0.00	0.00	0.92	0.00	2.32	2.67	0.00	0.00	516.23	9 204 569.20
38	燃气生产和供应业（1）	0.78	0.00	0.00	0.02	0.00	0.03	0.00	0.00	0.00	0.41	56 266.86
39	水的生产和供应业（1）	0.00	0.00	0.00	0.10	0.00	0.02	0.00	0.00	0.00	18.15	277 763.94
40	建筑业（4）	5.64	0.00	0.00	7.95	0.00	0.00	0.00	0.00	15.44	56.28	16 716 999.99
41	交通运输、仓储和邮政业（9）	4.14	0.00	0.00	133.68	60.40	225.22	30.47	0.02	0.00	52.08	12 038 200.00
42	批发、零售业和住宿、餐饮业（4）	20.34	0.00	0.00	25.54	0.00	14.27	0.00	6.27	0.00	129.12	14 488 800.00
43	其他服务业（33）	45.60	0.00	0.00	89.56	0.00	36.63	0.00	0.00	0.00	240.82	33 235 470.44

注：①括号内数字为该部门所合并的行业数目；②2～39部门的能耗数据来自《福建统计年鉴2008》；③40～43部门的能耗数据来自2008年福建省能源平衡表；④各部门的产值数据来自2007年福建省投入产出表。

厦门市能源平衡表，可供参考的规划有厦门市城市总体规划（2004—2020 年）、厦门市交通综合规划（2006—2020 年）及 1999—2009 年厦门市邮电交通年度报告等。

二是部门调研。各部门各种能源的消费量（电力、煤、汽油、柴油、燃料油、液化石油气、天然气、液化天然气及原油消费量）及各种能源成本通过政府调研完成，调研的部门包括厦门市电业局、经济发展局、发展改革委、建设与管理局、统计局、交通局、规划局、公安交通管理局指挥中心及市政园林局等。

三是企业调研。能源生产、供应、终端利用等技术数据及技术相关成本通过对具体企业的调研获得，以及通过本书协作单位厦门市节能监测中心的监测数据获得，跨境交通的燃油消耗数据主要通过公司调研而得，典型的企业有厦门特运集团鹭岛长途客运有限公司、厦门市港务运输有限公司、中航油厦门公司、厦门轮总海上客运旅游有限公司及厦门轮船总公司。

四是文献资料调研。能源的转换系数参考国家《综合能耗计算通则》及其他文献，排放系数主要通过文献调研获得，如 IPCC 发布的《2006 年 IPCC 国家温室气体清单指南》，WRI 发布的《温室气体核算体系：企业核算与报告标准》等。

6.3　厦门市的碳足迹

6.3.1　市内各部门碳足迹评估

图 6-1 显示了厦门市内各部门的碳足迹计算结果，以 2009 年为例，城市内各部门的碳足迹总量为 1 446.35 万 tCO_2e。其中，工业部门 2009 年能源利用产生了 797.33 万 tCO_2e，占直接碳排放的 55%；其次是商业及公共机构，其能源利用产生的碳排放量为 219.25 万 tCO_2e，占 15%；居民生活的能源利用产生的碳排放量位居第三，为 207.05 万 tCO_2e，占 14%；建筑业、境内交通部门及其他部门的碳排放分别占直接碳排放的 8%、7% 及 1%。

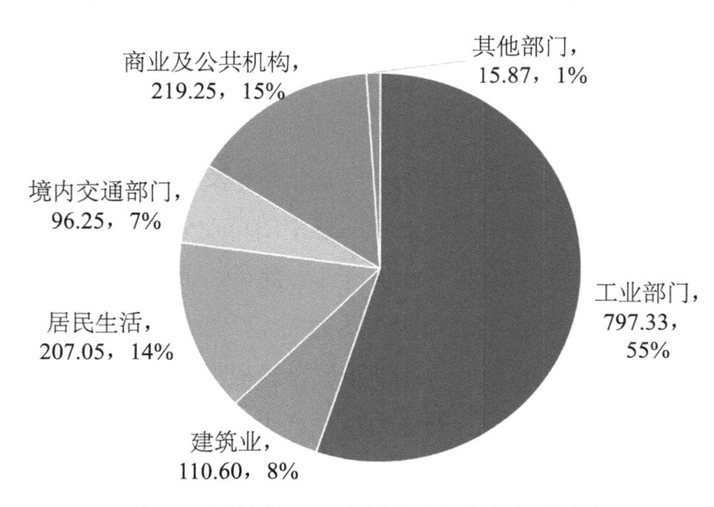

图 6-1　厦门市 2009 年城市内部各部门碳足迹（万 tCO_2e）

1. 市内固定源部门碳足迹

由图 6-1 可知，厦门市内各部门的碳排放中，固定源部门的贡献最大，达到 93%。其中，第二产业中的工业部门达到 55%，占据半壁江山，建筑业占 8%；第三产业中的商业及公共机构的碳排放主要是由电力消耗引起的，占 15%；居民生活中的能源利用引起的碳排放占 14%；其他部门产生的碳排放最少，仅为总碳排放的 1%。

按照国家工业分行业分类，工业碳排放从钢铁工业、有色金属、化学工业、建筑材料、其他行业这五大行业进行分析，其碳排放贡献如图 6-2 所示。其中，其他行业产生的碳排放占 73%，位居第一；化学工业产生的碳排放占 20%，仅居第二位；建筑材料、钢铁工业和有色金属行业的碳排放分别占 4%、2% 和 1%。

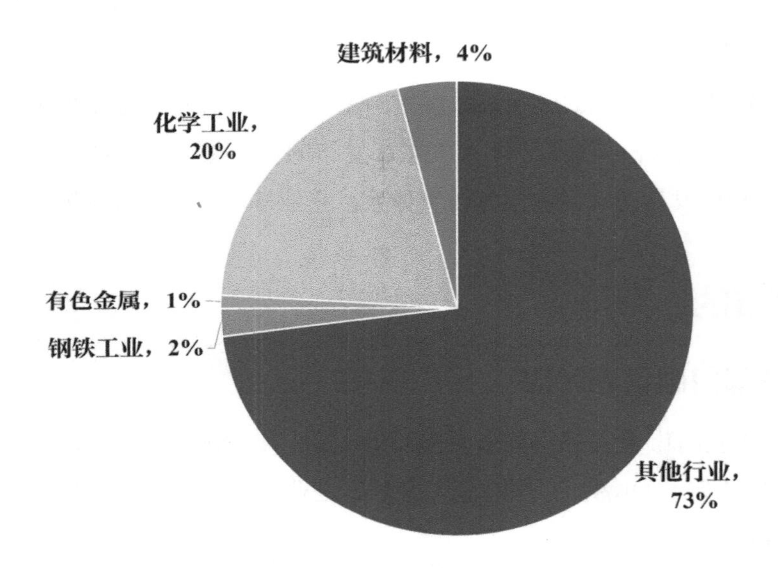

图 6-2 厦门市 2009 年工业分行业类别碳排放贡献比例

根据《国民经济行业分类》及《2010 厦门经济特区年鉴》中的工业行业分类，本部分研究参考行业汇总中的行业分类（表 6-3），厦门市没有 38“燃气生产和供应业”，因此不包该行业。此外，为了避免重复计算，厦门市工业部门行业分析中没有包括 37“电力、热力的生产和供应业”，因为该行业中能源加工转换过程中化石燃料燃烧产生的碳排放已经根据电力、热力的终端消耗分配到各个部门，而该行业生产中自身的电力消耗产生的碳排放不能忽略，归并到其他行业中。图 6-3 显示了厦门市工业部门中碳排放超过 10 万 tCO_2e 的行业排名。其中，化学原料及化学制品制造业在工业部门中的碳排放贡献最大，有 193.48 万 tCO_2e，占 25%；其次是非金属矿物制品业、橡胶制品业，其碳排放分别为 62.45 万 tCO_2e、61.24 万 tCO_2e，均各占 10% 左右。

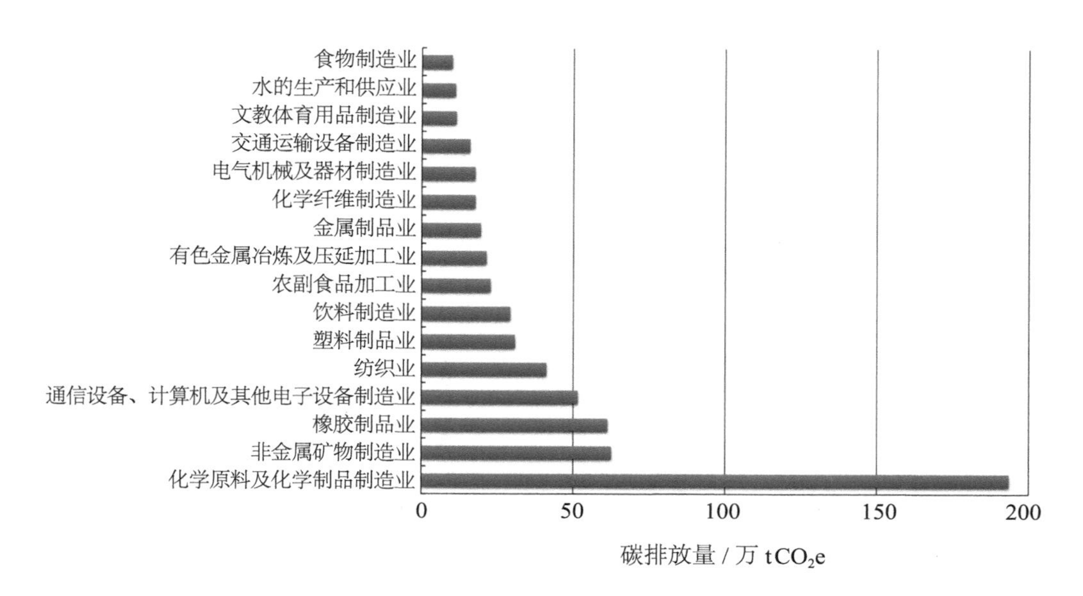

图 6-3　厦门市 2009 年工业部门中行业的碳足迹

能源消费强度，通常被量化为单位生产总值的能源消费总量，是衡量能源利用效率的指标之一。厦门市正处于工业化、城镇化加速发展的重要阶段，因此本书重点探讨了占据能源消费主体的工业部门的能源消费强度，并且分行业进行了比较分析。将 2007 年厦门市投入产出表中 144 个部门的基本流量表按照行业汇总表进行部门调整得到行业的总产出，根据 2007 年与 2009 年的地区生产总值比例转换得到 2009 年该行业的总产出，依据上述行业的碳排放量及能耗情况，可以得到各个行业的碳排放强度及能源消费强度，具体如图 6-4 所示。厦门市各个行业的能耗强度集中在 0.01 ～ 0.53 tce/ 万元，超过 0.40 tce/ 万元的行业仅有 3 个，分别为非金属矿采选业、非金属矿物制品业和化学原料及化学制品制造业，橡胶制品业、水的生产和供应业等 10 个行业集中在 0.10 ～ 0.30 tce/ 万元，其他行业均低于 0.10 tce/ 万元。厦门市的平均能源消费强度（包括电力、热力的生产及加工业的 5.92 tce/ 万元）为 0.30 tce/ 万元，远低于 2007 年中国工业能源消费强度的平均水平（1.86 tce/ 万元），这在一定程度上说明厦门市的行业能源利用效率较高，远超过国家平均水平。

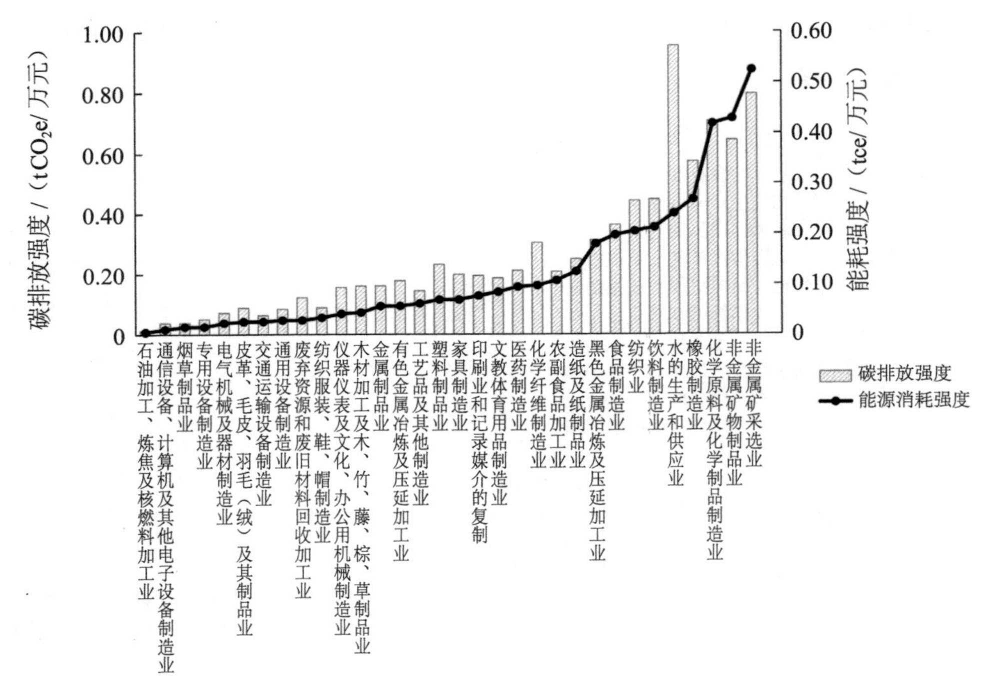

图 6-4　厦门市 2009 年工业部门中 32 个行业的能源消费强度与碳排放强度对比

碳排放强度是指单位 GDP 的温室气体排放量，主要是用来衡量经济水平同碳排放量之间的关系。本研究中对厦门市分行业的碳排放强度进行分析比较，结果显示：厦门市各个行业中碳排放强度超过 0.40 tCO_2e/ 万元的行业达到 7 个，分别为水的生产和供应业、非金属矿采选业、化学原料及化学制品制造业、非金属矿物制品业、橡胶制品业、饮料制造业及纺织业，其中水的生产和供应业的碳排放强度最大，达到 0.95 tCO_2e/ 万元。与各行业的能源消耗强度进行比较发现，二者的变化趋势相近，能源消耗强度高的行业的碳排放强度也很高。例外的行业为水的生产和制造业，其能耗强度不高但是碳排放强度位于第一名，说明该行业的能源消费结构不合理，亟须调整能源结构。

“十一五”期间，电子、机械、化工三大行业作为厦门市的支柱产业得到优先发展，尤以化工行业碳排放为最大。从图 6-4 可知，化工行业的能耗强度及碳排放强度都很高，如果不限制该行业的发展，厦门市的碳排放将会大幅增长，工业的碳排放占比会一直居高不下。机械制造行业的碳排放不明显，主要是因为其生产中所需的原材料多来自市外，没有核算在厦门市内部门，其碳排放被转移到范围三的主要消耗物质内含能中。电子行业的能耗强度及碳排放强度均很低，属于低能耗及低碳行业，应得到大力扶持与发展。因此，厦门市的工业发展应该淘汰高能耗、高碳排放的行业，建立行业门槛准入制度，重点发展低碳、低能耗行业，在行业的能源利用效率及能源结构方面多做调整。

2. 市内移动源部门碳足迹

厦门市的境内交通运输部门主要分为民用交通和公共交通（图 6-5）。民用交通的碳排放占境内交通总碳排放的 58%，其中私家车占 46%、摩托车占 12%。公共交通的碳排放占境内交通总碳排放的 42%，其中最大的碳贡献者为出租车，占 20%；其次为常规公交，占 15%；中小巴、BRT 分别占 4%、2%；轮渡主要是厦门—鼓浪屿这一条航线，其产生的碳排放仅占境内交通总碳排放的 1%。

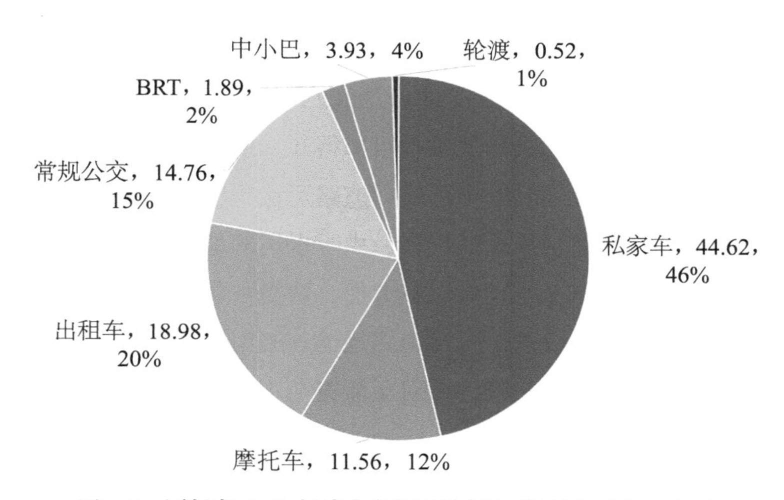

图 6-5　厦门市 2009 年境内交通运输部门碳足迹（万 tCO_2e）

从图 6-5 可以看出，厦门市境内交通最大的碳排放贡献者是私家车，而常规公交和 BRT 公交系统引起的碳排放不足 20%，仅为私家车碳排放的 1/3，说明厦门市的公交系统不够发达，而私家车的数量已具有相当的规模。厦门正处在城市经济的高速发展时期，近 10 年来机动车保有量仍以每年近 20% 的速度稳定增长，私家车的增长势必给城市交通带来极大的压力。有研究表明，小汽车出行的人均碳排放量要数十倍于轨道交通、地面公交，上百倍于慢行系统（陈洁行等，2009）。因此，实现交通低碳化的关键在于控制小汽车的出行比重，并且应大力发展城市公共交通系统。

6.3.2　跨境交通碳足迹评估

跨境交通方式主要有道路运输中的长途客货运、航空、水路客货运及火车。2009 年，厦门市跨境交通的碳足迹总共为 224.64 万 tCO_2e，占厦门市全社会能源利

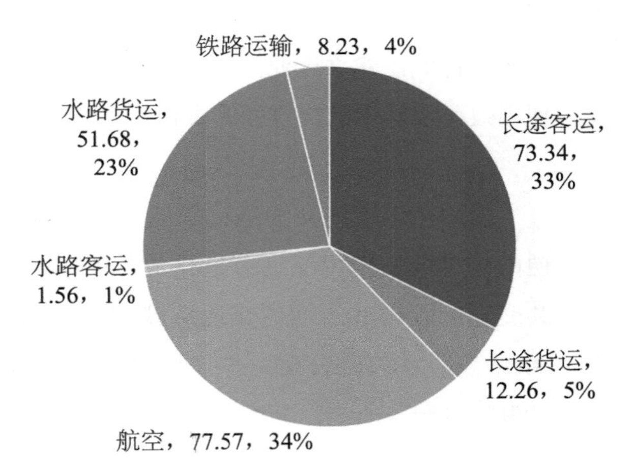

图 6-6 厦门市 2009 年跨境交通碳足迹（万 tCO_2e）

用产生碳足迹的 10%。图 6-6 显示了 2009 年厦门市跨境交通碳足迹的计算结果。其中，长途道路运输引起的碳足迹最大，为 85.60 万 tCO_2e，占比 38%，主要是长途客运引起的碳排放最多，占比 33%，长途货运只占 5%；其次是航空，为 77.57 万 tCO_2e，占比 34%；位列第三的是水路运输，为 53.24 万 tCO_2e，占比 24%，由水路货运产生的碳排放占比 23%，水路客运只占 1%；铁路运输引起的碳排放最小，为 8.23 万 tCO_2e，仅占 4%。

从上述厦门市跨境交通的碳排放结构可以得知，厦门市的铁路运输发挥作用不够明显，中、短途的城间客运目前仍然是以道路运输为主导，中长途城间客运面临着高速铁路、水运与民航客运模式的选择。由于水运的地域局限性，该运输模式在客运中发展不明显。近年来航空运输以其方便、快捷占领了大部分长途客运市场，其引起的碳排放位居首位，仅次于长途道路运输。厦门市应该重点发展高铁运输系统，减少长途道路运输的市场份额，而对于航空和水运运输的控制，目前仍然是个很大的挑战，有待进一步的研究。

6.3.3 城市主要材料内含能碳足迹评估

厦门市 2009 年从外部购买的主要城市材料的内含能碳足迹为 539.19 万 tCO_2e，占厦门市全社会能源利用产生碳足迹的 24%。由图 6-7 可以看出，外购燃料、钢铁、水泥、食物和水的上流生产、运输过程产生的碳足迹依次为 261.66 万 tCO_2e、172.81 万 tCO_2e、54.74 万 tCO_2e、35.72 万 tCO_2e 及 14.26 万 tCO_2e，分别约占 48%、32%、10%、7% 及 3%。

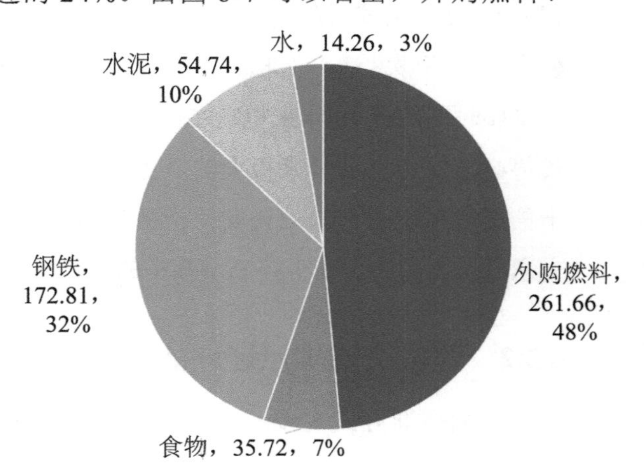

图 6-7 厦门市 2009 年城市主要材料内含能碳足迹（万 tCO_2e）

通过 EIO-LCA 模型，从最终需求的视角分析了由城市主要材料内含能所引起的 CO_2 排放在部门间的分布结构。本书选取的主要材料所代表部门主要有煤炭开采和洗选业、农副食品加工业、食品制造业、非金属矿物制品业（主要指水泥）、水的生产和供应业、黑色金属冶炼及压延加工业（主要指钢铁）。图 6-8 显示了这些部门的最终需求引起的直接碳排放与间接碳排放的对比，其中直接碳排放是指为了满足本部门的最终需求，该部门自身产生的碳排放；间接碳排放是指生产链上游部门为了满足该部门的最终需求所产生的碳排放，也就是内含能引起的碳排放，本书为了避免重复计算，不包括交通运输、仓储及邮电业产生的碳排放。从图 6-8 可知，农副食品加工业、水的生产和供应业及食品制造业的内含能间接碳排放最大，分别占各自部门总碳排放的 74%、73% 及 72%，黑色金属冶炼及压延加工业的间接碳排放最少。

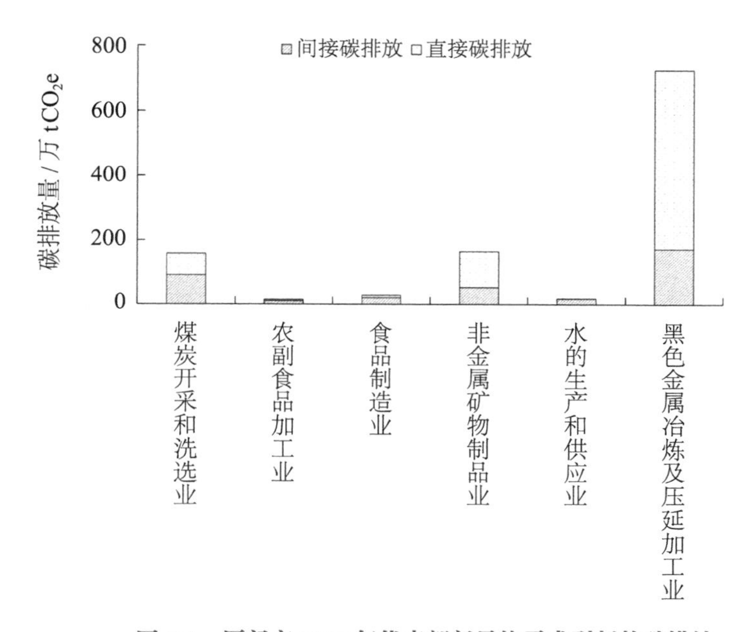

图 6-8　厦门市 2009 年代表部门最终需求引起的碳排放

食品的代表行业之一农副食品加工业的最终需求引起的碳排放中 75% 产生于其他部门，生产链中排放量最大的是农林牧渔业，化学原料及化学制品制造业，电力、热力的生产和供应业，造纸及纸制品业 4 个部门，其产生的温室气体量占总排放的 60%（图 6-9）。食品的代表行业之二食品制造业近 73% 的碳排放是由上游生产链中的其他部门引起的，其中农林牧渔业，农副食品加工业，化学原料及化学制品制造业，电力、热力的生产和供应业的碳排放总量占 55%（图 6-10）。因此，要控制食品代表行业由最终需求引起的温室气体排放存在 2 个关键点：①提高食品原材料的使用效率，在最终需求不变的情况下减少主要原材料的使用量；②对生产链中主要的碳排放部门进行技术升级，以控制这几个部门在生产中直接排放的温室气体量。

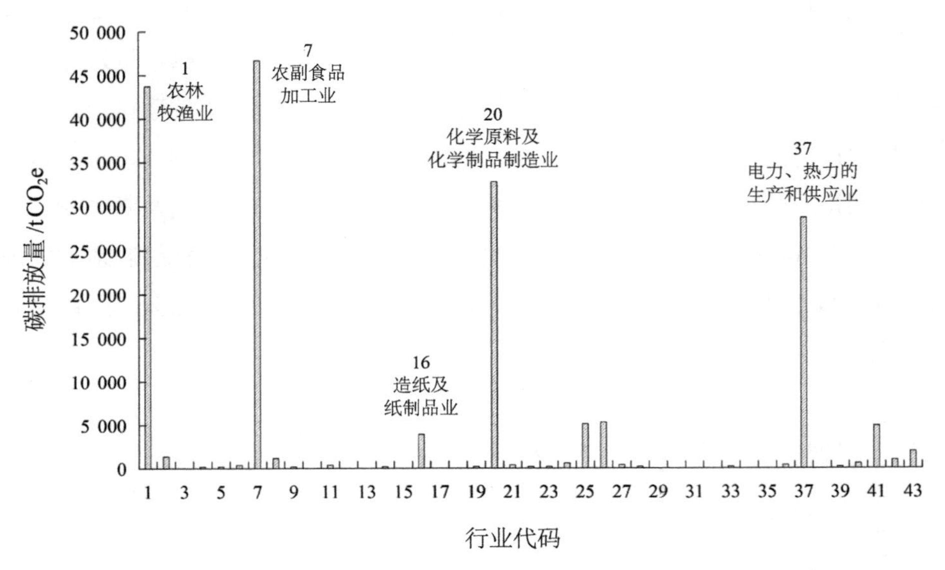

图 6-9 厦门市 2009 年农副食品加工业最终需求引起的碳排放

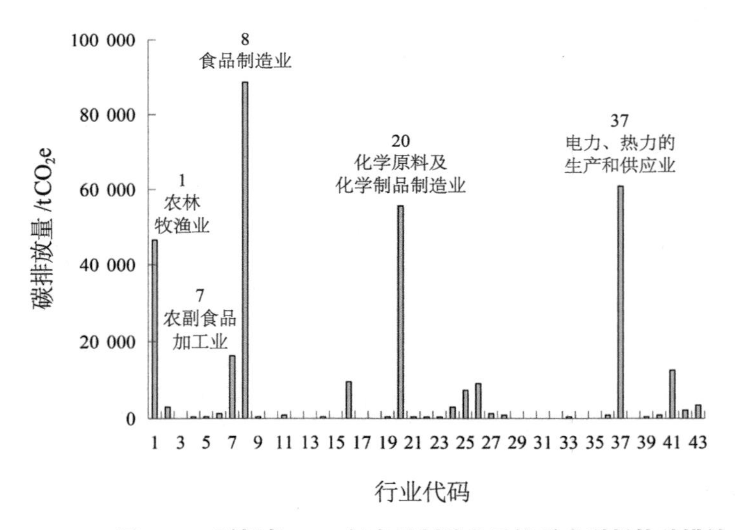

图 6-10 厦门市 2009 年食品制造业最终需求引起的碳排放

水泥的代表行业非金属矿物制品业的最终需求引起的碳排放中，65% 的碳排放来自部门自身生产过程中的直接碳排放，只有 35% 产生于其他部门，其中生产链中排放量最大的是化学原料及化学制品制造业，电力、热力的生产和供应业 2 个部门，其产生的温室气体量占总排放的 25%（图 6-11）。燃料的代表行业煤炭开采和洗选业的最终需求引起的碳排放中，58% 产生于其他部门，其中生产链中排放量最大的是化学原料及化学制品制造业，黑色金属冶炼及压延加工业，电力、热力的生产和供应业 3 个部门，其产生的温室气体量占总排放的 45%（图 6-12）。钢铁的代表行业黑色金属冶炼及压延加工业的最终需求引起的碳排放中，74% 来自部门自身生产过程中的碳排放，由产业链中其他部门引起的碳排放只占 27%，其中 17% 是由电力、热力的生产和供应业引起的（图 6-13）。由此可见，水泥、燃料及钢铁的上游产业链的碳排放并不多，主要集中于自身部门生产工程中的直接排放，因此加强这 3 个行业的技术升级以控制生产过程中直接排放的温室气体量势在必行。

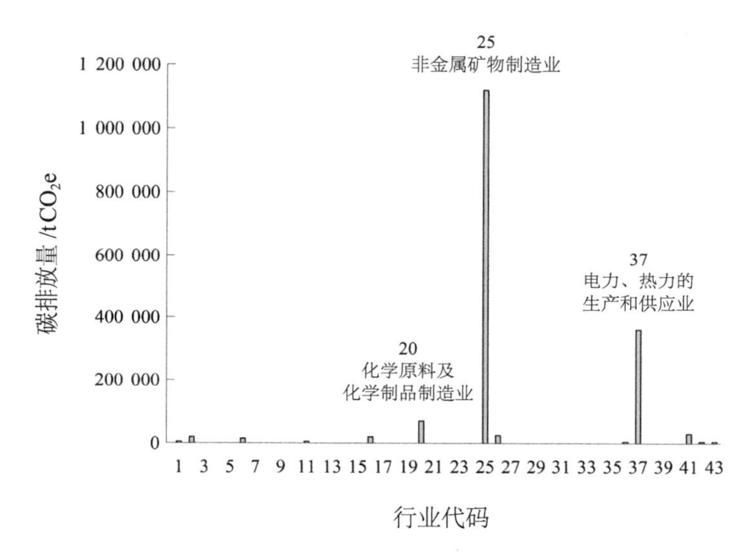

图 6-11　厦门市 2009 年非金属矿物制品业最终需求引起的碳排放

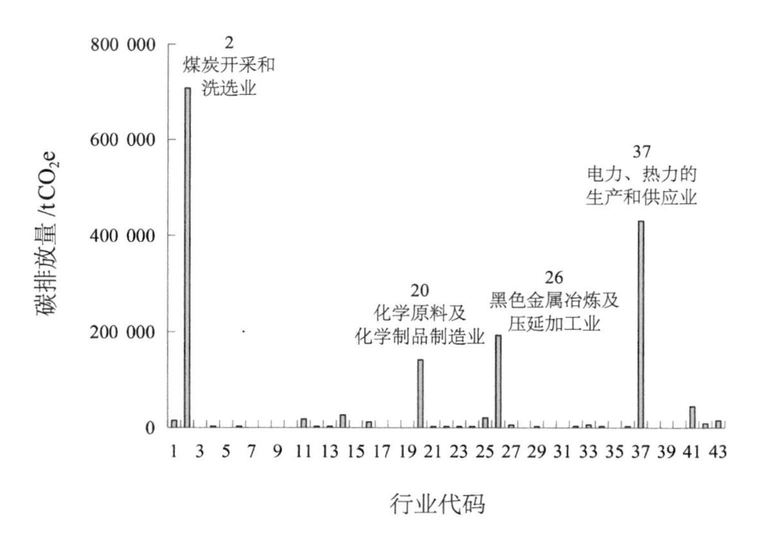

图 6-12　厦门市 2009 年煤炭开采和洗选业最终需求引起的碳排放

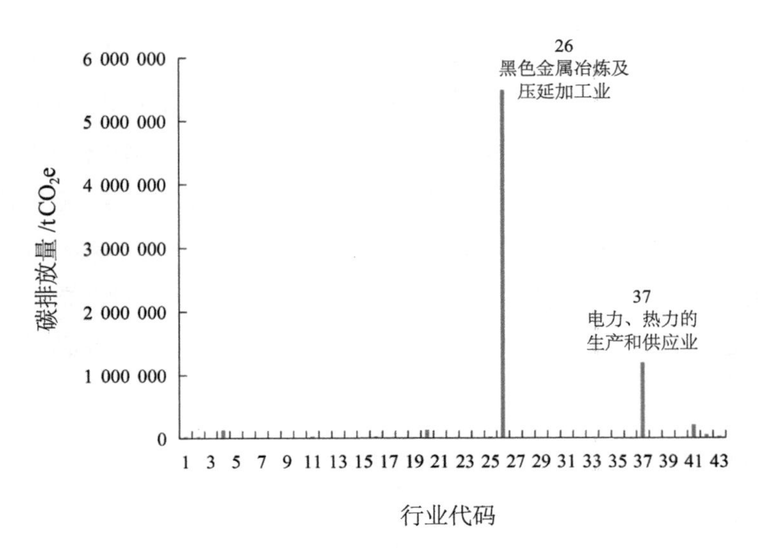

图 6-13　厦门市 2009 年黑色金属冶炼及压延加工业最终需求引起的碳排放

由水的生产和供应业的最终需求引起的碳排放中，27% 的碳排放来自部门自身生产过程中的直接碳排放，近 73% 产生于其他部门，其中生产链中排放量最大的是化学原料及化学制品制造业，黑色金属冶炼及压延加工业，电力、热力的生产和供应业这 3 个部门，其产生的温室气体量占总排放的 63%（图 6-14）。

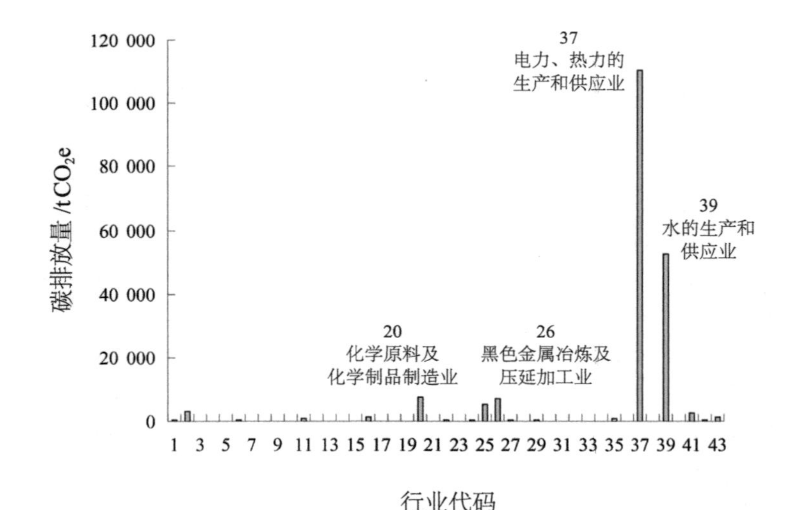

图 6-14　厦门市 2009 年水的生产和供应业最终需求引起的碳排放

综上所述，范围三中城市主要消耗物质的内含能引起的碳排放占总碳足迹的 24%，不容忽视，其中以燃料的内含能引起的碳排放为最大。通过分析代表行业的上游产业链部门间的碳排放结构可知，内含能引起的碳排放多集中在电力部门、材料供应部门、能源部门及自身部门的生产。由于厦门市正处于高速的城市化与工业化的发展阶段，消耗了大量的原料用于城市建设，对于发展中国家的城市，加强范围三的碳排放管理显得尤为重要。

6.4　与国内外城市的人均碳足迹比较

目前国内外对于城市尺度碳排放的研究多集中在范围一和范围二，同时包含 3 个范围的碳足迹研究非常少，Hillman 等（2010）对美国 8 个城市的能源利用碳足迹运用混合分析法进行了评估，本研究在国内属于首次在城市尺度上运用该方法，得到了不同范围城市能源利用碳足迹研究结果。本节从碳足迹的角度出发，将美国 8 个城市的人均碳足迹与厦门市作比较，具体如图 6-15 所示。

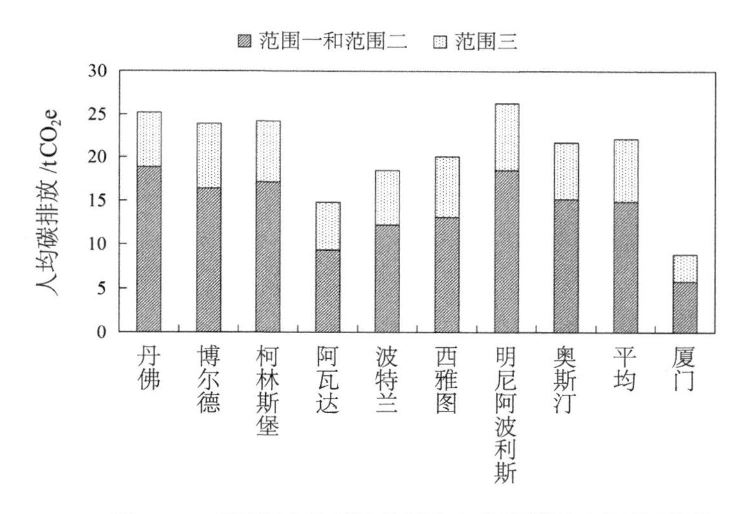

图 6-15　基于混合分析法的城市人均能源利用碳足迹比较

从图 6-15 可以看出，与美国 8 个城市的人均碳足迹相比较，厦门市属于相对低碳的城市。通过表 6-4 可以看出，厦门市的人均碳足迹远低于美国 8 个城市的平均水平，仅为其 40%。从范围结构来看，在范围一和范围二引起的传统人均碳排放上，厦门市占总人均碳足迹的 65%，美国 8 个城市的平均水平占总人均碳足迹的 68%。由此可见，厦门市和美国 8 个城市由范围一和范围二引起的人均直接碳排放对城市总的人均碳足迹的贡献相当，可知由范围三引起的人均间接碳排放所占的比例相近。从范围三的内部结构来看，厦门市和美国 8 个城市由跨境交通引起的人均碳排放分别占人均碳足迹的 10%、14%，而主要材料的内含能引起的人均碳排放分别占 24%、18%。这也在一定程度上说明发展中国家的城市在跨境交通系统方面没有美国发达国家城市完善。正因为发展中国家的城市处于工业化和快速城市化时期，消耗了相对较多的水泥、钢铁等主要物质，此部分引起的碳排放相对较多，进一步表明发展中国家范围三碳排放管理的重要性。

表 6-4 基于混合分析法的城市人均能源利用碳足迹

单位：tCO_2e

项目	美国 8 个城市平均	厦门市
人均直接碳排放（范围一和范围二）	14.90	5.74
人均碳排放（包括范围一和范围二及范围三中的跨境交通）	18.00	6.63
人均碳足迹（包括范围一、范围二、范围三）	21.90	8.77

根据世界银行对国际典型城市碳排放结果的汇总数据，本研究进一步比较了国内外典型城市（包括航空和航海的城市）碳排放（不包括城市主要材料内含能引起的碳排放）情况。从图 6-16 可以看出，美国丹佛以 21.5 tCO_2e 的人均碳排放为最高，人均碳排放超过 10 tCO_2e 的有洛杉矶、上海、天津、北京、曼谷等城市，厦门从国内外的比较来看是相对低碳的城市；从区域的角度来看，美国城市人均碳排放最高，中国大城市的人均碳排放也相对较高，欧洲和日本等国家的碳排放较低。

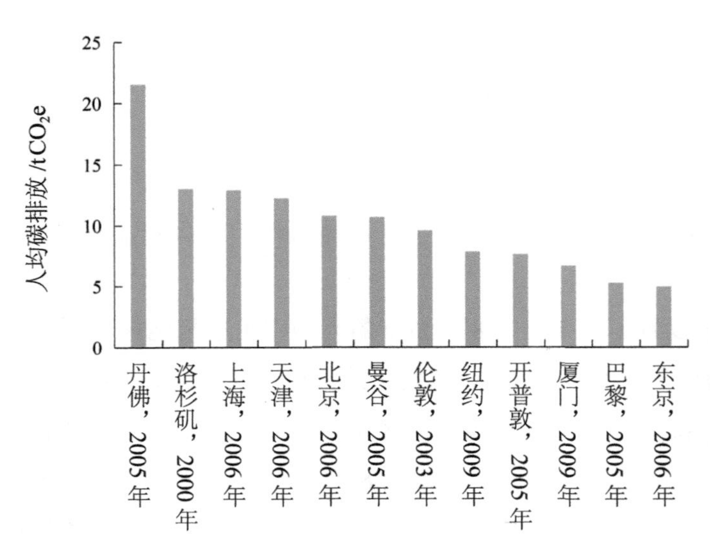

图 6-16 国内外典型城市的人均碳排放比较

第 7 章
城市全范围排放核算:多城市比较分析

7.1 城市介绍及数据来源

7.1.1 城市概述

本章研究的 8 个城市是中国经济较为发达、人口数量较多，同时也是环境问题较为突出的城市，具有很强的代表性，但这 8 个城市的城市职能、城市规模、发展阶段及所处气候带都不尽相同（表 7-1）。其中，上海市位于长三角地区，属于亚热带季风气候，是中国的经济、金融中心，拥有中国大陆首个自贸区，2010 年地区生产总值为 1.7 万亿元（当年价，下同），是中国总产值最大的城市，常住人口约为 2 303 万人，建成区人口密度 1.544 万人 /km^2；北京市位于华北地区，属于温带季风气候，年平均气温 12.6℃，是中国的政治、文化中心，2010 年地区生产总值为 1.4 万亿元，仅次于上海市，常住人口约为 1 962 万人，建成区人口密度约 0.997 万人 /km^2；天津市是紧邻北京市的华北地区直辖市，属于温带季风气候，年平均气温 13.4℃，其滨海新区被誉为“中国经济第三增长极”，常住人口约为 1 299 万人，建成区人口密度约为 1.172 万人 /km^2；重庆市是长江上游地区经济、金融、航运中心，属于亚热带季风气候，常住人口约为 2 885 万人，建成区人口密度 1.640 万人 /km^2；青岛市是中国山东省的海滨城市，属于温带季风气候，被誉为“中国品牌之都”“世界啤酒之城”，常住人口约为 872 万人，建成区人口密度 0.976 万人 /km^2；大连市背依中国东北腹地，属于温带季风气候，是中国东部沿海重要的经济、贸易城市，常住人口约为 669 万人，建成区人口密度 0.777 万人 /km^2；宁波市是长江三角洲南翼经济中心和化学工基地，属于亚热带季风气候，年均温度 16.4℃，常住人口约为 761 万人，建成区人口密度 0.514 万人 /km^2；厦门市位于闽南金三角东南部，属于亚热带季风气候，年均温度 20.9℃，是最早实行对外开放政策的经济特区之一，常住人口约为 353 万人，建成区人口密度 0.777 万人 /km^2。

表 7-1 8 个城市 2010 年概况

	常住人口 / 万人	市区人口 / 万人	地区生产总值 / 亿元	平均气温 / ℃	建成区面积 / km^2
上海	2 302.66	1 337.53	17 165.98	17.4	866.0
北京	1 961.90	1 181.87	14 113.60	12.6	1 186.0
天津	1 299.29	804.96	9 224.46	13.4	687.0
重庆	2 884.62	1 426.58	7 925.58	18.7	870.0
青岛	871.51	275.50	5 666.19	12. 8	282.3
大连	669.04	303.14	5 158.20	10.2	390.0

	常住人口 / 万人	市区人口 / 万人	地区生产总值 / 亿元	平均气温 / ℃	建成区面积 / km^2
宁波	760.57	222.59	5 163.00	16.4	432.9
厦门	353.10	178.60	2 060.07	20.9	230.0

7.1.2　数据来源

第一，基础数据，包括社会经济基础数据（指所研究的各个城市 2010 年的城乡户籍人口数、常住人口数和各行业地区生产总值），各个城市分地区的对外贸易量，各个城市与世界 MRIO 表中各地区代表国首都的距离。第二，活动水平数据，包括各个城市 2010 年的能源消费活动水平数据，各省（市）的能源平衡表，各个城市的主要农作物种植面积和产量及氮肥施用量，各种养殖方式的畜禽量，固体废物的填埋量和焚烧量，生活污水和工业废水的处理量。第三，排放因子，包括各种化石能源的低位发热值和含碳量，各地区的平均电网排放因子，各地区稻田 CH_4 排放因子，农业 N_2O 排放因子，动物肠道发酵排放因子，粪便管理排放因子，固体废物填埋、燃烧的排放因子，以及各地区污水处理的排放因子等。第四，投入产出数据，包括 4 个直辖市 2010 年和 4 个计划单列市 2007 年的投入产出表（未编制延长表），贸易活跃国家或地区的投入产出表，世界 MRIO 表。第五，温室气体排放数据，主要是贸易活跃国家的温室气体排放量。

本研究以 2010 年为研究年限，主要取决于投入产出数据的更新情况。我国国家级和省级（直辖市或自治区，西藏自治区除外）的投入产出表从 1987 年每隔 5 年进行一次大规模的调查编制，并在此基础上编制基于非调查法的延长表；而对于城市尺度的投入产出表，目前仅 5 个计划单列市有相应的编制研究工作，并且没有编制延长表。在本研究开始之初，可获取的最新投入产出表为 4 个直辖市 2010 年的表和计划单列市 2007 年的表（深圳市不可获取）。

数据收集的方式主要有查阅年鉴和统计汇编资料，以及部门调研、电话咨询等方式。表 7-2 以上海市为例，说明建立城市的环境拓展的世界 MRIO 模型所需要的数据详细清单及其来源和收集方式。

表 7-2　数据详细清单及其收集方式

数据详细清单	收集方式
1. 城市社会经济基础数据	
人口、地区生产总值	《上海市统计年鉴 2011》
增加值、最终消费、资本形成总额等	《上海市统计年鉴 2011》

数据详细清单	收集方式
建成区面积、市区人口	《中国城市年鉴 2011》
对外贸易量	各年《上海市统计年鉴》、上海市外经贸局
与各地区距离	通过 GoogleEarth 测量
2. 活动水平数据	
各行业能源消费的活动水平数据	上海市统计局能源处
上海市能源平衡表	《中国能源统计年鉴 2011》
上海市水泥、钢铁等工业生产量	《上海市统计年鉴 2011》
主要农作物种植面积和产量	《中国农业年鉴 2011》《上海市统计年鉴 2011》
氮肥施用量	《中国农产品成本效益汇编 2011》
各种养殖方式的畜禽量	《中国农业年鉴 2011》《上海市统计年鉴 2011》
固体废物、废水排放量	《上海市统计年鉴 2011》
3. 排放因子	
化石能源的低位发热值和含碳量	《2006 年 IPCC 国家温室气体清单指南》
化石能源燃料的 CH_4 和 N_2O 排放因子	《2006 年 IPCC 国家温室气体清单指南》
平均电网排放因子	中国气候变化信息网
农业、废弃物排放所需的因子	《2005 中国温室气体清单研究》
4. 投入产出数据	
上海市投入产出表 2010	上海市统计局核算处
贸易活跃国家的投入产出表	WIOD
世界 MRIO 表	WIOD
5. 温室气体排放数据	
贸易活跃国家的温室气体排放量 上海市温室气体排放量	WIOD 基于本研究计算

7.2 碳足迹特征分析

7.2.1 城市碳足迹特征分析——基于生产视角

1. 城市本地生产碳足迹（TLP）特征

图 7-1 综合比较了各城市各部门的本地生产碳足迹（以下简称 TLP 碳足迹）。其中，上海市金属及制品业的 TLP 碳足迹最大，为 141.68 MtCO_2e，其次为上海市石油及炼焦的 TLP 碳足迹，为 95.61 MtCO_2e，居于第三和第四的 TLP 碳足迹是大连市的石油及炼焦和上海市的公用事业。上海市因其发达的工业和巨大的能源消费，在 TLP 碳足迹最大的 4 个行业中占据了 3 个。而各个城市的木材及家具、其他制造业和纺织服装业等行业的 TLP 碳足迹都很小，均不足 4 MtCO_2e。

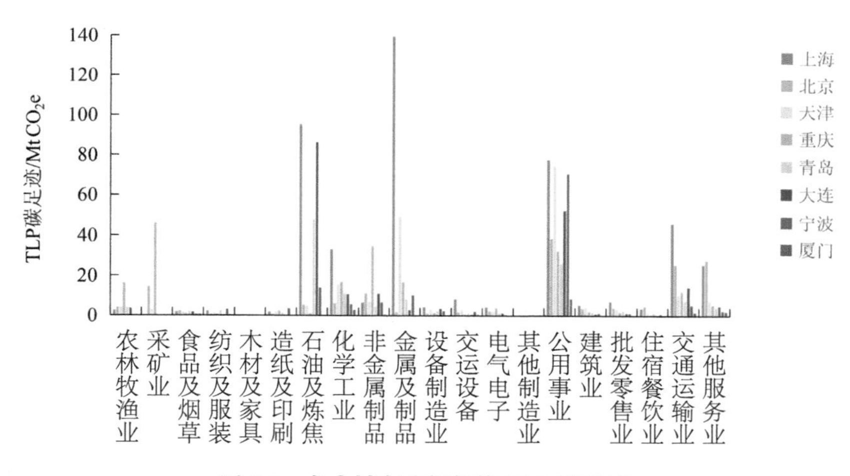

图 7-1 各个城市分部门的 TLP 碳足迹

比较各个部门不同城市的 TLP 碳足迹。农林牧渔业、非金属制品业和矿业 TLP 碳足迹最大的都是重庆市，分别为 16.39 $MtCO_2e$、34.83 $MtCO_2e$ 和 46.41 $MtCO_2e$，并且重庆市矿业的 TLP 碳足迹远大于其他 7 个城市，这是由重庆市远大于其他城市的大规模农业生产及矿业开采等引起的。食品及烟草业、木材及家具业 TLP 碳足迹最大的是青岛市，分别为 2.66 $MtCO_2e$ 和 0.49 $MtCO_2e$。纺织服装、造纸及印刷和其他制造业 TLP 碳足迹最大的是宁波市，分别为 3.70 $MtCO_2e$、3.58 $MtCO_2e$ 和 0.41 $MtCO_2e$，这是由宁波市及其周边城市发达的服装产业、造纸业等产业造成的。住宿餐饮业和其他服务业 TLP 碳足迹最大的是北京市，分别为 5.02 $MtCO_2e$ 和 28.18 $MtCO_2e$，这与北京是中国的政治、文化和科教中心这一特殊的城市职能和城市地位直接相关，同时北京也是中国著名的旅游城市，从而进一步拉动了饮食、酒店和服务业的供应，继而增加了 TLP 碳足迹。北京市批发零售业的 TLP 碳足迹也仅次于上海市而排在第二位，为 4.20 $MtCO_2e$。其他行业，包括石油炼焦、化学工业、金属及制品、设备制造业、交运设备、电气电子、公用事业、建筑业、批发零售业和交通运输业的 TLP 碳足迹都是上海市最大。厦门市由于在 8 个城市中是最小的一个经济体，各部门的产业规模都相对较小，所以除了交运设备部门，其余 19 个部门的 TLP 碳足迹都小于其余 7 个城市。

比较各个城市不同行业的 TLP 碳足迹。上海市 TLP 碳足迹最大的部门是金属及制品（141.68 $MtCO_2e$），其次是石油及炼焦（95.61 $MtCO_2e$），最小的是采矿业（0.02 $MtCO_2e$）；北京市 TLP 碳足迹最大的部门是公用事业（38.46 $MtCO_2e$），排第二位和第三位的分别是其他服务业（28.18 $MtCO_2e$）和交通运输业（25.86 $MtCO_2e$），最小的是木材及家具业（0.24 $MtCO_2e$）；天津市

TLP 碳足迹最大的部门是公用事业（74.45 MtCO_2e），排第二位和第三位的分别是金属及制品（49.33 MtCO_2e）和化学工业（15.45 MtCO_2e），最小的是木材及家具业（0.24 MtCO_2e）；重庆市 TLP 碳足迹最大的部门是采矿业（46.41 MtCO_2e），其次是公用事业（32.55 MtCO_2e）和非金属制品业（34.83 MtCO_2e），最小的是木材及家具（0.13 MtCO_2e）；青岛市 TLP 碳足迹最大的部门是石油及炼焦（48.48 MtCO_2e），其次是公用事业（26.64 MtCO_2e）和化学工业（11.68 MtCO_2e），最小的是采矿业（0.36 MtCO_2e）；大连市 TLP 碳足迹最大的部门同青岛市一样，也是石油及炼焦（86.36 MtCO_2e），其次是公用事业（52.32 MtCO_2e）和交通运输业（14.38 MtCO_2e），最小的是采矿业（0.08 MtCO_2e）；宁波市 TLP 碳足迹最大的部门是公用事业（71.17 MtCO_2e），其次是石油及炼焦（14.20 MtCO_2e）和金属及制品（10.72 MtCO_2e），最小的是采矿业（0.01 MtCO_2e）；厦门市 TLP 碳足迹最大的部门是公用事业（8.78 MtCO_2e），其次是化学工业（3.17 MtCO_2e）和交通运输业（2.19 MtCO_2e），最小的是采矿业（0.005 MtCO_2e）。

图 7-2 展示了各城市 TLP 碳足迹的结构。宁波市和厦门市的公用事业部门的 TLP 碳足迹占城市总 TLP 碳足迹的比例最大，分别为 52.2% 和 39.5%，其他城市的制造业占比最大，为 31.5% ～ 64.0%。制造业和公用事业两个部门之和所占比重为 55.6% ～ 90.6%。服务业 TLP 碳足迹占比最大的是北京市，为 23.4%；农林牧渔业 TLP 碳足迹占比最大的是重庆市，为 8.19%；各城市的建筑业 TLP 碳足迹都较小，为 0.91% ～ 2.25%。

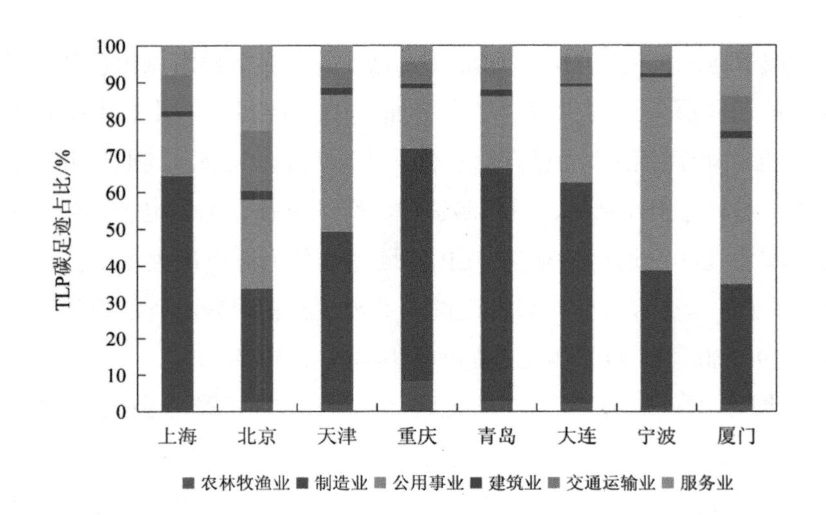

图 7-2　各个城市分部门的 TLP 碳足迹结构

可以看出，城市的木材及家具业和采矿业的TLP碳足迹一般都很小；根据不同城市的主导产业，金属及制品、化学工业和石油及炼焦等的TLP碳足迹很大；而对于水电匮乏、以火电为主的城市供电格局，以及对水资源的密集需求和北方城市对热能的需求，公用事业的TLP碳足迹都很大，在北京市、天津市、宁波市和厦门市排第一位。

2. 区域基础设施碳足迹（CIF）特征

区域基础设施碳足迹（以下简称CIF碳足迹）考虑了城市生产和消费所必需、大部分依靠从城市边界外进口的主要物质的隐含碳足迹（imported key material，IKM），主要进口物质包括电力和热力、水、燃料、水泥、钢铁、食品等。本章把电力和热力、水归并到公用事业部门，把燃料归并到石油和炼焦部门，把水泥归并到非金属制品部门，把钢铁归并到金属及制品部门，而食品则同时考虑农林牧渔和食品及烟草两个部门。将各部门的进口隐含碳（用虚线框表示）加上其TLP碳足迹，就得到CIF碳足迹，如图7-3所示。

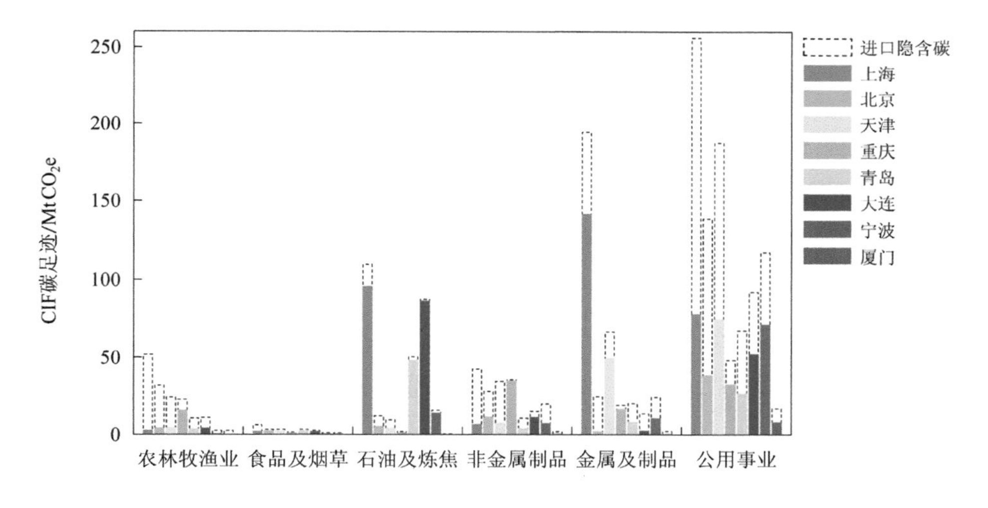

图7-3 各个城市分部门的CIF碳足迹

从各个城市不同主要物质的进口隐含碳来看，上海市的农林牧渔业、非金属制品和公用事业对外界的依赖性很大，分别有94.9%、83.9%和69.6%的CIF碳足迹进口自城市外部，而石油及炼焦部门的CIF碳足迹仅有12.3%来自进口；北京市的金属及制品、农林牧渔业的CIF碳足迹有91.3%、87.0%来自进口，食品及烟草的CIF碳足迹仅有36.2%来自进口；天津市的非金属制品和农林牧渔业的CIF碳足迹有90.3%和82.8%来自进口，而金属及制品的CIF碳足迹仅有27.3%来自进口；

重庆市各部门的CIF碳足迹的进口比例都较小，约为2.0%（非金属制品）至32.9%（公用事业），这是因为重庆市有大规模的农业、能源和其他主要物质的生产而进口所占比重较小；青岛市的非金属制品和农林牧渔业的CIF碳足迹有59.5%和62.5来自进口，石油及炼焦CIF碳足迹的进口比重最小，为3.9%；大连市的金属及制品、农林牧渔业CIF碳足迹的进口比重最大，分别为78.7%、64.7%，食品及烟草部门CIF的进口比重最小，为8.4%；宁波市的农林牧渔业和非金属制品CIF碳足迹的进口比重最大，分别为91.3%和63.5%，最小的是石油及炼焦，为11.4%；厦门市各部门CIF碳足迹的进口比重都较大，为45.6%（食品及烟草）至99.9%（石油及炼焦）。

除重庆市以外，其他7个城市都有62.5%～94.9%的农林牧渔业的CIF碳足迹来自城市外部，有25.3%～83.9%的非金属制品的CIF碳足迹进口自城市外部，有39.8%～72.3%的公用事业的CIF碳足迹进口自城市外部。从CIF进口量来看，上海、天津、北京三市的公用事业部门的进口CIF碳足迹排前三位，分别为178.2 MtCO_2e、113.3 MtCO_2e和100.3 MtCO_2e，上海市金属及制品的CIF碳足迹进口量排第四，为52.7 Mt CO_2e。而重庆市的人均地区生产总值较其他城市小，说明城市经济越发达，进口CIF碳足迹比例越大。

从各个城市CIF碳足迹进口来源来看，各个城市分地区的进口CIF量如图7-4所示。上海市的进口CIF碳足迹最多，为331.9 MtCO_2e，天津市次之，为182.7 MtCO_2e，北京市第三，为173.5 MtCO_2e，厦门市最少，为15.92 MtCO_2e。从进口来源分析，76.1%～90.5%的进口CIF来自中国（不包括台湾地区，下同），占据了总进口CIF碳足迹的大部分，最小值和最大值分别为厦门市（76.1%）和宁波市（90.5%）。来自BRIIAT地区和RoW地区的进口CIF碳足迹分别是第二大和第三大来源，如厦门市有5.7%的进口CIF碳足迹来自BRIIAT地区，有5.3%的进

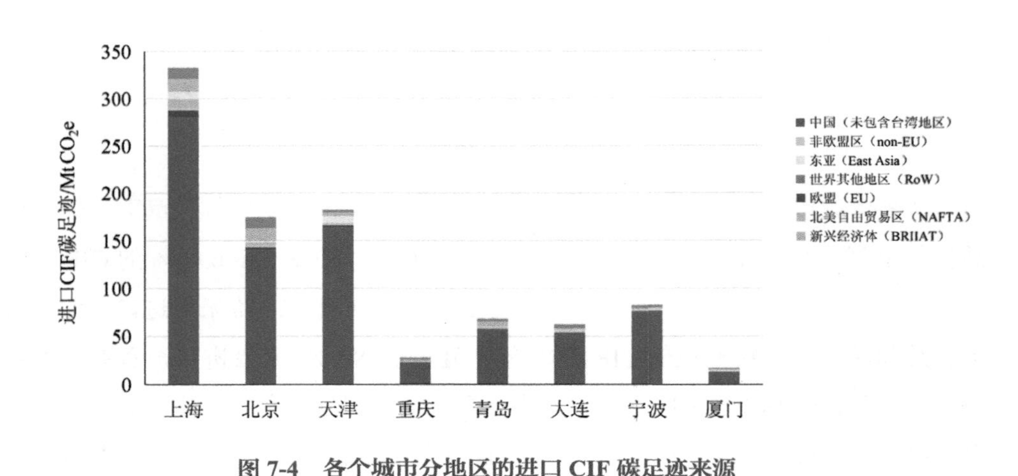

图7-4 各个城市分地区的进口CIF碳足迹来源

口 CIF 碳足迹来自 RoW 地区；北京市有 7.6% 的进口 CIF 碳足迹来自 BRIIAT 地区，有 6.4% 的进口 CIF 碳足迹来自 RoW 地区；大连市有 5.3% 的进口 CIF 碳足迹来自 RoW 地区，有 5.1% 的进口 CIF 碳足迹来自 BRIIAT 地区。

CIF 碳足迹的进口有明显的地区分布特点，主要进口自运输成本最少的中国地区，其次是以能源、食物等初级生产为主的能源大国、农业大国和经济较为落后的国家。而从 EU 地区来看，non-EU 地区和 NAFTA 这些发达国家进口的主要物质则很少，为 0.3% ～ 3.0%。

3. 城市进口隐含碳足迹（IM）特征

城市不仅对能源、食物等主要物质有外界依赖性，而且是加工业的集中地，需要大量的原材料进口，因此存在伴随在城市产品和服务中的进口隐含碳足迹（以下简称 IM 碳足迹）。本节将从总量、不同城市的不同部门和不同进口来源分析 IM 碳足迹。

从各个城市的 IM 碳足迹总量来看（表 7-3），上海市的 IM 碳足迹最大，为 423.3 MtCO_2e；北京市次之，为 260.9 MtCO_2e，大于其 TLP 碳足迹（153.3 MtCO_2e）；第三位是天津市，为 236.1 MtCO_2e。这 3 个城市是所研究的 8 个城市中地区生产总值排名前三的城市，也是进口贸易最活跃的城市。同时，这 3 个城市的三产结构分别为 0.7∶42∶57.3、0.9∶24∶75.1、1.6∶52.4∶46，服务业的比重很大，工业多以加工业为主，所以对原材料等的进口需求较大。重庆市的地区生产总值虽然在排第四位，但是其 IM 碳足迹却最小，三产结构为 8.6∶55∶36.4。重庆市的 CIF 碳足迹进口也相对较小，这说明重庆市 IM 碳足迹较小的原因是对主要物质及原材料的外界依赖性小，并且第三产业比重较小。厦门市的 IM 碳足迹最小，为 30.1 MtCO_2e，大于其 TLP 碳足迹（22.1 MtCO_2e）。厦门市三产结构为 1.1∶49.7∶29.2，同样对外界的主要物质和原材料有很大的依赖性，所以 IM 碳足迹相对于 TLP 碳足迹较大。

表 7-3　各个城市 2010 年 IM 碳足迹和 CIF 碳足迹概况

单位：MtCO_2e

项目	上海	北京	天津	重庆	青岛	大连	宁波	厦门
IM 碳足迹	423.31	260.95	236.11	32.35	86.02	79.48	99.54	30.05
进口 CIF 碳足迹	331.87	173.53	182.70	26.16	67.25	62.48	75.94	15.92
CIF/IM/%	78.4	66.5	77.4	80.9	78.2	78.6	77.7	53.0

从各个城市不同部门的 IM 碳足迹来看（图 7-5），各个城市 IM 碳足迹中最大的是公用事业部门，占各自总 IM 碳足迹的 29.9% ～ 49.9%。其中，上海

市的公用事业IM碳足迹最大，为178.2 MtCO_2e，其次为天津市和北京市，分别为113.3 MtCO_2e和100.3 MtCO_2e，而另一个直辖市重庆市的IM碳足迹为15.9 MtCO_2e，最小的是厦门市，为8.99 MtCO_2e。对于其他部门的IM碳足迹，上海市最大的部门是金属及制品，为52.7 MtCO_2e，其次是农林牧渔业（49.2 MtCO_2e）和采矿业（38.8 MtCO_2e），进口CIF碳足迹占IM碳足迹的78.4%；北京市中最大的部门是采矿业（50.8 MtCO_2e），其次是农林牧渔业（27.4 MtCO_2e）和金属及制品（22.1 MtCO_2e），进口CIF占总IM的66.5%；天津市最大的部门是非金属制品（27.4 MtCO_2e），其次是采矿业（20.2 MtCO_2e）和农林牧渔业（19.7 MtCO_2e），进口CIF占总IM的77.4%；重庆市最大的部门是农林牧渔业（6.67 MtCO_2e），其次是采矿业（2.69 MtCO_2e）和金属及制品（2.0 MtCO_2e），进口CIF占总IM的80.9%；青岛市最大的部门是金属及制品（11.4 MtCO_2e），其次是采矿业（8.50 MtCO_2e）和农林牧渔业（6.63 MtCO_2e），进口CIF占总IM的78.2%；大连市最大的部门是金属及制品（10.7 MtCO_2e），其次是采矿业（10.5 MtCO_2e）和农林牧渔业（7.28 MtCO_2e），进口CIF占总IM的78.6%；宁波市最大的部门是金属及制品（13.4 MtCO_2e），其次是非金属制品（12.6 MtCO_2e）和采矿业（11.2 MtCO_2e），进口CIF占总IM的77.7%；厦门市最大的部门是交通运输业（4.00 MtCO_2e），其次是化学工业（3.59 MtCO_2e）和交运设备（2.08 MtCO_2e），进口CIF占总IM的53.0%。

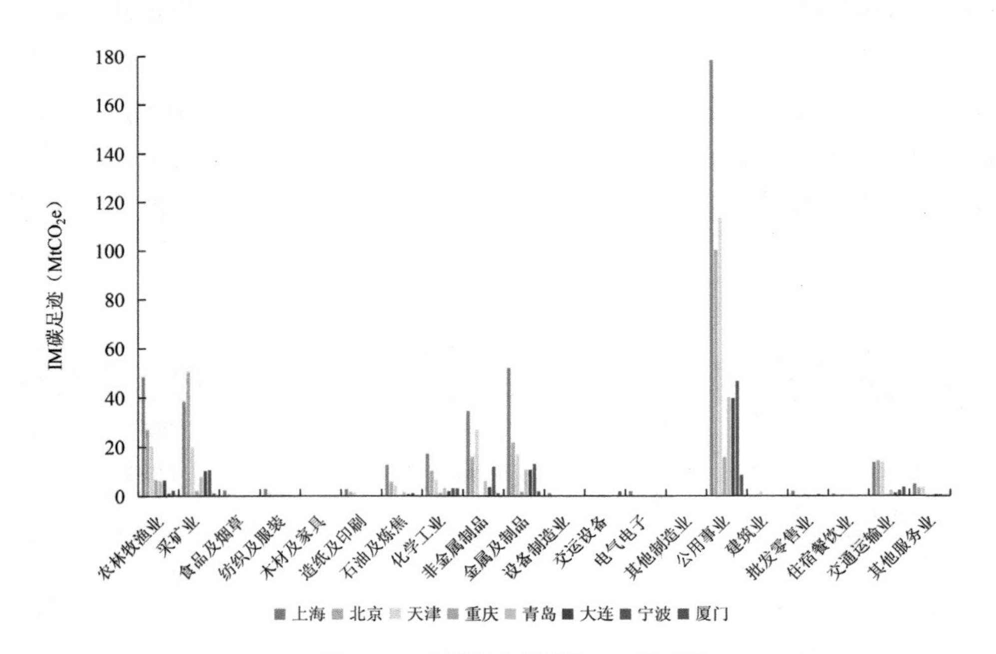

图7-5 8个城市分部门的IM碳足迹

城市无论其城市职能、主导产业、经济发展程度等有何不同，其进口 CIF 碳足迹占总 IM 碳足迹的比重都很大，为 53.0% ～ 80.9%。由此可见，主要物质的低碳生产对减少城市 IM 碳足迹具有关键性的作用。

从各个城市 IM 碳足迹进口来源来看（图 7-6），各个城市 IM 碳足迹的主要来源和进口 CIF 碳足迹一样，绝大部分来源于中国，占 64.4% ～ 85.0%（北京市和重庆市），但其比重比 CIF 碳足迹要小。主要物质的进口隐含碳主要来自中国，而其他产品和服务的隐含碳则相对较多的来源于国外地区，如厦门市有 10.4% 的 IM 碳足迹来源于东亚地区，8.5% 来源于 RoW 地区，北京市也分别有 15.0% 和 13.4% 的 IM 碳足迹来源于 BRIIAT 和 RoW 地区。来自欧美国家的 IM 碳足迹占较小比重，但相对于进口 CIF 碳足迹要大，如北京有 3.9% 的 IM 碳足迹来源于 NAFTA 地区。

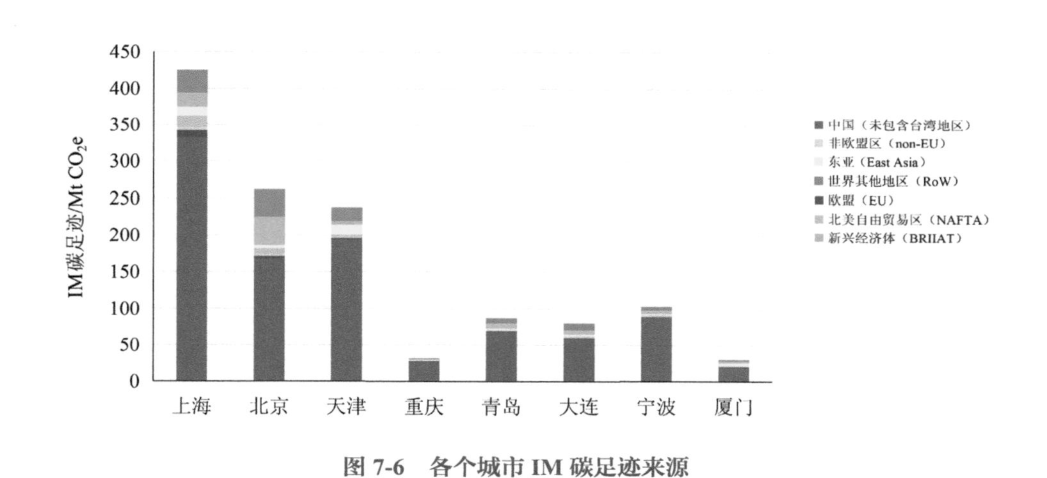

图 7-6　各个城市 IM 碳足迹来源

4. 城市基于生产的碳足迹（PBF）特征

城市基于生产的碳足迹（以下简称 PBF 碳足迹）考虑城市生产活动的整个供应链的隐含碳足迹，包括城市的 TLP 碳足迹和 IM 碳足迹两部分。本节将从各个城市的不同部门和不同进口来源分析 PBF 碳足迹。

通过分析各个城市不同部门的 PBF 碳足迹（图 7-7），上海市 PBF 碳足迹最大的是公用事业部门，为 256.0 MtCO_2e，其次是金属及制品（194.4 MtCO_2e）和石油及炼焦（109.0 MtCO_2e），其他服务业的 PBF 碳足迹为 31.8 MtCO_2e；北京市 PBF 碳足迹最大的是公用事业部门，为 138.8 MtCO_2e，其次是采矿业（65.3 MtCO_2e）和交通运输业（41.0 MtCO_2e），其他服务业的 PBF 碳足迹为 31.8 MtCO_2e，北京市和上海市是服务业排放最大的两个城市；天津市 PBF 碳足迹最大的是公用事业部门，为 187.7 MtCO_2e，其次是金属及制品（66.4 MtCO_2e）和非金属制品（34.8 MtCO_2e），公用事业的 PBF 碳足迹远大于其他部门，占其 PBF 总量的 43.1%，是天津市的主要排放部门；重庆市 PBF 碳足迹最大的是采矿业，为 49.1 MtCO_2e，其次是公用事业和农林牧渔业，分别为 48.5 MtCO_2e 和 23.1 MtCO_2e，说明重庆市的主要排放部门是农业和能源生产等基础产业；青岛市 PBF 碳足迹最大的是公用事业部门，为 67.3 MtCO_2e，其次是石油及炼焦（50.4 MtCO_2e）和金属及制品（20.1 MtCO_2e），交通运输业也较多，为 10.4 MtCO_2e；大连市 PBF 碳足迹最大的是公用事业部门，为 92.0 MtCO_2e，其次是石油及炼焦（87.2 MtCO_2e）和交通运输业（15.9 MtCO_2e）；宁波市 PBF 碳足迹最大的是公用事业部门，为 117.8 MtCO_2e，其次是金属及制品（24.1 MtCO_2e）和非金属制品（19.9 MtCO_2e），公用事业的 PBF 碳足迹远大于其他部门，占其 PBF 总量的 50.1%，是宁波市的主要排放部门；厦门市 PBF 碳足迹最大的是公用事业部门，为 17.8 MtCO_2e，其次是化学工业（6.8 MtCO_2e）和交通运输业（6.2 MtCO_2e）。

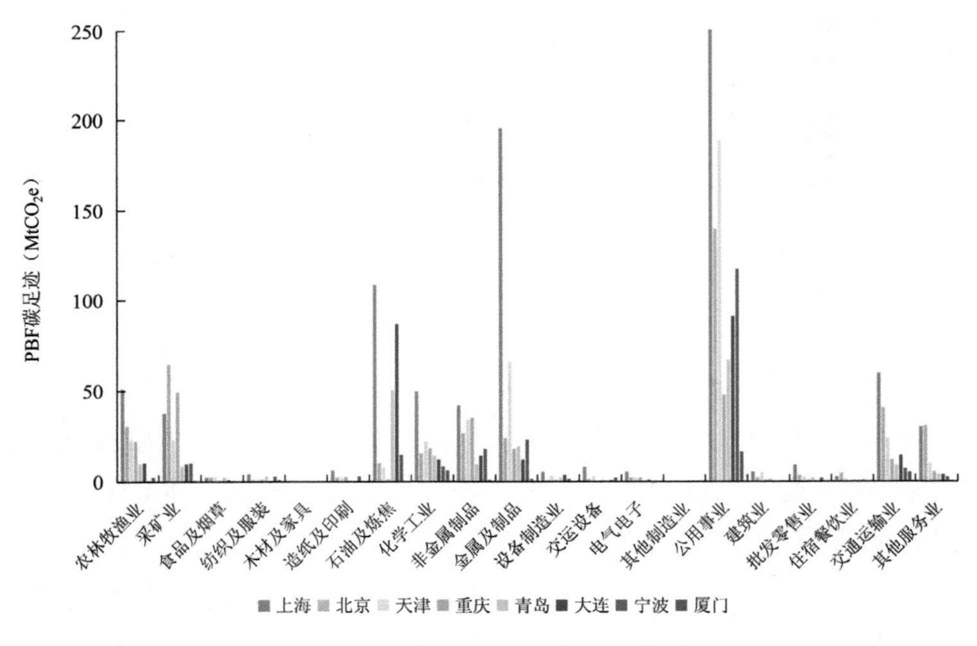

图 7-7 各个城市分部门的 PBF 碳足迹

各个城市的公用事业部门的 PBF 碳足迹几乎都是该城市各部门中最大的（重庆市除外），占城市总 PBF 碳足迹的 20.9% ～ 49.9%。其他部门，如金属及制品和非金属制品等主要物质、高排放部门也是主要的排放部门。北京市和上海市的服务业规模较大，故其 PBF 碳足迹也较大。另外，交通运输业也是城市 PBF 碳足迹的重要排放部门，占总量的 3.6% ～ 11.9%。

各城市 PBF 碳足迹最大的两个部门是制造业和公用事业，与 TLP 碳足迹的情况类似。其中，天津市和宁波市最大的部门是公共事业，分别占各自总 PBF 碳足迹的 43.1% 和 49.9%；而其他城市占比最大的部门则是制造业，为 38.7% ～ 54.7%，其他部门所占比例较小。与 TLP 碳足迹的特征相比，PBF 碳足迹中服务业部门所占比例较小，为 2.7% ～ 10.0%，如图 7-8 所示。

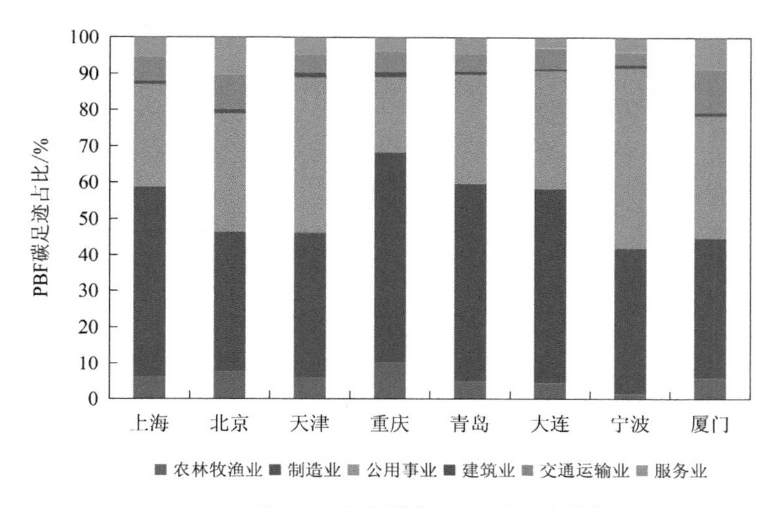

图 7-8　各个城市 PBF 碳足迹结构

各个城市 PBF 碳足迹的来源特征如图 7-9 所示。各个城市的 PBF 碳足迹来源都以 TLP 和中国为主，占 PBF 碳足迹总量的 77.9% ～ 97.7%，最小值和最大值的城市分别为北京市和重庆市；BRIIAT 地区和 RoW 地区是仅次于 TLP 碳足迹和中国的第三大和第四大 PBF 碳足迹来源，占比为 0.4% ～ 9.5%；来源于 non-EU 的 PBF 碳足迹在所有城市中的占比都是最小的，为 0.1% ～ 1.0%。

重庆市的 PBF 碳足迹来源于 TLP 碳足迹的比例为 86.9%，是 PBF 碳足迹的主要来源，而来源于中国的比例为 11.9%，来源于 RoW 的比例为 0.8%；大连市和青岛市的 PBF 碳足迹来源于 TLP 碳足迹的比例分别为 71.6% 和 61.3%，来源于中国的比例分别为 21.4% 和 30.8%，远小于 TLP 碳足迹的比例，来源于 BRIIAT 的比例分别为 2.1% 和 3.3%，来源于 RoW 的比例分别为 3.3% 和 2.6%；上海市和宁波市的 PBF 碳足迹来源于 TLP 碳足迹的比例分别为 52.8% 和 57.8%，来源于中国的比例分别为 37.0% 和 37.5%，略小于 TLP 碳足迹的比例，来源于 RoW 地区的比例分别为 3.2% 和 3.1%；厦门市的 PBF 碳足迹来源于 TLP 碳足迹和中国的比例比较相近，分别为 42.5% 和 37.2%，而来源于东亚和 RoW 的比例分别为 6.0% 和 4.9%；北京市和天津市的 PBF 碳足迹的最大来源是中国，占比分别为 40.1% 和 45.6%，而来源于 TLP 碳足迹的比例分别为 37.0% 和 44.8%，北京市来源于 BRIIAT 和 RoW 的比例分别为 9.5% 和 8.5%，天津市来源于 RoW 和 East Asia 的比例分别为 3.9% 和 2.8%。

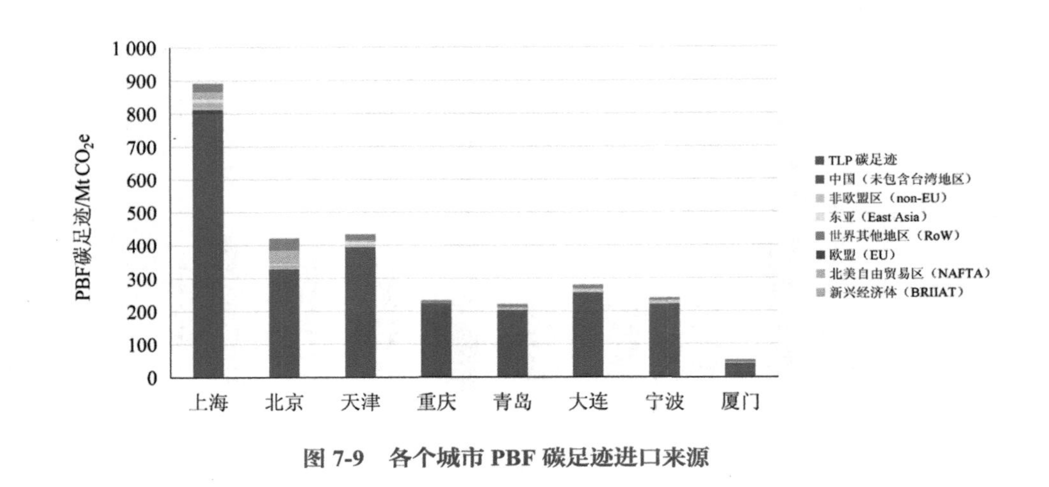

图 7-9 各个城市 PBF 碳足迹进口来源

7.2.2 城市碳足迹特征分析——基于消费视角

1. 城市出口隐含碳足迹（EX）特征

城市的生产活动中有大量碳排放留在本地，而不随产品和服务出口到消费地区，使产地要为消费地区承担大气污染。城市是工业、服务业和出口贸易活跃的集中地，研究城市出口隐含碳足迹（以下简称 EX 碳足迹）对研究城市低碳策略有重要的启发作用（Nadim Ahmad et al.，2003；Lin et al.，2010）。本节将从总量、不同城市的不同部门和不同出口去向分析 EX 碳足迹。

从总量来看，上海市的 EX 碳足迹最大，为 376.0 MtCO_2e；其次是天津市和大连市，分别为 134.6 MtCO_2e 和 116.5 MtCO_2e；最小的是重庆市，为 28.9 MtCO_2e；北京市的 IM 碳足迹虽然很大，但 EX 碳足迹仅为 100.9 MtCO_2e；厦门市经济总量虽小，但国内外贸易很活跃，所以其 EX 碳足迹比重庆市的还大，为 32.4 MtCO_2e；宁波市和青岛市的 EX 碳足迹分别为 111.1 MtCO_2e 和 95.0 MtCO_2e。

从各个城市的不同部门来看（图 7-10），上海市 EX 碳足迹最大的部门是金属及制品，为 121.7 MtCO_2e，其次是石油及炼焦（88.2 MtCO_2e）和公用事业（54.0 MtCO_2e），这 3 个部门的 EX 碳足迹占上海市总 EX 碳足迹的 70.7%；北京市 EX 碳足迹最大的部门是公用事业，为 21.1 MtCO_2e，其次是交通运输业和其他服务业，分别为 16.9 MtCO_2e 和 15.4 MtCO_2e；天津市 EX 碳足迹最大的部门是公用事业，为 47.1 MtCO_2e，其次是金属及制品（34.4 MtCO_2e）和化学工业（11.8 MtCO_2e），三者占天津市总 EX 碳足迹的 70.3%，这说明天津市为了出口高碳排放的产品而在城市边界内排放了大量的温室气体；重庆市的出口贸易并不活跃，EX 碳足迹最大的两个部门分别为采矿业（6.78 MtCO_2e）和公用事业（5.7 MtCO_2e）；青岛市 EX 碳足迹最大的部门是石油及炼焦，为 35.8 MtCO_2e，其次是公用事业（17.8 MtCO_2e）和化学工业（9.83 MtCO_2e）；大连市 EX 碳足迹最大的部门是石油及炼焦，为 61.2 MtCO_2e，其次是公用事业（25.1 MtCO_2e）和交通运输业（6.96 MtCO_2e），三者占大连市总 EX 碳足迹的 81.5%；宁波市 EX 碳足迹最大的部门是公用事业，为 52.8 MtCO_2e，其次是石油及炼焦（12.4 MtCO_2e）和金属及制品（9.1 MtCO_2e）；厦门市 EX 碳足迹最大的部门是共用事业，为 9.47 MtCO_2e，其次是化学工业（6.26 MtCO_2e）和交通运输业（5.51 MtCO_2e）。

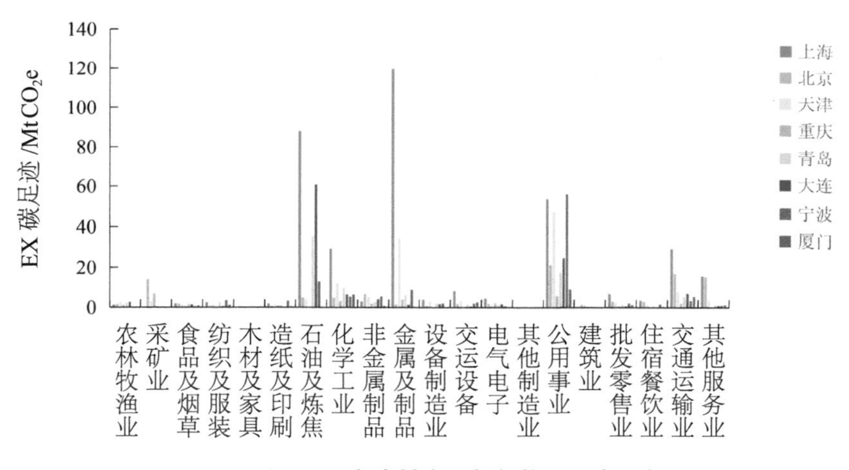

图 7-10　各个城市分部门的 EX 碳足迹

2. 城市消费隐含碳足迹（ILC）特征

城市消费的产品和服务包括城乡居民消费、政府消费和资本形成总额，而这部分产品和服务在生产过程中会产生碳排放，城市消费隐含碳足迹（以下简称 ILC 碳足迹）所描述的就是这部分由于消费产生的间接碳足迹。

大部分城市的农业、公用事业、金属及制品、非金属制品等主要物质的生产部门都是净进口部门，而化学工业、设备制造业、交运设备、电气电子等制造行业，以及批发零售业、住宿餐饮业、交通运输业和其他服务业等服务行业都是净出口部门。这是因为城市需要从外界调入食物、能源、水泥、水等主要物质，而向外界出口产成品和其他综合的公共服务。大部分城市的采矿业（重庆市除外）也是净进口部门，其中上海市和北京市的净进口量最大，分别为 38.8 MtCO_2e 和 36.7 MtCO_2e。

因为城市规模相差很大，各个城市的 ILC 碳足迹也差别很大。其中，上海市的 ILC 碳足迹最大，为 520.0 MtCO_2e；北京市次之，其 ILC 碳足迹为 319.9 MtCO_2e；天津市的 ILC 碳足迹排第三，为 301.3 MtCO_2e；重庆市的 ILC 碳足迹为 203.6 MtCO_2e；青岛市的 ILC 碳足迹为 127.5 MtCO_2e；大连市的 ILC 碳足迹为 163.5 MtCO_2e；宁波市的 ILC 碳足迹为 124.8 MtCO_2e；厦门市的 ILC 碳足迹最小，为 19.9 MtCO_2e。

以下将分别分析各个城市各部门的 ILC 碳足迹特征。公用事业部门是所有城市 ILC 碳足迹最大的部门，其中最大的是上海市，为 202.0 MtCO_2e，最小的是厦门市，为 8.30 MtCO_2e。除去公用事业以外的部门，上海市 ILC 碳足迹最大的是金属及制品，为 72.7 MtCO_2e，其次是农林牧渔业和非金属制品，分别为 50.9 MtCO_2e 和 39.2 MtCO_2e，采矿业的 ILC 碳足迹为 38.8 MtCO_2e；北京市 ILC 碳足迹最大的部门是采矿业，为 51.1 MtCO_2e，其次是农林牧渔业和交通运输业，分别为 30.0 MtCO_2e 和 24.0 MtCO_2e，北京市服务业的 ILC 碳足迹是所有城市中最大的，为 16.4 MtCO_2e；天津市 ILC 碳足迹最大的为金属及制品和非金属制品，分别为 32.0 MtCO_2e 和 29.8 MtCO_2e，其次是农林牧渔业和采矿业，分别为 21.6 MtCO_2e 和 20.3 MtCO_2e；重庆市 ILC 碳足迹最大的是采矿业，为 43.3 MtCO_2e，其次是非金属制品和农林牧渔业，分别为 33.5 MtCO_2e 和 22.2 MtCO_2e；青岛市 ILC 碳足迹最大的是石油及炼焦，为 14.7 MtCO_2e，其次是金属及制品和采矿业，分别为 13.6 MtCO_2e 和 8.6 MtCO_2e；大连市 ILC 碳足迹最大的是石油及炼焦，为 26.0 MtCO_2e，其次是金属及制品和采矿业，分别为 12.1 MtCO_2e 和 10.5 MtCO_2e；宁波市 ILC 碳足迹最大的部门是金属及制品，为 15.0 MtCO_2e，其次是非金属制品和采矿业，分别为 14.0 MtCO_2e 和 11.1 MtCO_2e；厦门市 ILC 碳足迹最大的是农林牧渔业，为 2.70 MtCO_2e，其次是金属及制品和采矿业，分别为 1.89 MtCO_2e 和 1.69 MtCO_2e。

图 7-11 给出了各城市主要部门的 ILC 碳足迹的比例关系，可以看出农业 ILC 碳足迹占比相比 TLP 碳足迹和 PBF 碳足迹有明显增大的趋势，而服务业的 ILC 碳足迹占比相对 TLP 碳足迹则有减少的趋势。这说明城市在农业等基础物质方面依赖外界进口，其隐含碳足迹是净进口的；而城市为周边地区提供职能服务，服务业

的隐含碳足迹是净出口的。

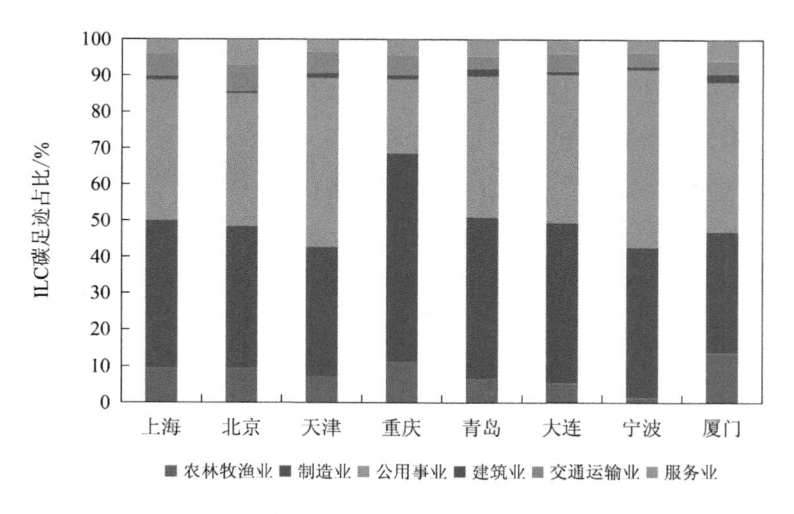

图 7-11 各个城市 ILC 碳足迹结构

与城市的 TLP 碳足迹的特征不同，各个城市的 ILC 碳足迹最大的几个部门都是城市所需要的能源、食品、钢铁、水泥等主要物质，这也说明这几类产品是碳密集型产品，而城市的主导产业，如电气电子、化学工业、纺织及服装等的碳足迹却相对较小。

3. 居民能源消费碳足迹（RCF）特征

城市居民能源消费碳足迹（以下简称 RCF 碳足迹）是指城市的家庭能源直接燃烧、非营运汽车的能源消费，以及居民用电等产生的温室气体排放。由于中国各地均以火力发电为主，本书将家庭用电也归并到 RCF 碳足迹部分，虽然这部分能耗不直接产生温室气体，但在火电生产过程中也会排放大量的温室气体，这与 Ramaswami 等的定义有所区别（Ramaswami et al.，2008；Chavez et al.，2013）。由于居民用电部分并没有计入工业部门的能源消费中，因此居民用电的碳足迹并没有重复计算。通过研究 RCF 碳足迹，可以揭示城市的气候性差异对城市居民能耗碳足迹的影响，并从消费视角探索减排策略。

从 RCF 碳足迹总量来看，北京市最大，为 26.9 MtCO_2e，其中电力为 8.56 MtCO_2e；上海市次之，为 23.6 MtCO_2e，其中电力为 13.7 MtCO_2e；天津市的 RCF 碳足迹排第三位，为 16.3 MtCO_2e，其中电力为 3.8 MtCO_2e；厦门市最小，为 3.44 MtCO_2e，其中电力为 1.88 MtCO_2e。

4. 城市基于消费的碳足迹（CBF）特征

城市基于消费的碳足迹（以下简称 CBF 碳足迹）由 ILC 碳足迹（消费的产品和服务中的隐含碳足迹）和 RCF 碳足迹两部分组成。其中，ILC 碳足迹会随着贸易、生产在与城市有关的地区之间、行业之间流动；RCF 碳足迹则简单地产生于居民的纯消费活动中，不参与贸易、生产活动的流动。

从 CBF 碳足迹总量来看，上海市最大，为 543.6 MtCO_2e；其次是北京市，为 346.8 MtCO_2e；厦门市最小，为 23.3 MtCO_2e。这与城市的人口规模、经济体量等直接相关。从 CBF 的主要组成部门来看（图 7-12），居民能源消费在 CBF 碳足迹中地占比为 4.0%（青岛市）～ 14.7%（厦门市）。

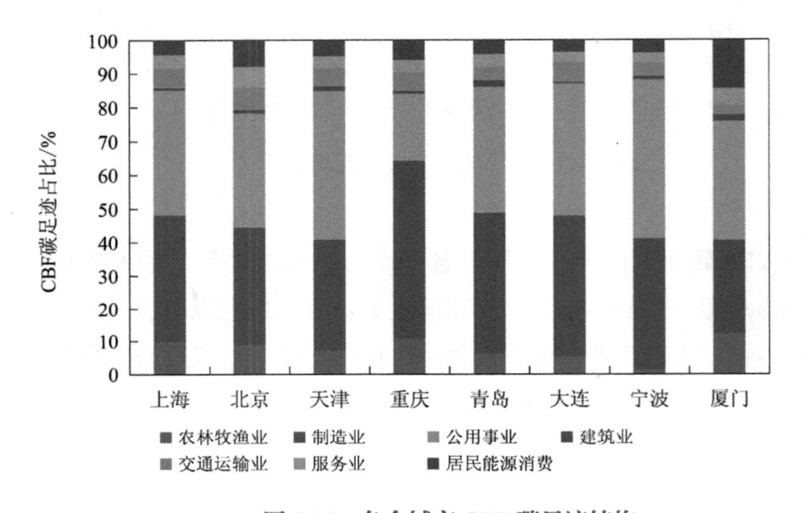

图 7-12　各个城市 CBF 碳足迹结构

7.2.3　城市的贸易净平衡碳足迹（BEET）特征

城市的贸易净平衡碳足迹（以下简称 BEET 碳足迹）能更加明确地说明城市 TLP 碳足迹和 ILC 碳足迹的差别，能从生产视角和消费视角解释碳排放的责任，并探讨城市的减排策略。通过分别对 IM 碳足迹和 EX 碳足迹进行分析，再对各个城市分部门的贸易碳足迹进行汇总，得到城市的 BEET 碳足迹，如图 7-13 所示。用 IM 碳足迹减去 EX 碳足迹，即可得到各个城市或各个部门的 BEET 碳足迹 若为正值，则表示净进口；若为负值，则表示净出口。

上海市、北京市、天津市和重庆市都是隐含碳净进口城市，即 TLP 碳足迹小于 ILC 碳足迹。其中，上海市是最大的贸易隐含碳进口城市，也是最大的贸易隐含碳出口城市，其 BEET 碳足迹为 47.3 MtCO_2e；北京市是 BEET 碳足迹最大的城市，为 160.0 MtCO_2e；天津市的 BEET 碳足迹仅次于北京市，为 101.5 MtCO_2e；重庆市的 BEET 碳足迹为 3.47 MtCO_2e。大连市、宁波市、青岛市和厦门市是贸易隐含碳净出口城市，其BEET为负值，分别为 −37.1 MtCO_2e、−11.5 MtCO_2e、−8.98 MtCO_2e 和 −2.32 MtCO_2e。

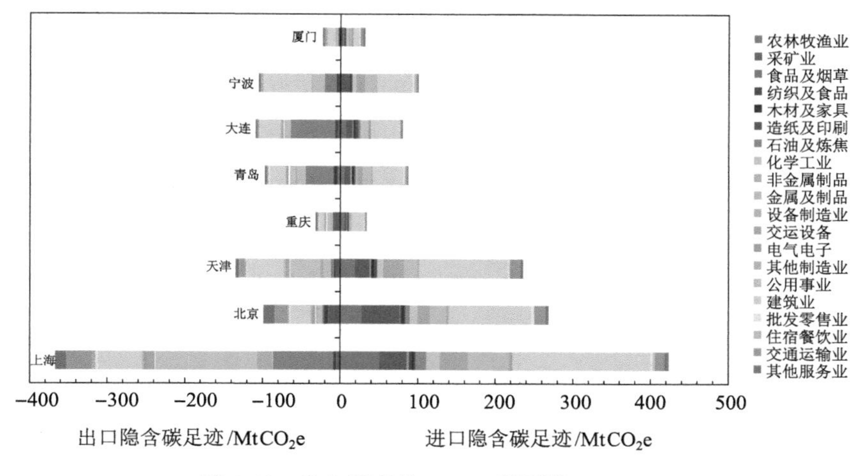

图 7-13　各个城市的 BEET 碳足迹

由图 7-14 可知，对于碳足迹净进口城市，北京市的净 IM 碳足迹占其 ILC 碳足迹的 50.0%，是 ILC 碳足迹的主要来源；天津市由于本地消费也大量依赖进口，所以净 IM 碳足迹占其 ILC 碳足迹的 33.7%；上海市和重庆市的净 IM 碳足迹占比相对较小，分别为 9.1% 和 1.7%。对于碳足迹净出口城市，大连市的净 EX 碳足迹占其 TLP 碳足迹的 18.5%，宁波市的净 EX 碳足迹占其 TLP 碳足迹的 8.4%，而厦门市和青岛市的净 EX 碳足迹占比分别为 10.4% 和 6.6%。

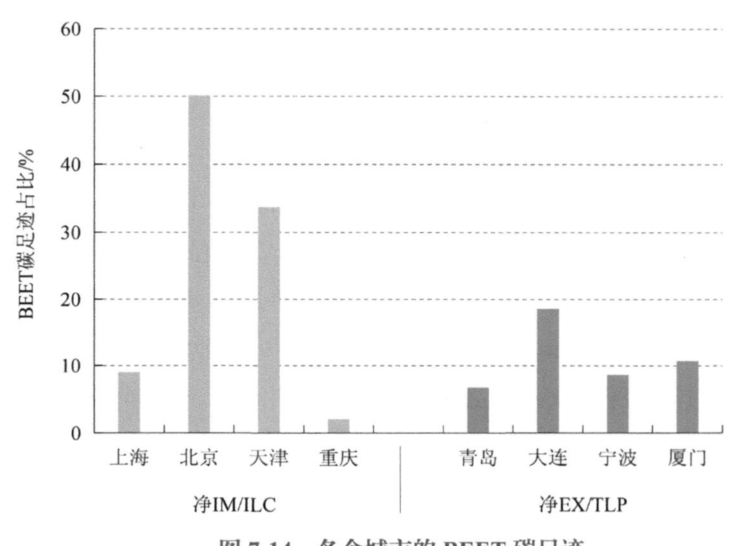

图 7-14　各个城市的 BEET 碳足迹

7.3 碳足迹与城市特征的关系分析

7.3.1 基于生产视角的低碳城市评价

基于生产视角的碳足迹是按照“生产者负责”原则（Munksgaard et al.，2001）研究排放在区域内的温室气体，无论最终生产活动的产品和服务的受益者是谁，都将对区域内的环境造成最直接的影响，而该地区也要承担碳排放带来的负面影响。因此，研究生产视角的低碳城市特征可以服务于城市的空气质量、城市热岛效应和公共健康等方面，同时可以激励生产者主动提高碳排放效率，也可以为消费者提供更清洁的消费选择。

本节运用Kaya恒等式的思想分析基于生产视角的低碳城市指标（Nakicenovic et al.，2000）。Kaya恒等式将一个区域的CO_2排放表述为能源结构碳强度、能源强度、人均地区生产总值和人口规模4个因素共同作用的结果，其具体表达形式如下：

$$f_p^r = P\cdot\left(\frac{G}{P}\right)\cdot\left(\frac{E}{G}\right)\cdot\left(\frac{f_p^r}{E}\right) = P\cdot g\cdot e\cdot f = P\cdot g\cdot F \qquad (7\text{-}1)$$

式中：f_p^r——基于生产视角的r地区的碳足迹，$MtCO_2e$；

P——地区r的常住人口数，万人；

G——地区r的生产总值，万元；

E——区域r的能源消费量，tce；

$g = G/P$——人均地区生产总值，万元；

$e = E/G$——区域r的能源强度，tce/万元；

$f = f_p^r/E$——区域能源消费的碳强度，$MtCO_2e$/tce；

F——单位地区生产总值的碳排放量，即碳排放效率，$MtCO_2e$/万元。

本节根据式（7-1）中的影响因素，选取g和F（$e\cdot f$）作为评价指标，对各个城市的现状进行分析，并提出相应的政策建议。

1. 人均TLP碳足迹与人均地区生产总值的关系

关于环境质量水平和经济增长之间关系最清晰的论述见于Grossman和Krueger首次发现的经济增长与环境存在的倒“U”形关系，及由此提出的环境库兹涅茨曲线（EKC）。EKC曲线说明，在经济增长的初步阶段环境区域恶化，而当富裕达到某个程度之后，环境又会得以改善。众多研究者对这种倒“U”形关系的存在性和内在原理做了实证研究（Xepapadeas，2005），并做了一系列的分析预测。

本章对所研究的8个城市的人均TLP碳足迹和人均地区生产总值的关系做了如图7-15的分析。结果表明，城市的人均TLP碳足迹随着人均地区生产总值的增长而总体上呈增长趋势，虽然有较大的变动性。这与 Kennedy 等（2014）的研究结果一致。这 8 个城市是具有代表性的城市，可以在一定程度上反映出中国的经济与环境的关系。图 7-15 中的正相关关系说明中国总体上还处于倒“U”形曲线的上升阶段，即人均碳排放还未到达“拐点”，将继续增大。各个城市的发展程度不一样，到达“拐点”的时间也会不一样（许海平，2012）。

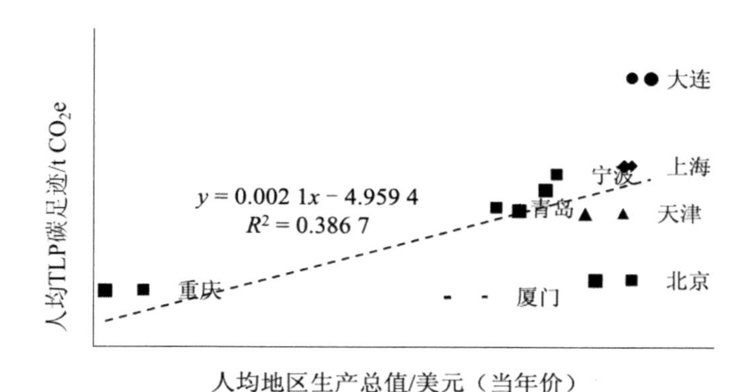

图 7-15　人均地区生产总值和人均 TLP 碳足迹的关系

对比各个城市的发展水平，大连市的人均地区生产总值最高，为 11 371 美元，人均 TLP 碳足迹也最高，为 30.0 tCO_2e；上海市虽然人均地区生产总值比大连市的略低，但人均 TLP 碳足迹远小于大连市，为 20.5 tCO_2e。由此可见，大连市的经济发展比上海市产生了更大的环境代价。宁波市、青岛市和天津市的发展水平相近，其中天津市的人均地区生产总值最高，人均 TLP 碳足迹最小；厦门市是 8 个城市中人均 TLP 碳足迹最小的，但其人均地区生产总值排在倒数第二，仅大于重庆市。这说明厦门市的经济正处于快速上升阶段，根据 EKC 曲线的规律，某未来发展会继续依靠更大的环境成本，这是需要引起注意的地方。北京市和重庆市的人均 TLP 碳足迹相近，但北京市具有更高的经济发展水平。

2. 单位地区生产总值的 TLP 碳足迹

影响地区排放的另一个重要因素是碳排放效率，即单位地区生产总值的碳排放。碳排放效率反映了一个地区经济发展的清洁程度，是低碳发展的重要考核指标。

比较各个城市的碳排放效率可知（图 7-16），厦门市的碳排放效率在 8 个城市中最高，为 0.73 $kg\,CO_2e$/ 美元；其次是北京市，为 0.77 $kg\,CO_2e$/ 美元；经济总量最大的上海市的碳排放效率为 1.86 $kg\,CO_2e$/ 美元，排倒数第二位；大连市的碳排放效率最低，为 2.64 $kg\,CO_2e$/ 美元。

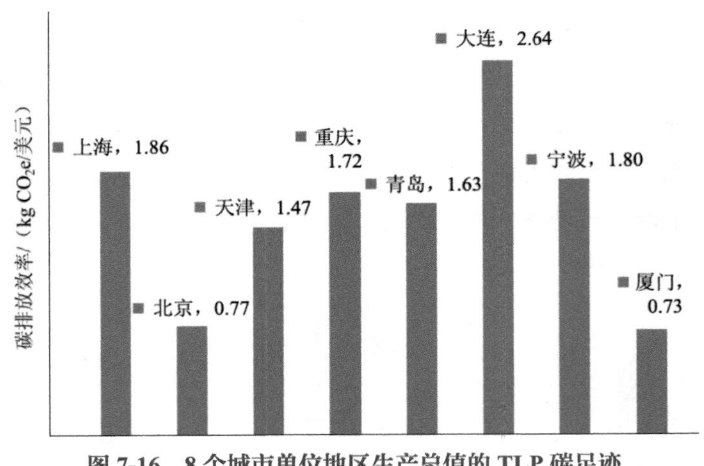

图 7-16　8 个城市单位地区生产总值的 TLP 碳足迹

根据式（2-16）的分析，影响碳排放效率的因素有两个：能源强度（*e*）和能源消费的碳排放强度（*f*）。表 7-4 列出了各个城市 2005—2010 年的碳强度（青岛市和大连市缺少部分年份），以此来分析各个城市的现状，同时列出了 2010 年的煤炭消费分别占各城市能源消费总量的比重。煤炭燃烧过程的碳排放因子为 2.64 tCO_2/tce，远高于石油的 2.08 tCO_2/tce 和天然气的 1.63 tCO_2/tce，能源结构能直接影响能源消费的碳排放强度。

表 7-4　各城市工业生产概况

	上海	北京	天津	重庆	青岛	大连	宁波	厦门
水泥熟料 / 万 t	670.8	1 049	809.71	3 309.29	442.66	992.9	1 092.62	
平板玻璃 / 万重量箱			686.83		662.04	652.2		867.05
浮法玻璃 / 万 t								3.72
粗钢 / 万 t	2 214.27	427.5	2 162.11	699.92	300.04	105.5	433.05	
成品钢材 / 万 t	2 475.95	794	4 483.71		333.46	183.8	662.04	
硝酸 / 万 t						2.074 8		
铝 / 万 t				102.79				
集成电路 / 亿块	113.46	25.3	8.9		0.000 2	0.001 2		
发电机组 /MW	25 556	1 911			1 011		27 632	

各个城市的能源强度都在逐年稳步下降，体现了各个城市越来越高的能源利用效率及在清洁生产技术的推进方面所做出的努力。比较 2010 年各城市的能源强度可知，北京市最小，为 0.49 tce/ 万元；其次是厦门市，为 0.569 tce/ 万元；青岛市排第三，为 0.690 tce/ 万元；大连市和重庆市的能源强度高于全国平均水平

（0.896 tce/ 万元），分别为 1.144 tce/ 万元和 0.991 tce/ 万元。比较各个城市 2010 年的能源结构可知，宁波市的能源结构最不清洁，消费总量中煤炭占比 77.4%；重庆市的能源消费总量中煤炭占比为 68.3%；北京市的值最小，为 27.1%。

7.3.2　基于消费视角的低碳城市评价

基于消费视角的低碳城市评价是按照“消费者负责”原则对城市的低碳指标进行分析，即认为城市需要对本地的所有消费活动所产生的碳足迹负责。基于消费视角的碳足迹评价可以反映所消费的产品的清洁程度和对能源、交通等的消费需求，通过制定基于消费视角的城市低碳管理政策可以约束消费者的消费行为，为构建低碳生活提供政策导向。

1. 人均 ILC 碳足迹评价

人均 ILC 碳足迹指城市常住人口平均每人每年所享受的所有产品和服务的隐含碳足迹，不包括家庭的直接能耗及私家车的能耗所产生的碳足迹。根据 Kaya 恒等式，影响 ILC 碳足迹的因素也是人均地区生产总值和单位地区生产总值的 TLP 碳足迹，分别表征居民的购买能力及所消费的产品和服务的清洁程度。

从图 7-17 可以看出，人均 ILC 碳足迹与人均地区生产总值呈较好的正相关关系。大连市的人均 ILC 碳足迹最大，为 24.4 tCO_2e，仅略大于天津市和上海市，但其人均 TLP 碳足迹远大于天津市和上海市。这是由于大连市是一个碳足迹净出口城市，而天津市和上海市均为净进口城市。厦门市的人均 ILC 碳足迹最小，为 5.64 tCO_2e。

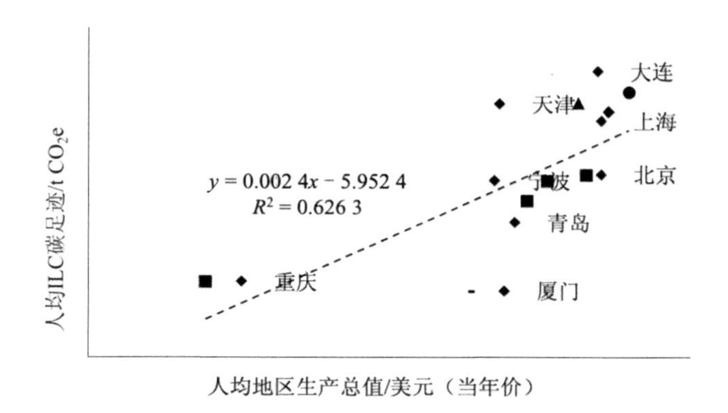

图 7-17　人均 ILC 碳足迹与人均地区生产总值的关系

由图 7-18 可以看出，人均 ILC 碳足迹与碳排放效率呈反比例关系，即人均 ILC 碳足迹随单位地区生产总值的 TLP 碳足迹的变大而变大，这说明减少单位产值的碳排放具有同时减少人均 ILC 碳足迹的作用。大连市的碳排放效率最低，而其人均 ILC 碳足迹最大。北京市由于人均地区生产总值远大于厦门市，虽然碳排放效率和厦门市很相近，但人均 ILC 碳足迹远大于厦门市，为 17.7 tCO_2e。青岛市和重庆市的碳排放效率也很相近，分别为 1.63 kgCO_2e/ 美元和 1.72 kgCO_2e/ 美元，然而由于青岛市的人均地区生产总值为 9 604 美元，远大于重庆市的 4 043 美元，青岛市的人均 ILC 碳足迹也远大于重庆市。

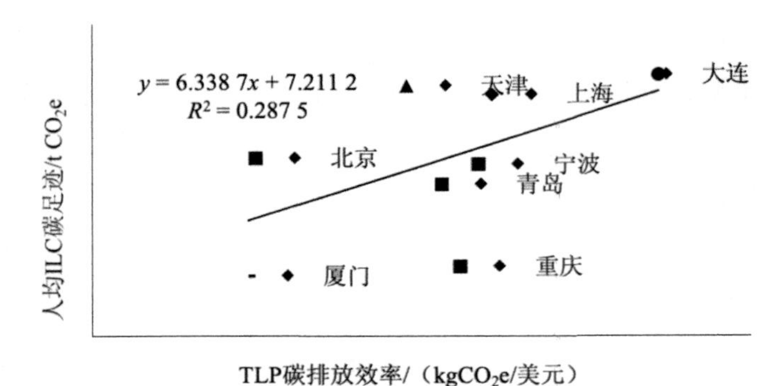

图 7-18 人均 ILC 碳足迹与 TLP 碳排放效率的关系

2. 人均 RCF 碳足迹评价

人均 RCF 碳足迹是为了体现城市居民的能源消费需求，如北方城市的冬天采暖对煤炭的消费，南方城市在夏天对电力（空调等制冷设备）和水资源的消费，较富裕的城市因高比例的私家车保有量而对油品的高消费等。

图 7-19 展示了各个城市温差对人均 RCF 碳足迹的影响。本书定义的年内温差为城市最高月平均温度与最低月平均温度的差值，能反映出城市所处气候带及局部气候的年内变化幅度，而本书的 RCF 碳足迹仅考虑家庭的直接能源消费所产生的碳足迹。人均 RCF 碳足迹与温差呈良好的正相关关系，即城市的年内温差越大，则人均 RCF 碳足迹越大。其中，北京市的年内温差最大，为 33.4℃，而其人均 RCF 碳足迹也最大，为 1.37 tCO_2e；天津市的年内温差次之，为 32.4℃，其人均 RCF 碳足迹为 1.25 tCO_2e；上海市的年内温差虽然比大连市小，但是人均 RCF 碳足迹相对较大，为 1.03 tCO_2e，这说明大连市的 RCF 碳足迹相比上海市更低碳；青岛市的人均 RCF 碳足迹最小，虽然年内温差比宁波市大，但其人均 RCF 碳足迹比宁波市小，为 0.61 tCO_2e，这说明青岛市比宁波市更低碳。

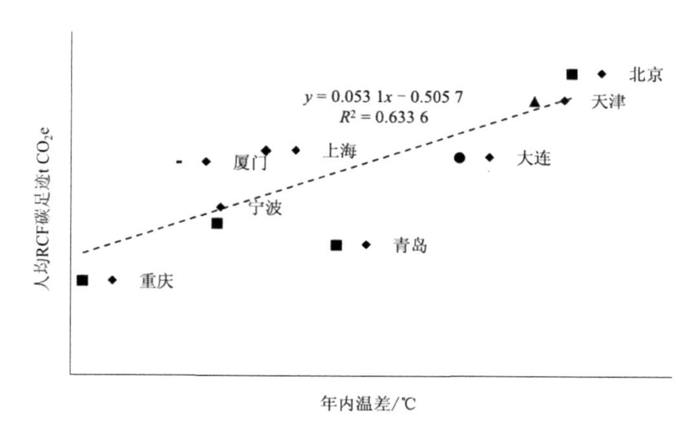

图 7-19　人均 RCF 碳足迹与年内温差的关系

人均电力消耗所产生的 RCF 碳足迹与城市的月平均温度的最高温之间的关系虽然有较大的变动性，但总体上呈正比例关系（图 7-20）。上海市最高温月份的平均温度为 30.9℃，仅次于厦门市，其人均电力 RCF 碳足迹最大，为 0.59 tCO_2e；厦门市最高温月份的平均温度为 33.7℃，其人均电力 RCF 碳足迹为 0.53 tCO_2e；宁波市最高温月份的平均温度为 30.5℃，仅次于上海市，其人均电力 RCF 碳足迹也仅次于上海市，为 0.53 tCO_2e，与厦门市相当。

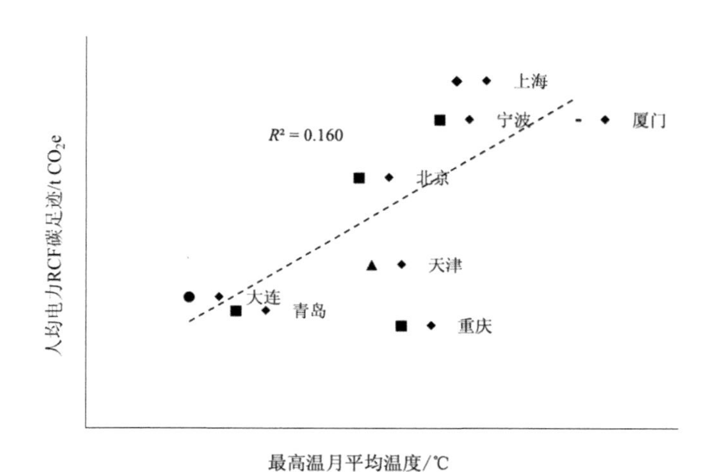

图 7-20　人均电力 RCF 碳足迹与最高温的关系

7.3.3　基于贸易隐含碳的低碳城市评价

1. 进出口碳排放效率比较

贸易量的差额是进出口隐含碳不平衡的主要原因，但不是唯一的原因。本章引入 EX 碳排放效率和 IM 碳排放效率的比值 ω，可以很好地解释为什么有的城市在贸易量上是顺差，而碳足迹的贸易平衡却是逆差的现象。

评价城市的EX碳排放效率是进口产品和服务的清洁程度和本地生产技术的综合体现，因为有一部分出口产品是由进口产品加工而成的，所以提高EX碳排放效率要从进口源和本地生产技术两方面探寻相关策略。而城市的IM碳排放效率能说明城市进口产品和服务的清洁程度，这取决于进口产品和服务的来源地区和各部门产品的比例。选择更清洁的进口源能减少城市的IM碳足迹，是构建低碳城市的必要措施。

上海、北京、天津、重庆、厦门5个城市的EX碳排放效率小于各自的IM碳排放效率，ω值小于1，说明这5个城市本地较低的碳排放效率为贸易隐含碳的逆差做了贡献；青岛市、大连市和宁波市的EX碳排放效率大于各自的IM碳排放效率，ω值大于1，说明这3个城市本地的生产技术加剧了贸易隐含碳的顺差（表7-5）。

表7-5 各个城市的贸易隐含碳排放效率

地区	出口总量/百万美元	EX碳足迹/MtCO_2e	EX碳排放效率	进口总量/百万美元	IM碳足迹/MtCO_2e	IM碳排放效率	ω
上海	610 892.55	375.98	0.615	605 960.48	423.31	0.699	0.881
北京	294 560.09	100.92	0.343	292 953.90	260.95	0.891	0.385
天津	228 072.66	134.64	0.590	246 265.75	236.11	0.959	0.616
重庆	25 654.15	28.87	1.126	25 261.32	32.35	1.281	0.879
青岛	91 253.71	95.00	1.041	93 756.31	86.02	0.918	1.135
大连	62 691.68	116.54	1.859	69 035.22	79.48	1.151	1.615
宁波	140 833.71	111.05	0.789	128 939.90	99.54	0.772	1.021
厦门	52 404.51	32.37	0.618	43 728.26	30.05	0.687	0.899

2. 进口CIF碳足迹分析

北京市的EX碳排放效率最高，为0.343 kgCO_2e/美元，这与北京市以政治、文化服务为城市职能有关；IM碳排放效率为0.891 kgCO_2e/美元，ω值为0.385，说明北京市的EX碳排放效率大于IM碳排放效率。天津市的EX碳排放效率仅次于北京市，排第二位，为0.590 kgCO_2e/美元；IM碳排放效率为0.959 kgCO_2e/美元，ω值为0.616。上海市的EX碳排放效率为0.615 kgCO_2e/美元，IM碳排放效率为0.699 kgCO_2e/美元，ω值为0.881。大连市的EX碳排放效率最高，为1.859 kgCO_2e/美元，ω值为1.615。重庆市的IM碳排放效率最高，为1.281 kgCO_2e/美元，ω值为0.879，这主要是由非金属制品、金属及制品、电子电气和批发零售业的IM碳排放效率较低导致的。

各个城市公用事业的进口 CIF 碳排放效率都是各主要物质部门中最低的，其中上海市最大，为 65.1 kg CO_2e/ 美元；其次是北京市，为 36.5 kg CO_2e/ 美元；重庆市最小，为 14.3 kg CO_2e/ 美元。由此可以看出，电力、水等资源越匮乏、消费量越大的城市，其进口产品的碳排放效率反而越低，这是因为资源与需求的分布不协调。重庆市公用事业的进口 CIF 碳排放效率最高，为 14.3 kg CO_2e/ 美元，这是因为重庆市周边水资源丰富、水电产业发达。各城市农林牧渔业和非金属制品的单位进口 CIF 碳排放效率也较大，分别为 1.23 ～ 4.98 kg CO_2e/ 美元和 1.91 ～ 5.16 kg CO_2e/ 美元，而食品及烟草的进口 CIF 碳排放效率最高，为 0.11 ～ 0.56 kg CO_2e/ 美元（图 7-21）。

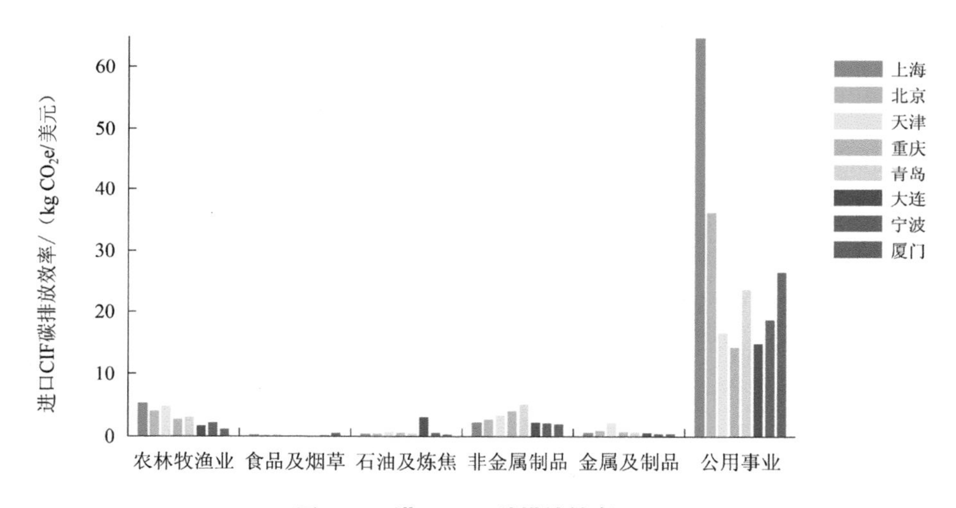

图 7-21 进口 CIF 碳排放效率

城市的人均 CIF 碳足迹体现了城市因生产和消费活动对主要物质消费而产生的隐含碳足迹，城市的生产生活特征是影响人均 CIF 碳足迹的主要因素。如图 7-22 所示，大连市的人均 CIF 碳足迹最大，为 33.1 tCO_2e，主要原因是大连市是一个碳足迹净出口城市，需要大量的原材料和能源作为生产资料，并且大连市的年内温差较大（30.4℃），需要较多的制冷制热能源。上海市的人均 CIF 碳足迹仅次于大连市，为 28.6 tCO_2e，这与上海市的高消费水平及发达的工业生产有关。重庆市的人均 CIF 碳足迹最小，仅为 4.5 tCO_2e。

人均进口 CIF 碳足迹的影响因素主要有城市主要物质的需求对外界的依赖程度及主要物质的本地生产能力。通常来说，经济越发达的城市，尖端工业产业和服务业越发达，而主要物质的生产规模必然会减少，所以大部分农产品、能源、水泥等主要物质都依靠进口，于是 CIF 碳足迹也会伴随产品的进口而进口。图 7-23 的结果显示，人均地区生产总值越大，人均进口 CIF 碳足迹也越大。上海市的人均进口 CIF 碳足迹最大，为 14.4 tCO_2e；其次是天津市，为 14.1 tCO_2e；重庆市最小，为 0.91 tCO_2e。

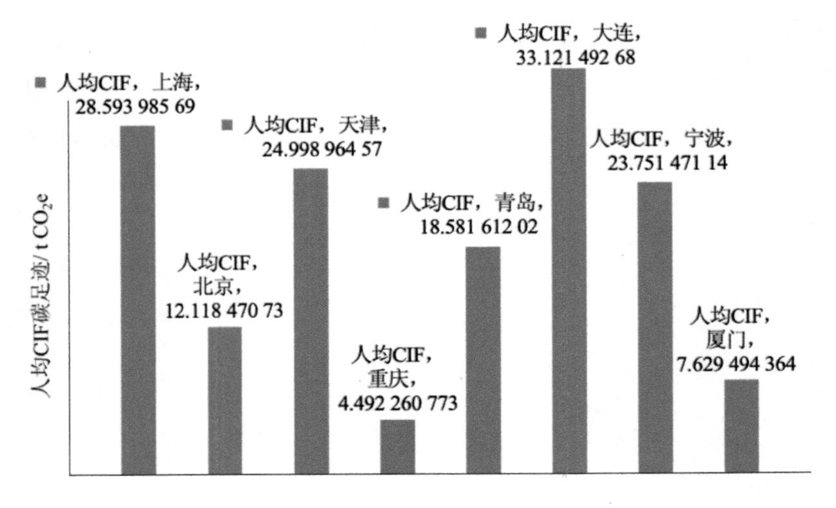

图 7-22 各个城市的人均 CIF 碳足迹

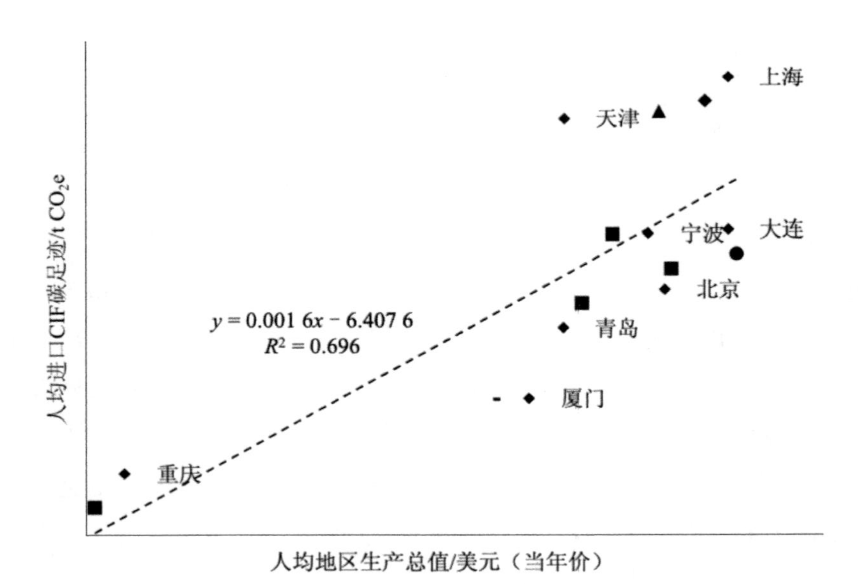

图 7-23 人均进口 CIF 碳足迹与人均地区生产总值的关系

目前全球已有超过 10 000 个城市承诺采取减缓、适应气候变化等有关行动，已有 235 个城市提出了碳中和倡议。为了规范和监督这些承诺，一些自愿性的气候倡议及组织已经建立，如全球气候与能源市长盟约、碳中和城市联盟（Carbon Neutral Cities Alliance，CNCA）和 C40 城市等。但许多倡议只要求提交承诺目标，从而导致城市在制定本地化减排战略和详细减排措施时缺乏技术支持。另外，由于国家、行业和城市对环境问题的反应各不相同，减排路径也存在差异，城市无法直接复制全球或国家碳减排路线图。因此，需要根据当地的经济结构、技术潜力和资源禀赋（包括可再生能源资源和碳移除潜力）制定有针对性的城市碳中和路径。

然而，目前城市碳中和路径预测方法通常使用基于生产侧的测算数据，忽略了城市边界以外的间接排放，如城市生产、生活需要的粮食、水、食品和建材等。结合消费侧减排能有效地解决城市碳泄漏的风险，并可以通过绿色消费激励发生在城市边界外的消费活动，从而带来额外的减排效果。本书通过城市全范围排放计算方法和中国中长期排放路径模型（CAEP-CP）来解决这一问题，该框架既考虑了城市内部产生的排放，也考虑了城市消费带来的排放，并提供了城市实现全范围碳中和的减排路径。

中国城市全范围碳排放路径研究是一个艰巨且极富挑战性的科研方向，未来要紧密围绕国家和地方重大管理需求和关键科学问题，充分吸纳国内外学术机构的经验和做法，持续开展学术攻关和实践应用，以实现模型的不断完善和迭代升级。本书作为 CAEP-CP 模型在城市全范围路径预测的重要应用，为我国各地区，尤其是服务型城市碳中和研究提供了参考，欢迎国内外学术界及决策管理人员批评指正。

中国工程院院士
中国环境科学学会理事长
国家气候变化专家委员会副主任
王金南

2024 年 1 月 21 日

随着全球气候变暖，极端天气变得更加频繁，高温热浪持续时间更长，极端高温值也变得更高。197 个国家于 2015 年在巴黎召开的《联合国气候变化框架公约》第 21 次缔约方大会上通过了《巴黎协定》，旨在将全球平均气温的上升幅度控制在较前工业化时期 2℃以内，并努力将温度上升幅度限制在 1.5℃以内。作为世界上最大的能源消费国和碳排放国，中国国家主席习近平在 2020 年 9 月 22 日第七十五届联合国大会一般性辩论上郑重宣布，中国将提高国家自主贡献力度，采取更加有力的政策和措施，二氧化碳排放力争于 2030 年前达到峰值，努力争取 2060 年前实现碳中和。这一庄严承诺开启了中国积极应对气候变化的新篇章，也为全球气候治理增添了新的动力。实现碳达峰碳中和，是以习近平同志为核心的党中央统筹国内国际两个大局作出的重大战略决策，是着力解决资源环境约束突出问题、全面建设美丽中国、实现中华民族伟大复兴的必然选择，是中国政府倡议构建人类命运共同体的积极行动。

为实施国家“双碳”战略，中国建立了“1+N”政策框架，各有关部门也制定了分领域、分行业的实施方案和支撑保障政策，各省（区、市）制定了本地区碳达峰实施方案。从国内外行政管理经验来看，城市是国家宏观政策自上而下落实的主体，是推动政策实施的基础，城市的净零排放转型成为国家实现碳中和的关键。人类的能源消费和造成的二氧化碳排放都主要集中在城市区域，城市始终是控制碳排放的主战场。与县级相比，城市要关注宏观引领、综合布局；与省级相比，城市则更关注微观领域、精细管理。城市既能因地制宜地制定一些具体措施，又能督促和监督这些措施的有效执行。因此，中国想实现“双碳”目标，城市需要先行。

第 8 章
城市深度碳中和路径研究：以武夷山市为例

绝大多数城市的基本供应系统需要进口电力、燃料、水、食品和建筑材料等。因此，基于消费的排放在碳足迹中占了相当大的比例，尤其是对于服务型城市而言。经济发达的服务型城市可能会将排放密集型产业外包给欠发达地区，从而导致产品跨境转移的潜在碳泄漏。因此，在评估一个城市的碳排放和规划其减排路径时，有必要将境外排放包括在内。考虑到目前大多数城市均缺乏明确的基于消费或供应链的减排承诺，明确城市层面的全范围碳中和路径变得越来越重要。为了填补这一空白，本章将重点放在城市层面的全范围排放上，利用生态环境部环境规划院自主研发的中国中长期排放路径模型（CAEP-CP）提出城市未来深度碳中和路径。

本章选择位于福建省的武夷山市作为案例。武夷山市作为一个典型的服务型城市，一直致力于成为中国碳达峰和碳中和试点城市。未来随着产业结构转型的不断深入，城市第三产业的比重将进一步提高，分析服务型城市的碳减排路径越来越重要。本章的方法也为其他城市（尤其是发展中国家的城市）规范深度碳中和路径提供了可复制的先例，技术路线如图 8-1 所示。

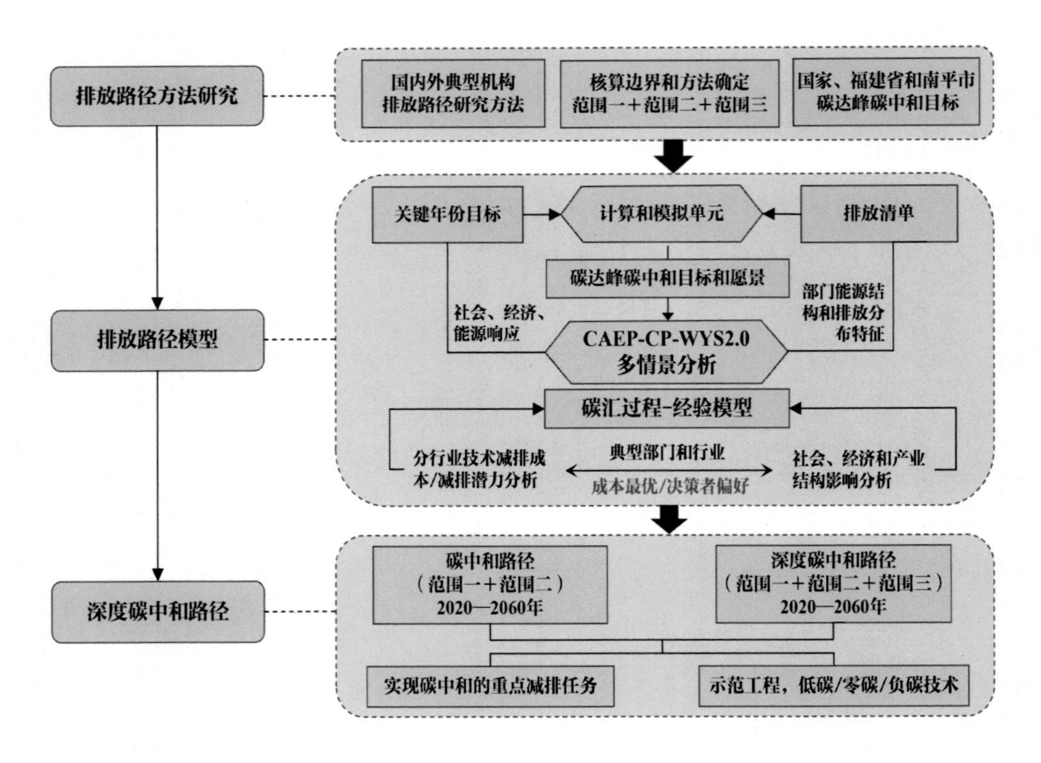

图 8-1　武夷山市深度碳中和路径研究技术路线

8.1　碳中和路径模型（CAEP-CP）设置

基于自上而下宏观模型和自下而上的演化模型，在研究团队已有模型（CAEP-CP 2.0 模型）的基础上，充分考虑武夷山市本地特色和规划愿景，建立武夷山市碳达峰路径模型（CAEP-CP-WYS 2.0 模型）。CAEP-CP-WYS 2.0 模型（图 8-2）自上而下充分考虑社会经济发展、中国与武夷山市 2030 年前实现碳达峰、2060 年前实现碳中和等目标约束，同时考虑技术可达性、措施可行性等因素，通过反复迭代优化，形成基于行业 / 领域的排放路径。自下而上方法是基于 CO_2 空间排放网格层面（1 km×1 km）构建的，以年为时间单位。CAEP-CP-WYS 2.0 模型包括以下子模块：①能源中长期模块；②高空间分辨率排放网格化清单模块；③新能源潜力评估模块；④减排技术评估模块；⑤森林碳汇模块。

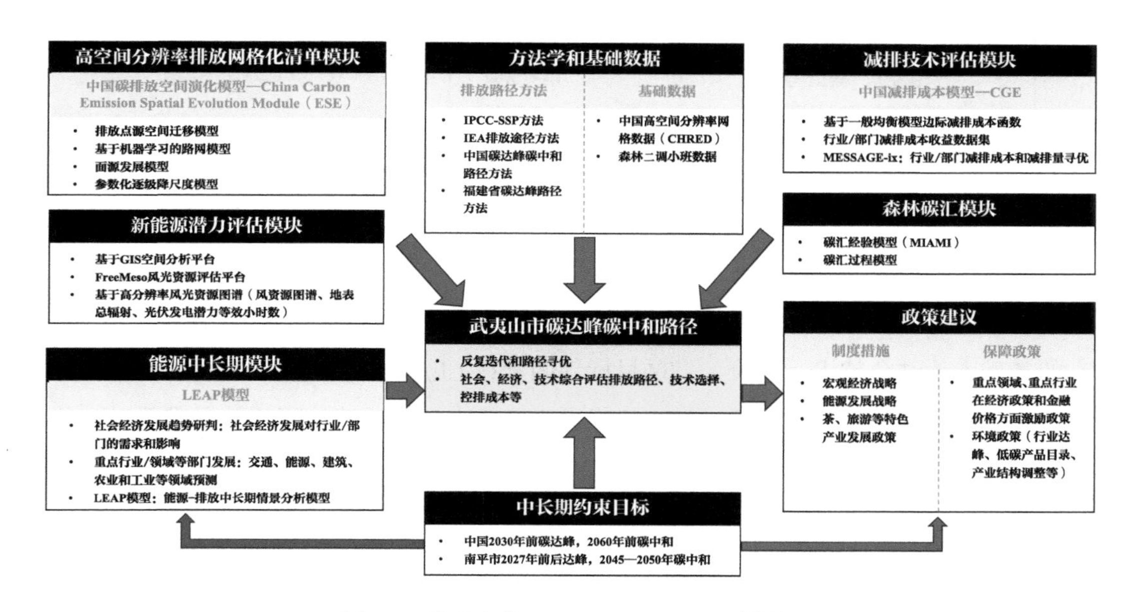

图 8-2　武夷山市 CAEP-CP-WYS 2.0 模型

8.1.1　能源中长期模块

能源中长期 LEAP-WYS 模块是基于 LEAP（long-range energy alternatives planning system）模型构建的武夷山市 2020—2060 年社会、经济、能源情景分析模型，如图 8-3 所示。LEAP-WYS 模型采用自下而上方法分析能源从开发到使用的过程，主要包括能源需求、能源转化、费用分析 3 个部分。能源需求是根据武夷山市各地区、各行业的能源使用及预测情况建立合理的数据结构，并利用统计数据计算能源消耗及碳排放量情况；能源转化是从一次能源出发模拟其转化过程，如在火力发电中煤炭和天然气的转换及在发电过程中的能源损失；费用分析是从成本的角度对不同的能源方案进行模拟计算。该模块可结合情景分析的方法设置不同的发展情景，分析未来武夷山能源消耗及碳排放情况。

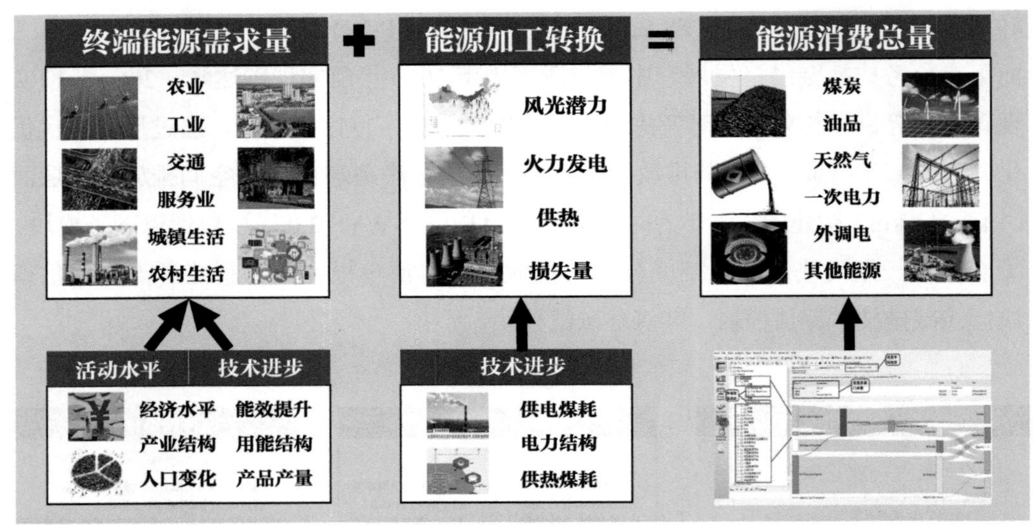

图 8-3　武夷山市能源中长期 LEAP-WYS 模块

LEAP-WYS 模块中的情景分析主要分为三步：第一步在模型中计算 2020 年武夷山市的能源消耗，结合现状分析当前的能源使用情况及环境压力；第二步在 2020 年的基础上，结合技术、政策、发展目标等因素在 LEAP 模型中设置不同的情景，并确定不同情景下的相应参数；第三步根据不同要求对不同情境下的结果进行对比分析，选择合适的情景，并制定相应的措施和方案。

8.1.2　高空间分辨率排放网格化清单模块

高空间分辨率排放网格化清单模块包括排放核算和空间化两部分（图 8-4）。

1. 排放核算

参考 IPCC 发布的《2006 年 IPCC 国家温室气体清单指南》和《2006 年 IPCC 国家温室气体清单指南 2019 修订版》，同时以《中国 2005 年温室气体清单研究》（2014 年）、《中国 2008 年温室气体清单研究》（2014 年）、《省级温室气体清单编制指南（试行）》和《省级二氧化碳排放达峰行动方案编制指南》为基础，充分借鉴国家发展改革委发布的 24 个行业企业温室气体排放核算方法和报告指南、国家标准委员会通过的 12 个行业企业温室气体排放核算方法和报告指南及生态环境部发布的《企业温室气体排放核算方法与报告指南发电设施（2021 修订版）》，

进行重点行业 / 领域排放核算。核算边界充分考虑重点行业 / 领域特点，包括能源燃烧排放和净购入电力导致的间接排放。

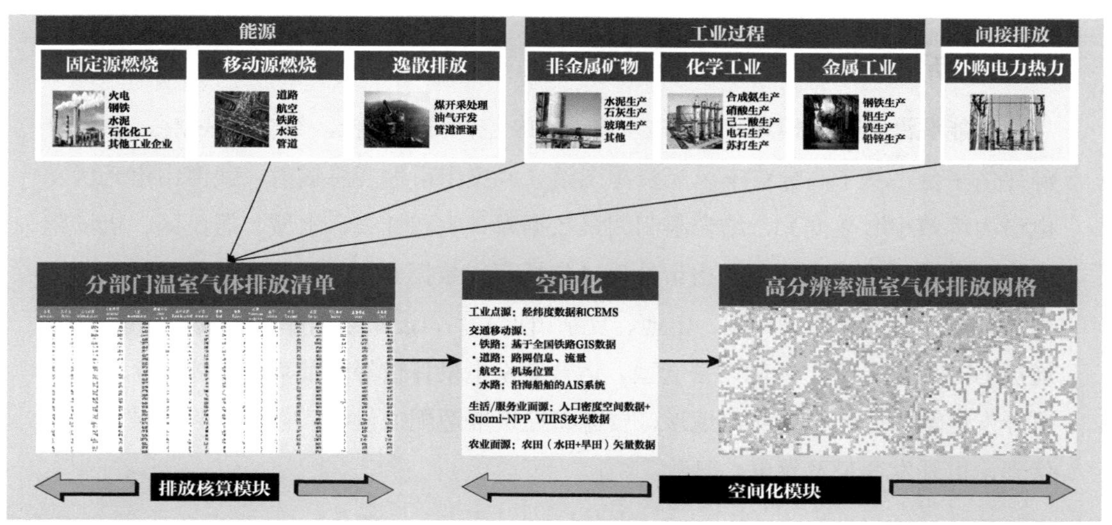

图 8-4　武夷山市高空间分辨率排放网格清单模块

基于分部门 / 行业、分燃料品种的燃料消费量等活动水平数据，结合相应的排放因子参数，综合计算得到总排放量。首先，确定清单采用的技术分类，基于武夷山市能源消费数据、实际调研等方法，确定分部门 / 行业的煤、煤矸石、油、天然气、焦炭、液化石油气等不同类型化石燃料的消耗量；其次，确定各类化石燃料相应的 CO_2 排放因子，或通过实测不同类型燃料的低位发热量、含碳量、碳氧化率确定；最后，根据分部门 / 行业、分燃料品种的化石燃料消耗量乘以排放因子，核算各部门 / 行业能源活动 CO_2 排放量，编制排放清单。

2. 空间化

空间化方法参考《碳监测评估试点城市高空间分辨率温室气体排放清单编制技术指南（试行）》（2022 年），借鉴国际主流自下而上的空间化方法，利用研究团队自身建立的空间化模型，结合武夷山市实际情况和数据特点，建立武夷山市高空间分辨率排放网格清单（1 km×1 km）。对于交通线源（自下而上和自上而下相结合空间化），道路交通基于分等级道路路网、逐日城市道路车速和拥堵指数等建立 Greenshields 空间化模型；铁路排放利用周转量、化石能源消费量及排放信息，基于全国铁路 GIS 数据完成空间化；航空基于每日每个机场航班和排放进行空间化。对于城镇生活、农村生活和服务业面源（自下而上和自上而下相结合空间化），基于城镇建设用地、农村居民点高空间分辨率矢量数据（30 m），利用人口密度空间化数据和 Suomi-NPP VIIRS 夜光数据（逐日、500 m 分辨率）建立空间化模型进行空间化。对于农业面源（自下而上和自上而下相结合空间化），基于农田（水田 + 旱田）高空间分辨率矢量数据（30 m），结合农业能源和排放数据开展空间化。

8.1.3 新能源潜力评估模块

新能源潜力评估模块（图 8-5）基于 GIS 空间分析平台，结合 FreeMeso 风光资源评估平台，基于高分辨率风光资源图谱（武夷山市地表总辐射、武夷山市光伏发电潜力等效小时数据），结合限制因素数据库（生态红线、水域、居民区、机场跑道等）、地形参数库［武夷山市地形（包括高程数据 SRTM、坡度、坡向）、武夷山市地貌（分为平原、丘陵、山地、复杂山地）］、设备数据库、区域特性参数等，通过 GIS 空间分析、最优设备选型、运营期发电量评估等评估算法，评估区域光伏可开发区域，并结合区域内地形、资源特性选取适配的设备，最终得到区域内的光伏理论可开发容量及发电小时数。

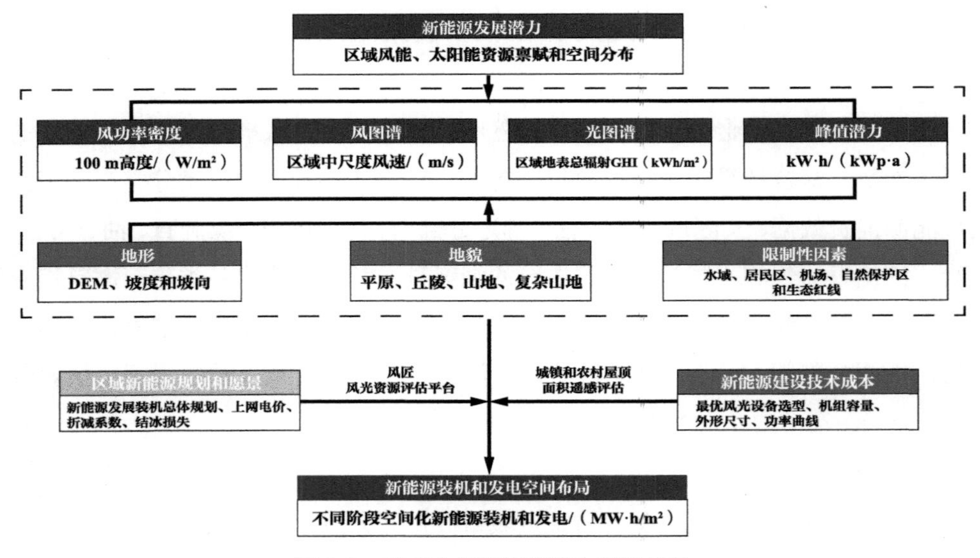

图 8-5 武夷山市新能源潜力评估模块

注：本研究模块由金风科技风能研究院和生态环境部环境规划院碳达峰碳中和研究中心联合开发。

此外，为了精准评估武夷山市城镇建筑和农村建筑太阳能利用潜力，基于遥感数据和面向对象遥感解译分类技术，分析武夷山市城镇建筑和农村建筑屋顶面积。面向对象分类技术是一种新的遥感影像分类技术，与传统的分类方法相比，其针对的是影像对象而不是基于单个像素。遥感影像包含许多可用于分类的特征，如光谱、形状、大小、结构、纹理、空间关系等信息，以往单纯基于光谱特征分类算法，如支持向量机、随机森林、神经网络等算法难以利用影像的纹理、空间关系、大小、形状结构等信息。面向对象分类技术集合临近像元为对象用来识别感兴趣的光谱要素，充分利用高分辨率的全色和多光谱数据的空间、纹理和光谱信息来分割和分类的特点，以高精度的分类结果或者矢量输出。因此，面向对象方法对于具有明确形态信息物体的识别存在优势，可显著提高识别精度。本研究中使用 ENVI FX 进行分类操作，具体可分为两个部分：发现对象（find object）和特征提取（extract features），即影像对象构建和对象分类。

8.1.4　减排技术评估模块

减排技术的成本和潜力主要基于 MESSAGE-WYS 边际减排成本分析模型。MESSAGE 模型是以 ixmp 框架为依据，在详细展示能源和土地利用系统中各类技术工程、社会经济和生物物理过程等环节详细信息的基础上，通过线性整数优化模型，在成本最低目标函数的约束下，实现在特定节点（如国家、地区）和商品能源需求条件下对相应技术装机水平、活动水平和成本等方面的分析。基于 MESSAGE 和边际减排成本函数，本章针对武夷山市实际情况，开发建立了 MESSAGE-WYS 边际减排成本分析模型，聚焦武夷山市发展现状和未来发展规划，为分析武夷山市各行业碳达峰碳中和路径及不同路径下武夷山市各行业边际减排成本及总成本提供了重要支撑，如图 8-6 所示。

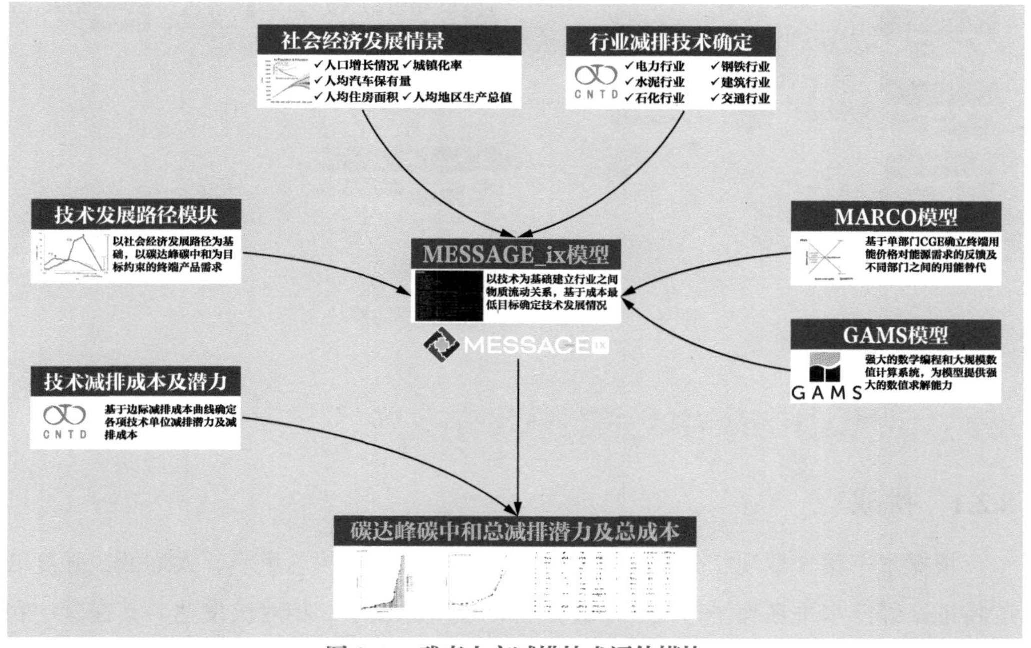

图 8-6　武夷山市减排技术评估模块

8.1.5 森林碳汇模块

本章采用经验模型和过程模型耦合的综合模型，预测和评估未来森林碳汇变化情况和空间布局（图 8-7）。经验模型选择经典的 Miami 模型，Miami 模型是第一个用环境变量估算全球净初级生产力的数学模型，应用广泛，其充分考虑未来气候类因子和土壤类因子。以 IPCC 建立的未来不同排放路径下的空间化气候情景数据（CMIP5 气候数据）为基础，重点考虑降水量和温度作为 Miami 模型的主要气候因子，获得 2020—2060 年武夷山市森林碳汇空间格局。过程模型选择国际主流过程模型，充分考虑未来不同阶段新增森林面积、森林龄组结构等因素，分析森林碳汇变化趋势和空间格局特征。通过耦合经验模型和过程模型的模拟结果并进行交叉验证，并考虑国家林业局和权威专家对于中国 2020—2060 年森林管理的战略规划和管理政策，最终确定武夷山市 2020—2060 年森林碳汇评估和变化特征分析。

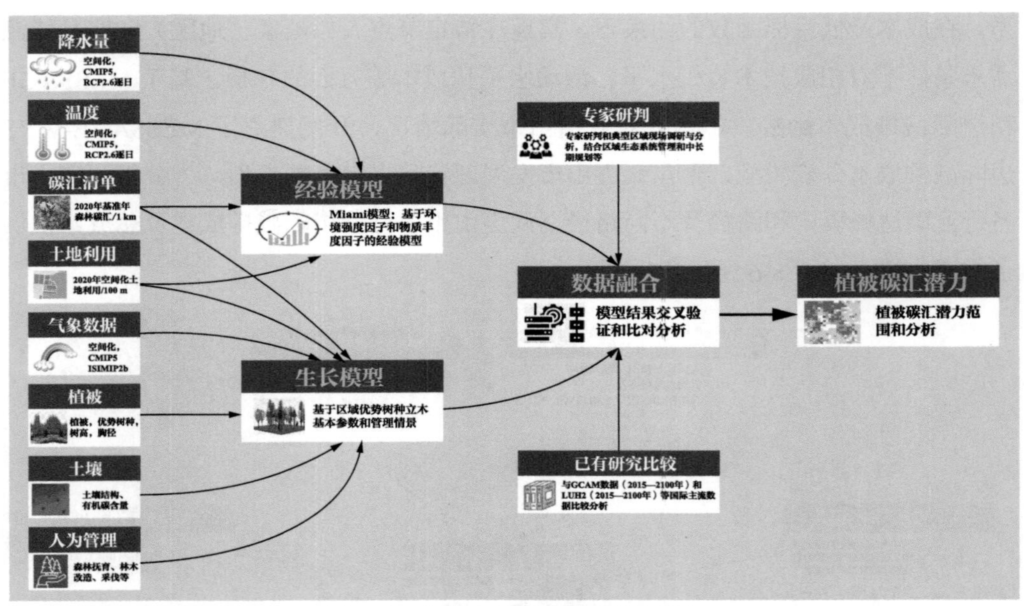

图 8-7　武夷山市森林碳汇评估模块

8.2 武夷山市碳中和的机遇与挑战

8.2.1 挑战

根据本书第 5 章现状分析，武夷山市整体呈现碳排放总量小、人均低、强度低的特征，经济水平在南平市处在中游位置，经济体量小、相对欠发达。其在碳中和进程中面临的挑战如下：

一是“十四五”是碳达峰的关键期，也是提高城市化率的重要时期，城市化率要增加 4%，由此将导致碳排放进一步增加。武夷山市还在快速城镇化进程中，目前城市化率为 61%，低于全国（63.89%）和福建省（68.76%）的城市化率，远低于发达国家达峰时城市化率超过 70% 的目标。到实现达峰时城市化率要达到 65%，由城镇化提升带来的基础设施建设等将进一步增加碳排放量。

二是交通转型较困难，短时间内交通运输排放会持续上升。由于武夷山市经济社会仍处于持续发展阶段，城镇化进程持续推进，旅游业、制茶业等行业呈上升趋势，居民出行活动愈加频繁，将导致客货运需求不断增长。客货运周转量增长是导致武夷山市交通运输碳排放在短时间内仍将上升的主要因素，且随着武夷山市大力发展旅游业，机场起降架次与客货运输量仍将持续增长。但航空减排措施依赖航空生物质煤油等对传统航空煤油的替代措施，发展较为缓慢，市场应用率低，因此航空运输将成为未来一段时间内武夷山市交通碳排放量增长的关键。

三是数字信息化水平有待提高。目前，武夷山市第三产业缺乏新增长点，缺乏大项目、龙头企业、核心企业带动，产业链层次较低，高新技术企业少，产业集群规模小。主导企业信息化总体水平不高。信息技术在企业生产经营环节仍以单项业务应用为主，“信息孤岛”现象较为突出，信息资源开发利用和共享水平不高。大多数行业企业尚未启用数字化研发设计工具，大部分生产工序仍处于手工作业阶段，生产流程自动化尚未实现，生产装备数字化水平较低，导致能源使用效率较低。

四是森林经营水平不高、森林龄组结构有待优化。从森林经营的角度来看，提升并保持森林的生长速率是提高森林生物质碳汇量的关键。虽然武夷山市森林覆盖率高，但是绝大多数树种在幼龄、中龄阶段即达到最高生长速率，之后逐步下降。从基于武夷山市森林资源调查数据构建的优势树种蓄积量生长模型来看，武夷山市森林碳汇量将逐渐下降。所以，武夷山市森林总体经营水平不高，在森林龄组结构优化等方面亟待提升。

8.2.2 机遇

作为全国首批 10 个国家公园体制试点城市之一、第二批国家生态文明建设示范市，“绿水青山就是金山银山”实践创新基地，生态优势是武夷山最大的财富和最大的潜力。碳达峰碳中和目标的提出将进一步提升武夷山市作为全国生态文明示范市的影响力，打造生态文明形象，加速传统行业转型升级，促进能源结构优化。

一是武夷山市 CO_2 排放体量小，人均碳排放和碳强度均优于全国和福建省。武夷山市的整体排放量较低，而且高排放行业相对较少，行业对应的企业也较少。人均碳排放为 2.32 t，远低于南平市、福建省、国家和世界平均水平。2020 年，全国人均碳排放量为 8.11 t，全球人均碳排放量为 6.3 t，武夷山市均低于全球和全国平均水平。单位地区生产总值碳排放为 0.29 t/ 万元，低于南平市、福建省、国家平均水平，但略高于厦门市。

二是从能源结构来看，煤炭占比不足 20%，非化石能源发电潜力较大。目前，武夷山市的能源消费主要用于建筑和农业领域，工业领域用煤非常低，只有小型茶企还有少量的煤炭需求。未来也不会出现较大用煤需求，煤炭消费量仍会继续下降。武夷山市非化石能源中水电资源发展较为成熟，还有空间继续增加光伏发展。目前，武夷山市光伏发电量较低，未来仍有较大光伏发电潜力。

三是主导产业（茶产业、旅游产业）均属于低碳产业，产业结构较优。武夷山市的主要产业不涉及传统高耗能高排放行业（如发电、石化、化工、建材、钢铁、有色、造纸、航空），茶产业、旅游产业均为低碳产业，没有大量化石燃料的消耗。当前产业结构较优，有利于实现碳达峰碳中和。

8.3 武夷山市碳中和情景

8.3.1 情景参数设置

在分析碳达峰碳中和时，根据福建省下达给南平市的主要目标指标、南平市给武夷山下达的主要目标及武夷山市未来发展规划（包括行业发展规划等）设置情景基础参数，包括人口、经济、城镇化、用电量和发电量等（表 8-1）。

1. 人口发展趋势

2021—2030 年武夷山市的人口发展趋势是根据国务院印发的《国家人口发展规划（2016—2030 年）》提出的到 2030 年全国增加 3 000 万人、福建省人民政府印发的《福建省人口发展规划（2016—2030）》提出的到 2030 年福建省增加 50 万人，以及武夷山市“十三五”时期常住人口的变化趋势和南平市人口占福建省人口的比例（2020 年占福建省常住人口的比例为 0.65%）进行预测的；2031—2060 年常住人口发展趋势是根据清华大学共享社会经济路径（shared socioeconomic pathways，SSPs）情景下中国各省（区、市）的人口 2031—2060 年数据，以及武夷山市人口在福建省人口的历史占比（0.6% ～ 0.7%）得到的。

2. 经济发展趋势

2020 年，武夷山市地区生产总值增速来自《武夷山市 2020 年国民经济和社会发展统计公报》，“十四五”期间平均增速来自《武夷山市国民经济和社会发展第

表 8-1　武夷山情景基本参数

主要指标	2020 年	2025 年	2030 年	2035 年	2040 年	2050 年	2060 年
人口 / 万人	25.67	25.86	25.96	25.86	25.67	24.90	23.95
地区生产总值增速 /%	0.1	7.0	6.3	6.0	5.5	3.0	2.5
地区生产总值 / 万元，2020 年价格	208	292	396	530	693	931	1 192
人均地区生产总值 / 万元	8.10	11.28	15.26	20.49	26.98	37.38	49.77
城市化率 /%	60	65	70	74	77	77	77
全社会用电量 /（亿 kW·h）	6.15	7.33	8.37	9.36	10.33	11.41	12.00
人均用电量 /（kW·h）	2 395	2 836	3 226	3 618	4 024	4 582	5 009
发电量 /（亿 kW·h）	2.24	3.14	4.36	5.36	6.39	6.65	6.62

资料来源：①人口，2020 年为全国第七次人口普查数据，2025—2060 年参考 SSP2-RCP6 预测及武夷山市占福建省人口占比得到。②地区生产总值及人均地区生产总值，2020 年为国家统计数据，2025 年数据参考《武夷山市国民经济和社会发展第十四个五年规划和二〇三五年远景目标纲要》，2035 年及 2050 年参考 2035 年远景目标预测和"两个一百年奋斗目标"要求估算，2035 年达到发达国家收入水平（约 2 亿美元），2050 年较 2035 年翻一番。③城市化率，2025 年数据参考武夷山市"十四五"规划目标，2025 年后参考《我国碳达峰、碳中和战略及路径研究项目综合报告》（中国工程院，2021）预测内容。④全社会用电量及人均用电量，参考《我国碳达峰、碳中和战略及路径研究项目综合报告》（中国工程院，2021）、《福建省二氧化碳排放达峰研究报告》（生态环境部环境规划院，2022）和《南平市碳达峰碳中和行动方案》（生态环境部环境规划院，2022）。⑤发电量，根据武夷山市光伏和水力发电潜力得到。

十四个五年规划和二〇三五年远景目标纲要》。2025—2060 年，武夷山市地区生产总值增速参考 2035 年远景目标预测和"两个一百年奋斗目标"要求，2035 年达到发达国家收入水平（约 2 亿美元），2050 年较 2035 年翻一番，同时结合《南平市国民经济和社会发展第十四个五年规划和二〇三五年远景目标纲要》和《福建省国民经济和社会发展第十四个五年规划和二〇三五年远景目标纲要》确定武夷山市未来的地区生产总值增速。

3. 城镇化发展趋势

2020—2025 年，基于《武夷山市国民经济和社会发展第十四个五年规划和二〇三五年远景目标纲要》的要求，武夷山市的城市化率在"十四五"时期要达到 65%；2025—2035 年，城市化率保持同国家城市化率同步，达到 74%；2035—2060 年，城市化率基于世界各国城市化率介于 75% ～ 82% 的水平。

4. 用电量发展趋势

2025—2035 年，武夷山市全社会用电量根据南平市电网公司对各区县用电负荷预测所得。2035 年后，参考《我国碳达峰、碳中和战略及路径研究项目综合报告》（中国工程院，2021）结果及《中国 2030 年能源电力发展规划研究及 2060 年展望》（全球能源互联网发展合作组织，2021）中人均用电量增速与武夷山市人口发展趋势。

5. 发电量发展趋势

武夷山市发电量包括未来水电、生物质发电，以及光伏发电。根据调研，由于武夷山市水电开发已经比较充分，结合福建省对水电发展的要求，水电未来不再增加。武夷山市未来非化石能源发展主要依赖光伏发电及生物质发电。根据与南平市发展改革委座谈调研，自“十四五”时期起南平市将整区县推进光伏屋顶，“十四五”时期将以浦城、延平、建瓯、建阳和顺昌 5 县为试点整区县推进光伏屋顶，并计划扩展到南平市内其他区县。基于武夷山市的辐射水平和峰值潜力，并结合地形、地貌和限制性因素（包括水域、居民区、机场和生态红线等）确定其可再生能源发展潜力。

8.3.2 碳中和情景

基于 CAEP-CP-WYS 2.0 碳排放情景，充分考虑社会经济发展、中国 2030 年前实现碳达峰、2060 年前实现碳中和等目标约束，通过空间公平趋同模块（SEEC），利用祖父原则、人均公平原则和减排效率原则，构建武夷山市部门 / 重点行业的碳排放情景。同时，考虑武夷山市本地行业的发展特点，对未来行业或领域（交通、建筑、农业、工业、碳汇等）的情景参数，包括能效水平、活动水平、能源结构及资源禀赋进行模拟，并最终选取基准、调控、强化 3 种情景作为武夷山未来碳排放情景（图 8-8）。

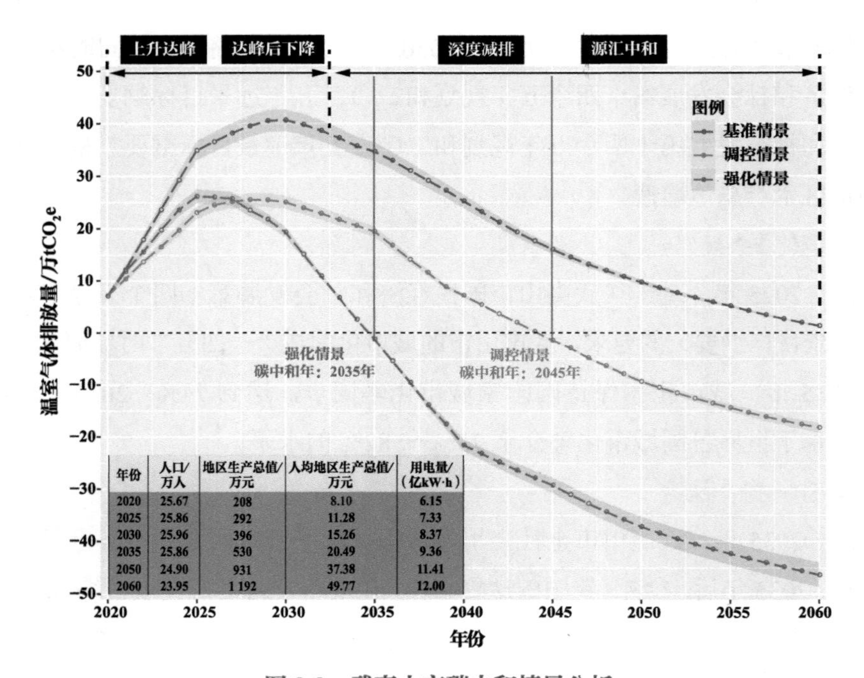

年份	人口/万人	地区生产总值/万元	人均地区生产总值/万元	用电量/（亿kW·h）
2020	25.67	208	8.10	6.15
2025	25.86	292	11.28	7.33
2030	25.96	396	15.26	8.37
2035	25.86	530	20.49	9.36
2050	24.90	931	37.38	11.41
2060	23.95	1 192	49.77	12.00

图 8-8 武夷山市碳中和情景分析

1. 基准情景（当前发展模式）

基准情景的设定考虑武夷山市近年来保持高经济增长速度，主要参数按照当前发展趋势和能源结构水平设定。森林碳汇基于 2020 年武夷山市树种和龄组划分，假定未来武夷山市森林面积及土地利用不再发生变化，且林分蓄积变化只与林龄有关，通过蓄积生长量表估计 2020—2060 年各小班的乔木树种的林龄和蓄积生长量，通过蓄积量变化估计未来生物质碳储量和碳储量年均变化量，并将碳转化成 CO_2 当量。

根据图 8-8，基准情景下武夷山市温室气体排放（包括 CO_2 排放、非 CO_2 温室气体排放和森林碳汇吸收）将在 2030 年前后达峰，峰值排放为 40.6 万 tCO_2e，随后排放开始下降，到 2035 年、2040 年、2050 年和 2060 年分别降至 34.7 万 tCO_2e、25.2 万 tCO_2e、9.8 万 tCO_2e 和 1.3 万 tCO_2e，基本实现碳中和目标。

其中，CO_2 总排放量将在 2021—2028 年继续上升，预测达峰时间为 2028 年前后，峰值排放约 67.5 万 t，随后在 2030—2035 年进入稳中有降阶段，到 2035 年降至 56.9 万 t，并逐步在 2050 年和 2060 年分别降至 22.2 万 t 和 11.3 万 t；非 CO_2 温室气体排放将从 2020 年的 30.0 万 tCO_2e 逐步降至 2060 年的 15.0 万 tCO_2e；森林碳汇吸收方面，由于武夷山市成熟林和过熟林的面积和蓄积量比重过大，如果保持当前发展模式，则会导致武夷山市的森林固碳潜力变小，碳汇吸收量将从 2020 年的 83.1 万 tCO_2e 逐步降至 2060 年的 25.0 万 tCO_2e。

2. 调控情景

根据 CAEP-CP-WYS 模型，调控情景参考南平市电网公司对南平市各区县 2020—2035 年用电负荷预判，电力需求按照“十四五”“十五五”“十六五”期间弹性系数分别为 0.8、0.7、0.6 进行预测，预计到 2025 年、2030 年、2035 年电力需求量分别为 7.33 亿 kW·h、8.37 亿 kW·h、9.36 亿 kW·h。

根据图 8-8，调控情景下武夷山市温室气体排放将在 2028 年前后达峰，峰值排放量为 25.5 万 tCO_2e，随后进入下降阶段。2035 年以后，随着结构调整和减排措施的进一步加强，交通排放持续降低，武夷山市将在 2045 年前后实现碳中和。2045 年武夷山市的温室气体排放总量预计为 39.2 万 tCO_2e，碳汇吸收量为 40.6 万 tCO_2e。

根据模型结果，调控情景下武夷山 CO_2 总排放量将在 2021—2026 年小幅上升，从 2020 年的 60.2 万 t 升至 2026 年的 62.7 万 t，并达到峰值，随后在 2027—2035 年进入下降阶段，到 2030 年和 2035 年分别降至 58.3 万 t 和 49.8 万 t，并逐步在 2050 年和 2060 年分别降至 16.5 万 t 和 5.6 万 t。相较于基准情景，调控情景可以实现更早的达峰和更低的峰值排放量。非 CO_2 温室气体排放将从 2020 年的 30.0 万 tCO_2e 逐步降至 2060 年的 11.0 万 tCO_2e。森林碳汇吸收量将从 2020 年的 83.1 万 tCO_2e 逐步降至 2060 年的 34.8 万 tCO_2e。

3. 强化情景

根据 CAEP-CP-WYS 模型，强化情景考虑福建省 2030 年前达峰、南平市率先达峰、武夷山市较南平市率先达峰等因素，通过反复迭代优化，形成基于行业 / 领域的武夷山市碳排放达峰情景。在碳中和期间更多地关注需求方面的控制措施，碳排放需求相对减少，同时利用碳汇来解决减排问题。

根据图 8-8，强化情景下武夷山市温室气体排放将在 2025 年前后达峰，峰值排放量为 26.2 万 tCO_2e，随后进入下降阶段。2025 年以后，武夷山采取更大力度的能源结构调整和减排措施，交通部门排放的降低幅度更大，非 CO_2 排放管控更加严格，武夷山市将在 2035 年前后通过碳汇实现碳中和，温室气体排放总量预计为 57.5 万 tCO_2e，碳汇吸收为 58.7 万 tCO_2e。到 2050 年和 2060 年，温室气体净排放分别降至 −37.2 万 tCO_2e 和 −46.3 万 tCO_2e。与调控情景不同的是，强化情景在“十四五”期间没有较大的下降优势，甚至温室气体排放量（包括碳汇量）要比调控情景还要高，其主要原因是强化情景下森林考虑林分结构优化调整，即改变目前的树种结构，把一部分目前处于成熟林的树种进行置换，种植一些幼龄树，这就会导致前期碳汇量下降。但从长期来看，改变树种结构有利于中长期碳汇发展。具体来说，森林碳汇吸收量将从 2020 年的 83.1 万 tCO_2e 先降至 2030 年的 54.5 万 tCO_2e，随后保持稳定，在 2050 年和 2060 年分别为 55.6 万 tCO_2e 和 53.6 万 tCO_2e。

8.4 武夷山市碳排放路径

由于武夷山市具有排放体量低和森林资源丰富的特点，在基准情景下也能在 2030 年达峰，基本在 2060 年前后实现碳中和；若在调控情景下，将于 2026 年实现达峰，2045 年实现碳中和；若在强化情景下，将于 2025 年实现达峰，2035 年实现碳中和。将调控情景与强化情景对比来看，二者的达峰时间相差不大，峰值差异也并不明显，并且都满足在南平市内率先实现碳达峰的目标（从《南平市碳达峰碳中和行动方案》中确定的达峰路径来看，南平市的碳达峰时间为 2027 年）。但调控情景和强化情景下碳中和的时间相差了 10 年，主要原因是在强化情景下森林考虑林分结构优化调整，极大地提升了武夷山市未来的碳汇量，在 2060 年也能维持在 50 万 tCO_2e 的碳汇量，是基准情景下碳汇量的 2 倍、调控情景下碳汇量的 1.5 倍。从武夷山市自身的达峰定位考虑，武夷山市将在 2025 年实现碳达峰，较福建省率先实现碳达峰，也较全国率先实现碳达峰。因此从长期综合来看，应选择强化情景作为武夷山市碳达峰碳中和路径（图 8-9），即 2025 年达到峰值，2035 年实现中和。

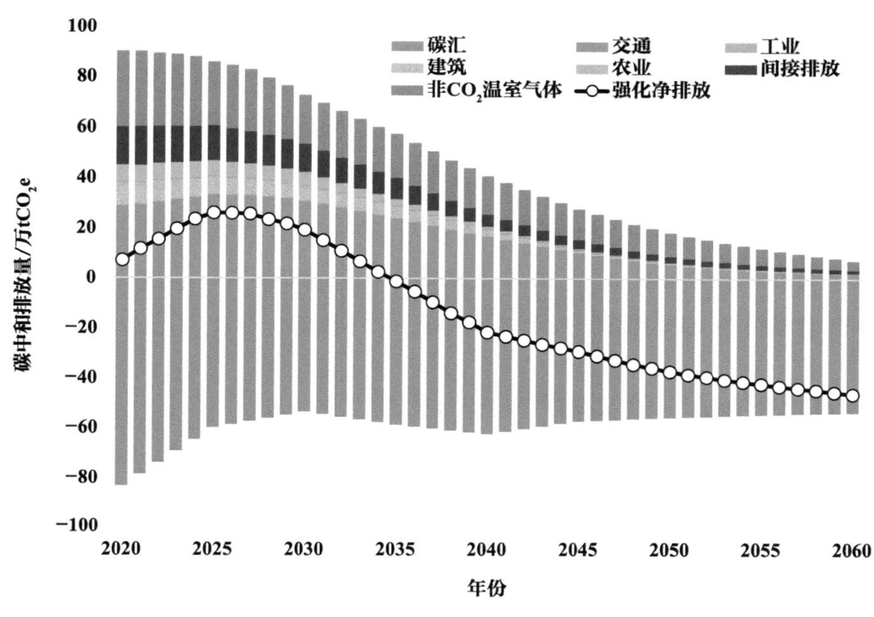

图 8-9　武夷山市碳中和排放路径

8.4.1　重点排放领域：交通部门

交通部门碳达峰碳中和路径应以新能源车发展为主。交通部门是武夷山市重要的排放部门，其碳排放量于“十四五”末期达峰，“十五五”期间缓慢下降。武夷山市交通碳排放量预计于 2025 年前后达峰，峰值为 33.38 万 t，较 2020 年增长 4.42 万 t，同比提高 15.3%，达峰后有 2 ～ 4 年的平台期。2026—2030 年，武夷山市交通碳排放预计以年平均 1.4% 的速度下降；2031—2035 年，武夷山市交通碳排放预计以年平均 5.3% 的速度下降，并于 2035 年降至 24.1 万 t，较峰值下降 27.8%；2035 年以后，交通碳排放将保持持续下降，并在 2050 年和 2060 年分别降至 5.9 万 t 和 2.0 万 t；2060 年，交通碳排放主要集中在航空煤油使用和少部分道路货运运输的油品消耗上。

新能源汽车推广、机动车能效提升与运输结构调整是道路交通减排的主要措施。在碳达峰路径下，武夷山市道路交通于 2025 年前后达峰，2035 年道路交通排放量降至 18 万 t，较峰值下降 27.4%。武夷山机场是武夷山市重要的交通枢纽，航空燃料替代是航空领域碳中和的主要措施，当前以航空生物质煤油为主的航空燃料替代措施进展较为缓慢。在强化排放情景下，航空运输碳排放量在 2020—2032 年以年均 4% 的增速持续增长，并于 2032 年前后达峰，峰值为 5.42 万 t，较 2020 年增长 2.2 万 t，较 2020 年增长 68%。航空碳排放量在 2032 年后由平台期转为下降，到 2035 年仍有 5 万 t 左右。随着高铁动车等电力列车的大量推广，铁路运输碳排放量的上升趋势有所减缓。在强化排放情景下，2020—2025 年铁路运输碳排放量以年均 2% 的增长率小幅上升，在 2025 年前后达峰，峰值为 0.43 万 t。随着铁路电气化水平的不断提升，电力机车比重将进一步提升。除保证铁路部门风险防控所需的一定比例的内燃机车外，应推动铁路机车尽快实现全面电动化。2025 年后铁路碳排放将持续下降，并于 2035 年降至 0.31 万 t。通过新能源汽车推广、运输结构调整、交通能源替代等措施，强化情景下交通部门到 2035 年、2050 年和 2060 年将分别比基准情景减少 CO_2 排放 11.08 万 t、11.5 万 t 和 6.5 万 t。

8.4.2 重点排放领域：建筑部门

建筑领域降碳路径应以电气化改造和节能为主。建筑领域是武夷山市仅次于交通部门的重要排放部门。建筑领域碳排放在现阶段已实现达峰，2020 年排放量为 9.2 万 t，随后进入稳定下降阶段，到 2025 年、2030 年和 2035 年分别降至 7.1 万 t、5.7 万 t 和 5.0 万 t，2035 年较峰值下降 54.4%。2035—2060 年，建筑领域碳排放下降 98%。到 2060 年，建筑领域碳排放将降至 0.11 万 t，这主要是由建筑领域电气化带来的。

在碳达峰路径下，建筑领域减排主要由农村建筑减排、城镇建筑减排和公共建筑减排实现，其措施如下：①农村建筑，采用建筑节能措施和能源有效利用，如节能吊炕、高效土暖气、太阳能热水器、高效节能灶和户用沼气池；②城镇建筑，利用太阳能，采用节能电器，如住宅使用太阳能热水器、高效冰箱；③公共建筑，进行节能改造，利用太阳能及智能用电计量分析，如高效的暖通空调系统改造、商业建筑中的太阳能热水器和电能计量系统。强化情景下，农村建筑、城镇建筑和公共建筑的减排措施合计将在 2030 年和 2035 年分别比基准情景减少 CO2 排放 3.3 万 t 和 3.8 万 t 左右。随着建筑领域电气化率越来越高，其排放也越来越接近净零排放，上述措施在 2035 年的减排贡献将逐步减少，到 2050 年为 0.3 万 t。

8.4.3 非 CO_2 温室气体排放

在碳中和路径下，需重点考虑非 CO_2 温室气体排放。武夷山市非 CO_2 温室气体排放主要包括由水稻种植带来的 CH_4 排放和农地带来的 N_2O 排放。总体而言，非 CO_2 温室气体排放将从 2020 年的 30.0 万 tCO_2e 逐步降至 2060 年的 3.6 万 tCO_2e。

具体来说，通过对水稻种植区推行水稻水分灌溉管理及推广优良水稻品种，可以在提高亩产水稻产量的同时降低水稻 CH_4 排放。武夷山市的 CH_4 排放将从 2020 年的 17 万 tCO_2e 分别降至 2030 年的 10.9 万 tCO_2e 和 2035 年的 9.8 万 tCO_2e，2035 年以后对水稻种植的 CH_4 排放控制更加严格，到 2060 年将降至 2.0 万 tCO_2e 左右。

通过对肥料使用进行控制、提高氮肥利用效率、推广有机肥腐熟还田等技术，可以降低 N_2O 排放。武夷山市 N_2O 排放将从 2020 年的 12 万 tCO_2e 分别降至 2030 年的 7.7 万 tCO_2e 和 2035 年的 6.9 万 tCO_2e，2035 年以后对化肥使用时的 N_2O 排放控制更加严格，到 2060 年将降至 1.4 万 tCO_2e 左右。

8.4.4　林业碳汇

未来，武夷山市森林总体趋势由中幼林趋于成熟林和过熟林，而森林的生物质（蓄积量、碳储量）与森林的平均林龄直接相关，均符合“S”形生长曲线特征，一般幼龄阶段相对生长较慢、中龄阶段生长较快，进入近熟林阶段生长速率又有所减缓，而达到成熟或过熟后生长逐渐趋于稳定或不再增长，甚至可能因为衰老、死亡等有所下降。森林的生物质固碳速率与生物质累积速率（生长速率）直接相关，因此会呈现随林龄增长逐步达到峰值后逐渐下降的趋势。

从森林经营的角度来看，提升并且保持森林的生长速率是提高森林生物质碳汇量的关键。从基于武夷山市森林资源调查数据构建的优势树种蓄积量生长模型来看，武夷山市绝大多数树种在幼龄、中龄阶段即达到最高生长速率，之后逐步下降。这意味着武夷山市森林总体经营水平不高，在森林龄组结构优化等方面亟待提升。一方面，武夷山市需要大力提高中龄林、近熟林的经营水平；另一方面，武夷山市目前成熟林、过熟林面积占比约 60%，生长速率缓慢，需要及时对成熟林、过熟林和生长缓慢的低质低效林进行更新改造，以促进林分生长，提高碳汇功能。保持稳定的中幼龄林面积占比，避免形成以成熟林、过熟林为主的林分结构，有助于保持和提升森林的生长速率和生物质固碳速率。另外，通过合理的国土空间规划，尽可能地避免或减少林地的征占用，还要对低质低效林和明显已经退化的森林进行及时改造，通过人工促进的方式提升森林质量和生长速率。此外，对因采伐或灾害形成的各类迹地要及时进行人工干预，更新造林或促进天然更新，尽可能挽回因森林退化造成的碳损失，这也是提升武夷山市整体森林碳汇的重要途径之一。

马尾松和杉木是南方主要的速生造林树种，然而松树类易遭受病虫害的危害，因此会给林业生产带来无法挽回的损失。已有研究表明，不同叶型（针叶和阔叶）混交林比单一叶型混交林的增产效果更好，不同叶生活史（落叶和常绿）混交林比单一生活史混交林的增产效果也要好。结合武夷山市“十三五”采伐限额及《武夷山市关于印发2022—2023年国土绿化项目实施方案的通知》（2022），对武夷山市的现有林分进行优化改造。研究假设未来用阔叶树替代部分马尾松和杉木树种，形成珍贵树种与针叶树种混交的模式，提高武夷山市森林资源的固碳能力，并提高林分抵抗自然灾害的能力。其中，马尾松、杉木林与阔叶树的混交比例为马尾松和杉木林分中，二者面积最终各保留50%，硬阔类比例为30%，软阔类为20%，最终形成针阔混交林。从2023年开始到2032年用10年的时间改造完成，每年改造马尾松林和杉木林面积的10%。当年采伐的木材计入碳排放，同时更新的阔叶树种生长量计入碳汇。按照上述针叶林改造混交林方案，到2030年、2040年、2050年和2060年，武夷山市的碳汇量分别为53.47万 tCO_2e/a、62.37万 tCO_2e/a、55.61万 tCO_2e/a 和53.61万 tCO_2e/a。

8.4.5 考虑范围三排放情况下的碳中和路径

若在此基础上考虑范围三排放，武夷山市温室气体排放量趋势同样是先增后减，但强化情景下峰值排放增幅较调控情景下降了55.8%，且提前3年出现排放下降的趋势，在2030年、2045年、2060年排放量分别为146.9万 tCO_2e、78.8万 tCO_2e 和44.2万 tCO_2e。与调控情景不同的是，强化情景着重考虑了全国各城市均低碳发展从而导致的武夷山市外购材料的单位产品排放因子的下降，所以2030年、2045年、2060年其范围三排放分别为74.3万 tCO_2e、50.9万 tCO_2e 和36.9万 tCO_2e，较调控情景均有不同程度的降低。

2020—2030年，范围三共增加了10.0万 tCO_2e 排放（2030年较2020年），主要是因为武夷山市旅游人数的增加带来了交通部门排放的增加。但由于交通人均碳足迹有所下降，强化情景中交通范围三排放比调控情景低4.4万 tCO_2e。此外，虽然新建建筑带来了建材消耗，茶企业带来了包装材料的增加，但由于上游产品生产实现了低碳化发展，单位产品排放因子有所下降，强化情景中工业部门排放要比调控情景减少0.43万 tCO_2e。其他部门同样如此，整体较调控情景减少0.8万 tCO_2e。

2030—2045年，范围三排放出现大幅下降，2045年较2030年减少23.4万 tCO_2e，这同样是由于交通部门带来的。由于全国交通部门排放整体下降，旅游交通人均碳足迹在大幅下降，使2045年交通部门范围三排放较2030年减少21.3万 tCO_2e。能源部门也出现了一定程度的下降，相较于2030年范围三排放减少了2.4万 tCO_2e，这是因为对化石能源需求的下降带来了消费排放的下降。但工业部门同样是唯一一个范围三排放增加的部门，这是因为新建建筑和茶叶包装带来了1.5万 tCO_2e 的增排。不过这仍然较调控情景增幅减少了 0.4 万 tCO_2e。

2045—2060 年，范围三排放量持续下降，2060 年较 2045 年减少了 14.0 万 tCO_2e，交通仍然是主要减排部门，其下降原因与之前相似。与调控情景相比，低碳情景下交通部门范围三排放会减少 14.6 万 tCO_2e。工业部门同样是唯一增排的部门，到 2060 年其排放已经增至 24.7 万 tCO_2e，成为范围三排放中排放量最大的部门。但由于对上游产品低碳发展的要求，较调控情景减少了 0.4 万 tCO_2e。

因此，综合考虑全市全范围的净排放量，将在 2030 年、2045 年、2060 年实现 82.8 万 tCO_2e、29.0 万 tCO_2e 和 −2.0 万 tCO_2e，所以在强化情景下武夷山市将在 2060 年实现全范围碳中和，如图 8-10 所示。

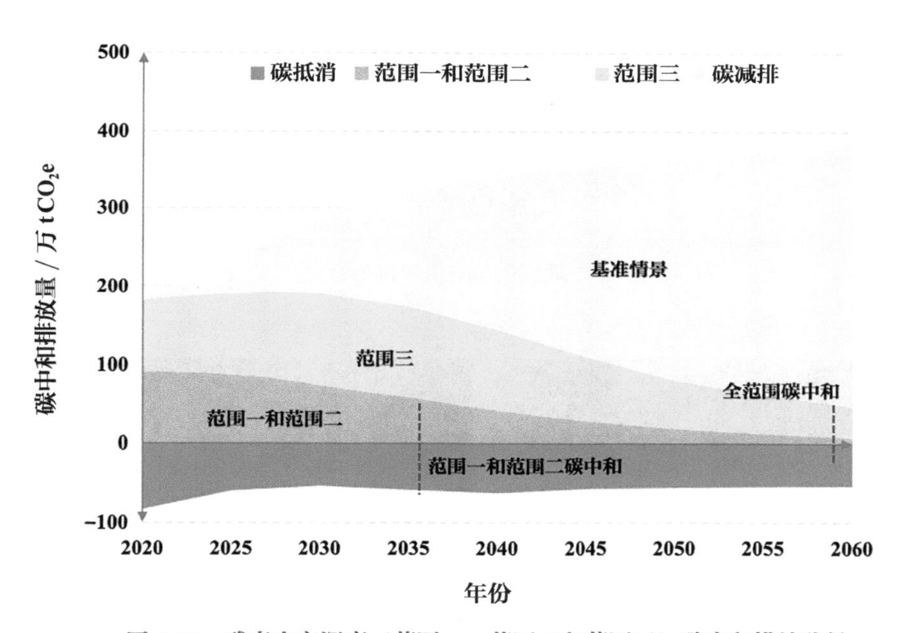

图 8-10　武夷山市深度（范围一、范围二和范围三）碳中和排放路径

8.5　武夷山市实现碳中和的重点任务

8.5.1　大力推进能源绿色低碳转型

一是制订全市光伏发展规划。勘查新能源资源点，对于有丰富的屋顶资源的地区和企业，按照光伏发电建筑标准，全面推进太阳能光伏发电建筑一体化工程，充分利用屋顶空间与太阳能资源。目前，南平市已经在建阳、邵武等地率先开展屋顶光伏项目，武夷山市也将逐渐推进屋顶光伏项目，如图 8-11、图 8-12 所示。

图 8-11　武夷山市光伏可再生潜力

图 8-12　武夷山市建筑屋顶遥感解译和评估（红色区域为建筑屋顶）

二是加快建设新型电力系统。构建新能源占比逐渐提高的新型电力系统，推动清洁电力资源大范围优化配置。大力提升电力系统综合调节能力，加快灵活调节电源建设，引导自备电厂、传统高载能工业负荷、工商业可中断负荷、电动汽车充电网络、虚拟电厂等参与系统调节，建设智能电网，提升电网安全保障水平。积极发展“新能源＋储能”、源网荷储一体化和多能互补，支持分布式新能源合理配置储能系统，加快新型储能示范推广应用。

三是建设垃圾焚烧发电项目。当前，武夷山市城市生活垃圾是运往建阳区生活垃圾处理厂进行焚烧处置的。未来武夷山市可依托本地区的人口基数、较为发达的旅游业及丰富的林业废弃物，推进垃圾分类体系建设及林业废弃物回收，建设垃圾焚烧供能项目。

8.5.2 建设绿色低碳交通运输体系

一是建议加强运输需求侧管理。深化供给侧结构性改革，构建现代产业体系，优化产业结构和空间布局，赋能传统产业转型升级，推动战略性新兴产业发展，形成以高新技术产业为先导、基础产业和制造业为支撑、服务业全面发展的产业格局，从源头降低大宗货物等原材料中长距离运输需求。构建便捷顺畅、经济高效、绿色集约、智能先进、安全可靠的现代化高质量国家综合立体交通网，加强现代物流体系建设，提升设施网络化、运输服务一体化和智能化水平，提升综合交通运输整体效率，从源头减少不合理运输。优化城市规划与布局，促进职住平衡，缩短居民出行距离，鼓励发展远程办公、网络会议、云商务、在线政务等，合理引导出行需求的优化调整。

二是大力提升新能源汽车导入速度。以乘用车推进为重点，大力推进新能源汽车的导入。按照《新能源汽车产业发展规划（2021—2035 年）》的要求，实现 2025 年汽车销量中新能源车占比达到 20% 左右，2030 年达到 40% 及以上。采取财税及使用优惠等综合措施加大新能源商用车推广力度，2025 年商用车销量中新能源车占比达到 6%，2030 年达到 10%。2025 年年底前城市公交车基本实现新能源化。新增或更新的轻型物流车、网约车、出租车、中短途客运车、环卫清扫车使用新能源的比例达到 90% 及以上。新增或更新的党政机构、事业单位及公共机构车辆优先选用新能源汽车，新采购车辆中新能源汽车的比例不低于 70%，租赁车辆原则上全部采用新能源汽车。加快推进专线运输车、短倒运输车、城建用车、场（厂）内运输车等载货汽车的新能源化，积极布局推广氢燃料电池商用车。

三是加快充电桩、充换电、换电站、加氢站等基础设施建设。以构建慢充普遍覆盖、快充（换电）网络化部署的立体充电建设为目标，实现充电设施网络与新能源汽车产业协调发展，建立布局合理、集约高效、绿色安全和性能优异的充电基础设施网络。“十四五”末，建成居住区、工作场所、社会停车场慢充全覆盖，慢充输出达到 70% 及以上，公共场所快充接口标准前后向兼容，都市核心区建成智能立体停车充电站。“十五五”末，建成慢充比例达到 80% 及以上，公共领域运营车辆共享换电大规模应用。推进加氢基础设施建设。建立完善的加氢基础设施管理规范。引导企业根据氢燃料供给、消费需求等合理布局加氢基础设施，提升安全运行水平。支持利用现有场地和设施开展油、气、氢、电综合供给服务。

四是加快高能耗、高排放老旧汽车淘汰。老旧车淘汰一方面可促进在用车车辆结构优化，有效降低车队的平均碳排放强度；另一方面可促进汽车产品更新换代，推动汽车行业稳定发展。采取鼓励各地采取经济激励、科学划定限行区域、强化监管等方式，加速淘汰高能耗高 CO_2 排放的老旧机动车。重点加强公交、出租、物流货运等车辆的淘汰力度，加大财政补贴和金融信贷支持。建立老旧车淘汰更新信息平台，研究制订淘汰计划。

五是采用零排放街道、停车优惠政策激励。为了加速汽车电动化转型，需采取一系列综合性的政策措施，包括汽车法规、财税和非财税经济激励等，如零排放街道或近零排放街道、停车优惠政策等。对于零排放街道，在规定时间内禁止所有汽油车及柴油车行驶，只准电动车、油电混合车、单车和行人使用，垃圾车及救护车等紧急事故车辆则不在此限，违规者将被罚款。由于货运运输对空气污染物和温室气体的突出贡献及对柴油车辆的高度依赖，可以选择先建立只针对货运车辆的零排放区或近零排放区。对于零排放街道限行措施也可以调整为收费方式，对排放较高的车辆征收更多的费用，这样一方面可以加速向零排放交通转型，另一方面可以保留居民、商户和游客进入该区域的权限。

专栏 1 零排放街道国内外案例

案例 1：伦敦

伦敦金融城从 2020 年 3 月开始在一条名为 Beech 街的街道上试点近零排放区。这一近零排放区试点旨在改善空气质量，为这条街道及周边地区步行和骑自行车出行的民众带来健康收益。Beech 街的近零排放区试点每周 7 天、每天 24 小时运行。只有 CO_2 排放量不超过 75 g/km、零排放续驶里程不低于 20 mile、NO_x 排放符合欧 6 排放标准（或与其等效的标准）的车辆才被允许进入。该要求对所有车辆类型（如乘用车、公交车、货车）均有效，符合要求的车辆包括纯电动汽车、燃料电池汽车和最清洁的那部分插电式混合动力汽车。自 2020 年 8 月 27 日起，不合规的车辆会收到处罚通知书，罚款额度最高为 130 英镑（约 1 000 元）。

案例 2：牛津

牛津的零排放区试点覆盖了其中心的八条街道，运行时间都是每周 7 天、每天从早 7 时至晚 7 时。与大多数零排放区不同，牛津的零排放区的运行方式是收费而非限行。具体来说，在零排放区的运行时间内除零排放汽车可以免费进入外，其他车辆也可以进入，但需要缴纳一定的费用，该费用按日收取，具体额度基于车辆的 CO_2 排放水平确定。该要求对所有车辆类型（如乘用车、公交车、货车）均有效。合规监管将通过可自动识别车牌的摄像头完成，驾驶非零排放的车辆进入零排放区的车主需要在进入零排放区之前或者进入零排放区当天晚上 12 时之前完成费用支付，如果未能按时支付费用，则需要缴纳罚款，罚款额度根据逾期时间确定，为 60 英镑（约 500 元）或 180 英镑（约 1 500 元）。

牛津零排放区日收费标准

基于排放水平的车辆分类	费用（每日）	
	2021 年年底—2025 年 7 月	2025 年 8 月以后（草案）
零排放汽车（CO_2 排放为 0）	0	0
CO_2 排放量低于 75 g/km 的车辆	2 英镑（约 16 元）	4 英镑（约 32 元）
CO_2 排放量高于 75 g/km，但传统污染物排放量符合欧 4 排放标准的汽油车或符合欧 6 排放标准的柴油车	4 英镑（约 32 元）	8 英镑（约 54 元）
未达到上述排放水平的车辆	10 英镑（约 80 元）	20 英镑（约 160 元）

注：欧 4 汽油发动机排放上限为 CO 1.00 g/km、HC 0.10 g/km、NO_x 0.08 g/km。欧 6 柴油发动机排放上限为 CO 0.50 g/km、NO_x 0.08 g/km、HC+NO_x 0.17 g/km、PM 0.005 g/km。

案例 3：深圳

深圳于 2018 年 7 月开始试点货运零排放区，在当地被称为“绿色物流区”。试点区域分布在深圳市的全部 10 个区，占全市总面积的 1.1%。这一货运零排放区试点是深圳改善当地空气质量的措施之一。每天 0 时至 24 时禁止轻型柴油货车驶入以下“绿色物流区”，执行任务的军车、警车、消防车、救护车、工程救险车不受本通告限行措施限制。合规监管通过交警执法完成，不合规车辆须缴纳300元的罚款并对驾驶员记3分。

案例4：洛阳

从2023年4月30日开始实施货运近零排放区，在当地被称为“城市物流配送货车禁行区域”，其实施方案已于2021年4月20日获得通过。这一货运近零排放区覆盖洛阳市中心，只针对轻型货车。运行时间为每周7天、每天24小时，只有零排放汽车和插电式混合动力汽车才被允许进入。在通勤高峰期（早7时至早9时和下午5：30至晚7：30），包括零排放汽车和插电式混合动力汽车在内的所有轻型货车都不允许进入该区域。该货运近零排放区的合规监管方式和处罚措施尚未公布。

六是提高绿色出行比例。采取综合措施，通过引导公众形成合理的消费模式、提升绿色出行比重、推进远程办公减少小汽车与航空出行。加快城市群交通网络化建设，提高公共交通供给能力，加强城市步行和非机动车交通系统建设，制定差异化停车收费政策，引导居民优先使用绿色出行方式。建设城市骑行计划和步行行动计划。确保交通决策优先考虑人类健康和生活质量，创建步行、骑行和公共交通所需的城市街道网络，减少汽车依赖及其带来的健康问题，围绕慢行街道规划城市，释放新的居住和就业场所，让人人受益于健康街道。

专栏2 城市骑行计划参考案例

案例1：伦敦

伦敦将形成一个有层次、快慢结合的城市自行车网络：在城市中心有密集的自行车路网，缓解市中心的汽车拥堵状况；连接市中心和郊区的放射状道路是自行车超级高速公路（super highways），方便人们快速通勤；分散在城市四周的则是自行车安静路线，可减少住所外的噪声，也提升了该区域慢行的安全度，优美的风景还能吸引更多人来居住或旅行；在城市周边设立荷兰式自行车友好社区，创造更有吸引力、更便捷和更人性化的街道，让每个居民都可以享受休闲和安全锻炼身体的体验。

为了推广骑行，伦敦也在城市中进行了许多实践。“鼓励绿色通勤”，为 1 000 家企业提供自行车停车点、培训和护具；营造“大事件”，如设立周末节日“Ride London”，为业余、俱乐部和精英骑行者提供一系列的活动，并为所有年龄段提供骑行技能的免费培训，目前已经有 4 万名儿童接受了培训；开展“Santander Cycles”自助式自行车共享计划，这一专为短途旅行设计的计划涵盖了超过 100 km^2 的伦敦区域，该计划拥有 12 000 多辆自行车，约有 780 个停靠站和 21 000 个停靠点，成为世界上最大的自行车租用网络之一。

案例 2：丹麦奥胡斯市

丹麦是众所周知的自行车王国，最早的自行车出行传统可以追溯到 1894 年。然而在工业时代的浪潮下，大量增加的小汽车也让丹麦自行车拥有指数逐年下降，在 2010 年达到低谷后政府决定重建丹麦骑行，而其第二大城市奥胡斯市也在这时开始逐步建立起 675 km 长的自行车道，完善了城市慢行系统。奥胡斯市自行车道路等级依据需要各有不同，在设计上也非常人性化。例如，该市流行一种前置大车筐载重篮的自行车，用于装载物品、搭乘儿童等，为了方便这种自行车的出行，部分道路设计要求最窄处要达到 3.5 m 的宽度，至少可容纳两辆自行车并排行驶。此外，配备完善的骑行设施，如路边打气处、夜行照明灯、专门的过街蓝色标记等。而为了吸引更多游客选择自行车出行，还专门设计了环城“骑行游览线路”，贯穿市内主要景点。

在骑行安全方面，奥胡斯市的考虑非常细致。设计者注意到，以往的城市交通规划往往会忽略行人、自行车与公交车这 3 种方式的冲突，奥胡斯市在交会处提前将自行车道与公交车道分开，让行人在安全岛上行走，减少了碰撞。

除了“分隔”还有“融合”，奥胡斯市改造了地面轻轨，可以让自行车直接上车，实现长短途出行需求的无缝对接。此外，大车转弯时自行车常常会处于司机的盲区，设计者将自行车等待区统一设在普通车道的 5 m 前，有效减少了这一类型交通事故的发生。

8.5.3　推动城乡建设领域低碳发展

一是开展绿色低碳新型城镇化建设。城镇化发展带动的建筑面积增速是影响碳排放峰值的关键因素之一。科学规划城市发展，走内涵集约式的高质量发展新路，全面推动绿色低碳发展的新型城镇化建设。大力发展建筑节能和绿色建筑，促进建筑产业绿色低碳转型升级。推广绿色建造方式，降低不理性建筑材料需求，推动发展钢结构建筑，鼓励公共建筑优先采用钢结构，推广装配式等新型农房建设试点经验，提升农房品质和农村生活条件。

二是推动新建建筑低碳化发展。严格新建建筑节能要求，加快出台建筑节能与可再生能源利用通用规范，2021—2035 年城镇新建建筑节能标准每 5 年提升 30%，到 2025 年、2030 年、2035 年节能率分别达到 83%、88% 和 92% 左右，2035 年基本达到超低能耗建筑水平，2025 年城镇新建建筑每平方米将减排 13.6 kg。将绿色建筑基本要求纳入工程建设强制规范，提高绿色建筑底线控制水平，城镇新建建筑全面建成绿色建筑。对新建公共建筑、居住建筑，出台光伏发电强制安装标准。强化新建农房节能要求，加快制定农村住房建设管理办法，结合新农村建设和人居环境整治工作，推动严格落实《农村居住建筑节能设计标准》。

三是加强既有建筑节能改造。将推动建筑节能改造作为城市更新和城镇老旧小区改造基础类必选改造内容。到 2030 年，完成既有公共建筑节能改造，完成老旧小区节能改造，改造后的节能效果较 2020 年至少提升 50%，每平方米将减排 60 kg CO_2。加快供热老旧管网节能安全改造，改造后的节能效果较 2020 年至少提升 20%。开展公共建筑能效提升建设，对政府机构建筑实施能源一体化管控，提升能效。

四是积极推动建筑领域可再生能源应用。鼓励因地制宜采用太阳能、地热能、生物质能等可再生能源满足建筑供暖、制冷及生活热水等用能需求。大力推广建筑光伏应用，充分利用建筑屋顶、侧墙等适宜场地和空间安装高品质、绿色、领跑者认证的光伏发电设施，提高发电效率。试行新建建筑项目光伏建筑一体化设计，提高公共机构新建建筑屋顶光伏覆盖率。开展新建建筑光储直柔试点示范，实现光伏供电、智慧储能、系统直流、建筑柔性用电，使建筑在电力系统中由用能者转为产能、用能和储能三位一体系统。

五是建设以木质结构为基础的公共设施。武夷山市森林资源丰富，全市森林覆盖率达到 80.5%，林地面积占市域总面积的 84.7%。武夷山市可参考瑞典谢莱夫特奥市的典型案例，以公共建筑为突破口，在重复考虑提高木质结构防火措施的情况下，建设以木质结构为基础的公共设施。同时，提升社会各界对木质建筑的认同，形成木质建筑绿色发展理念，进一步促进本地区商场、办公楼等商业建筑由传统混凝土结构向木质结构的转变，降低本地区建筑领域的碳排放水平。

专栏 3　国际典型木质建筑

案例 1：瑞典韦斯特罗斯的高层木质建筑（Kajstaden tall timber building）

Kajstaden 有 8.5 m，是瑞典最高的木材建筑，于 2019 年完工。其结构完全由交叉层压木材建造，并用机械螺钉固定，使该建筑可以拆卸并重复使用，并且以木材为基础的建筑碳足迹远低于混凝土等其他传统建筑材料。根据估算，通过使用实木代替混凝土，该建筑可以减少 550 tCO_2 的排放。

案例 2：瑞典谢莱夫特奥市的 Sara Kulturhus 文化中心

Sara Kulturhus 文化中心高达 75 m，共计 20 层，是世界上第三高的现代木结构建筑（仅次于挪威 85 m 的 Mjstornet 大厦和奥地利 84 m 的维也纳 HoHo 大厦）。内部包含市图书馆、6 个剧场、2 个艺术展厅和 1 个入口大厅。目前，文学、表演艺术和视觉艺术领域的 4 个核心运营商西博滕剧院（Vsterbottensteatern）、谢莱夫特奥美术馆（Skellefte Konsthall）、谢莱夫特奥市图书馆（City Library）和博物馆（Anna Nordlander MAN）已经入驻。

谢莱夫特奥市长久以来对现代木结构的支持倡导和项目实践为 Sara Kulturhus 文化中心项目奠定了基础。自 2014 年谢莱夫特奥市政府制定现代木结构建筑发展战略以来，约有 50 个建设项目全部或部分采用木结构。这一地区的森林资源丰富，使用木材作为建筑材料已是当地的传统。同时。这一地区具有先进的木结构专业能力——从教育科研到木结构企业，产学研贯穿了从森林管理到木结构生产施工的整个产业链。对木材的信仰、专业资源的共享让产业链上的各方互惠互利，促使谢莱夫特奥市政府坚持在木结构的项目实践中出真知，同时也使该市在绿色转型和可持续城市开发方面成为全瑞典的“排头兵”。

8.5.4　加快智慧农业建设

一是推动农业资源循环利用。推广统防统治及绿色防控技术，以促进畜禽养殖、农业种植过程中产生的农业废弃物综合利用为重点，打造生态循环农业模式和农业秸秆发酵转化为农家肥等绿色循环模式，推进秸秆饲料化、基料化和肥料化利用，发挥好秸秆耕地保育和种养结合功能。从政策扶持、科技支撑等方面创造条件，深入开展农业生产标准化示范创建，积极培育有机肥加工企业，发挥示范场辐射引领作用，从而扩展到全市农业废弃物减量化、资源化、无害化。

二是实施种植业减排固碳行动。在主要水稻种植区推行水稻水分灌溉管理，降低水稻 CH_4 排放。科学选育具有高抗性、高氮素利用率的品种，能够从源头降低农作物对化肥、农药等化学投入品的依赖，从而实现减排效应。改变耕作方式，提高稻田水分管理水平，干湿交替灌溉或种植旱地水稻，使用磷石膏和硫酸盐作为 CH_4 抑制剂。推广优良水稻品种，提高水稻亩产量，提高氮肥利用效率，推广有机肥腐熟还田等技术，降低 N_2O 排放。推动保护性耕作、绿肥种植等，建设生态沟渠，加快退化耕地治理，提升土壤有机质含量，发挥果园、茶园碳汇功能。

三是积极培育新能源 + 产业。鼓励能源企业发挥资金、技术优势，建设光伏 + 现代农业。农业企业、村集体在光伏板下开展各类经济作物规模化种植，提升土地综合利用价值。在林区合理布局林光互补等项目，打造一体化生态复合工程。建设新能源 + 农村景观示范，推动新能源与公共设施一体化发展。

8.5.5 推进茶产业低碳循环发展

一是推进茶光互补建设。茶叶是典型的亚热带常绿作物，具有显著的喜湿耐阴的特点。根据研究，光线中的红橙光能够抑制茶叶碳素代谢和氨基酸等含氮化合物的形成与积累，增加纤维素水平，从而使茶叶老化；蓝色光能够促进氨基酸等含氮化合物的生成，提升叶绿素水平。因此，适当的遮蔽光照能够提升光线中的蓝紫光含量，从而提升茶叶品质。建设茶光互补光伏电站，一方面克服土地资源稀缺、地面光伏电站建设受限的问题，另一方面提升茶叶生产的产量和品质，实现茶产业和光伏产业的双赢发展。

专栏 4　茶光互补建设

为协同推动茶产业和新能源产业的发展，云南省西双版纳傣族自治州、山东省青岛市、浙江省丽水市和杭州市等茶叶产地已开展了茶光互补光伏电站探索。试验研究结果表明，光伏板下的茶树与露天茶树相比，产量提高了 20%，且光伏板下的茶叶氨基酸含量和叶绿素含量有明显提高。

中国首座与茶园结合的光伏电站落地云南省，于 2015 年并网发电。项目选用 51 MW 双玻组件，共使用 197 800 块光伏板，打造“农光互补”光伏茶园，是茶园也是电站。该电站总装机容量 35 MW，设计寿命 25 年，年均发电量约 3 208 万 kW·h。到 2021 年 8 月底，该电站已安全生产 1 892 天，累计发电 19 274.128 2 万 kW·h。

2016 年，浙江省丽水市松阳县赤寿生态集聚区的 1 056 亩茶光互补光伏电站并网发电，总装机容量达到 35 MW。截至 2021 年 8 月底，该电站已安全生产 1 892 天，累计发电 19 274.128 2 万 kW·h。

2022 年 5 月 26 日，浙江省杭州市一茶基地光伏电站成功并网发电。上面发电，下面种茶，一地两用，阳光共享，实现了茶园生产和光伏发电的双赢发展。这座光伏电站由 180 多块光伏板及相关组件构成，总装机容量为 100 kW。从外观来看，该光伏电站是在传统的茶种植基地上安装光伏板，在光伏板间隙种植茶树，既可以遮阳，又提高了茶叶叶绿素，提升了茶生产的原料品质。

二是加快茶园碳汇交易。武夷山市现有生态茶园约 6 万亩，年碳汇量可达到 7.32 万 t，若以每吨碳汇 40 元的价格计算，武夷山市每年的碳汇收益将达到 293 万元。为此，武夷山市应依托现有的五夫镇“生态银行”，进一步扩大“生态银行”区域覆盖范围和资产交易范围，将茶叶碳汇纳入区域碳交易体系中，同时确立茶叶碳汇核算标准，明晰产业碳汇产权归属，推动地区茶叶碳汇与全国和区域碳交易、碳汇交易体系相融合，促进地区茶叶碳汇价值的实现。

专栏 5　茶园碳汇交易

2021 年 4 月，中共中央办公厅、国务院办公厅印发《关于建立健全生态产品价值实现机制的意见》，提出要健全生态产品经营开发机制，推动生态资源权益交易，健全碳交易机制，探索碳汇权益交易试点。2022 年 1 月，中共中央、国务院发布的《关于做好 2022 年全面推进乡村振兴重点工作的意见》进一步指出，要推进农业农村绿色发展，研发应用减碳增汇型农业技术，探索建立碳汇产品价值实现机制。建立农业碳汇交易机制已成为推进我国生态产品价值实现、促进碳达峰碳中和、提升农民经济收益的重要举措。

2022年5月，全国首个农业碳汇交易平台在福建省厦门市落地，现场发放了首批农业碳票，推动7 755亩生态茶园2年期共计3 357 t农业碳汇作为全国首批农业碳汇交易项目签约。同时，厦门市一食品集团购买了该笔碳汇，用它来抵消日常生产经营活动中所产生的部分碳排放。首批碳汇茶园项目的开发落地实现了农民在卖茶叶的同时“卖空气”，为美丽乡村建设开辟出致富新路。

三是推进三产融合发展。依托武夷山市及周边地区规模化的茶叶种植和生猪、肉鸡养殖，推动茶叶种植和养殖业的融合发展。利用养殖业产生的禽畜粪便，通过沼气池发酵等方式，将发酵后的禽畜粪便、沼渣沼液灌溉茶园，实现茶叶种植的有机化肥替代，在降低茶叶种植化肥使用的同时，消纳禽畜粪便，提升产业品质。同时，利用茶叶生产产生的茶末，在混合一定比例饲料的基础上喂养禽畜，实现禽畜肉质及禽畜养殖业经济效益的提升。利用加工型工业企业，以第二产业带动第一产业，提高生态茶产业附加值，实现茶产品的增值增效。依托武夷山地区的茶产业，积极培育茶叶及茶叶深加工龙头企业，利用龙头企业的规模效应和技术支撑，提升产业种植产量及品质。同时，通过贷款补息、财政补贴等方式促进茶叶深加工企业的发展及龙头企业的孵化，通过延长茶产业链形成速溶茶、茶食品、茶饮料等产业，提升茶产业的附加值，提升地方茶产业的经济效益。坚持“把产品卖出去”和“把人引进来”相结合的发展模式，开发茶产业的生态文旅价值，实现茶产业和旅游产业发展的相互融合促进。提升茶区旅游环境，打造茶旅融合风景区，以“产教研学游”的方式促进茶叶旅游产业的发展。同时，依托武夷山国家公园等国家级旅游景区，与茶旅景区相融合，形成统一的旅游路线，提升茶旅景区的发展活力。

四是推动茶产业碳标签并打造碳中和茶叶产品。武夷山市一方面可以推动武夷山茶产业的Carbon Trust等低碳认证，与国际接轨，提高产品的绿色低碳属性及国际影响力，同时激发绿色用户的购买热情；另一方面可以加快产品CO_2全生命周期评估，明确产品在料、制造、储运、废弃到回收等全过程的碳排放量，并以碳标签的形式对产品进行标注，通过产品的全生命周期碳排放量进行排序标注，明确产品绿色低碳推荐优先级；同时，衔接现有的“数字武夷”信息化平台，以二维码等形式向用户呈现产品各环节的碳排放结果，形成武夷山茶绿色低碳特色品牌。在现有“武夷山水”品牌的基础上，融入低碳产品理念。基于科学评估手段分析武夷茶产业从种植、生产到运输全过程的碳排放水平，力争通过科学措施实现武夷山茶产业低碳甚至近零排放，打造碳中和茶叶。在此基础上，将低碳理念融入茶产业品牌宣传中，通过明确各个环节的碳排放水平甚至碳汇效益提升茶叶品牌溢价，实现茶产业经济效益的提升。参考国际碳中和食品产品发展，打造具有世界影响力的碳中和茶叶品牌。

专栏 6　碳足迹和碳标签

碳标签是指把产品生命周期（从原料、制造、储运、废弃到回收的全过程）的温室气体排放量用数据标示出来，并以标签的形式告知消费者产品的碳信息，从而提高消费者的低碳环保意识。

成熟的碳标签体系最早由英国发起。2007 年起，英国政府为应对气候变化专门成立了 Carbon Trust（碳基金），鼓励向英国企业推广使用碳标签。2007 年 1 月，英国最大的超市特易购（Tesco）表示将来所有上架的 7 万种商品上都会加注碳标签，并已开始在空运的商品上加注飞机标志的小标示，表明空运在商品的生命周期中是主要的碳排放来源之一。目前，碳标签已广泛应用于全球各领域产品，根据 Ecolable Index（http://www.ecolabelindex.com/）网站公布的信息，全球已有 199 个国家推出了共计 455 个生态标签，涉及 25 个不同的行业并包括 31 个碳足迹标签。

其中，Carbon Trust 认证是目前最为广泛应用的碳标签认证体系之一，并于 2009 年在中国设立代表处。Carbon Trust 旨在帮助组织发展和传播其在碳、水和废物管理方面的领导地位。通过严格的第三方评估，认证企业可以获得专业知识并成为实现净零排放的气候领导者。获得 Carbon Trust 认证的好处有 4 个方面：①被公认为在环境责任方面处于领先地位的组织；②在企业可持续发展行动中展示可信度；③通过评估的透明度和严谨性增强公众信任；④获得专家建议，推动持续改进。

专栏 7　碳中和产品

案例 1：碳中和咖啡

在海南农垦 2022 年早春茶上市暨国内首款零碳咖啡发布会上，海南农垦热作产业集团有限公司隆重向外界推出了“母山零碳咖啡”。母山咖啡积极探索咖啡生产的绿色低碳化，在海南琼中的乌石农场母山咖啡厂区规划碳中和智慧农场解决方案，包括建设120 kWp光伏系统和配套储能设施，配置一套智慧碳管理系统实时监测碳排放情况，实现园区智能低碳化管理。碳中和智慧农场解决方案落地后，每年将为整个大丰农场生产基地供给绿电15万kW·h，实现厂区100%绿色用电，大比例降低CO_2排放。同时，母山咖啡通过购买中国核证自愿减排量（CCER）实现咖啡产品及大丰农场园区级的碳中和，真正实现“从种子到杯子”全产业链的无碳化。

案例2：碳中和山茶油

盒马自有品牌有机山茶油实现了产品预先碳中和，成为广东省首个碳中和食品，也是全国首个山茶油碳中和产品。为使这款有机山茶油实现碳中和，广东宝华农业科技股份有限公司一方面对油茶林基地进行了生态改造，从过往单一作物改为油茶林与碳汇阔叶林混种。虽然单位面积内油茶树数量有所减少，但带来了鸟类、昆虫，平衡了生态，油茶授粉自然完成，农药使用量下降，总体经济价值反而上升；同时，增加了CO_2捕集量，促进实现碳中和。另一方面，在生产环节加大了清洁能源的使用力度，以光伏独立发电作为基地能源来源，并持续提升已建生产设备的利用效率。有机山茶油最终实现了从原材料的获取到生产和运输全生命周期内达到净零排放。

案例3：碳中和有机奶＋酸奶＋冰激凌

伊利“畅轻”蛋白时光酸奶获得了碳中和认证证书。其获得的由必维集团颁发的碳中和核查声明，符合PAS 2060的产品生命周期的碳中和，在原料的获取、生产和运输，以及产品的生产、运输、使用和废弃阶段完成了温室气体净零排放。产品包装上也采用了可回收的包装，并倡导大家对酸奶杯重复利用，制造创意盆栽。通过环保措施，每箱“须尽欢”碳中和“人间悦桃”冰激凌减排了9.7 kg的CO_2。

8.5.6 大力发展碳中和生态旅游业

一是发展碳中和旅游。发挥武夷山双世界遗产和国家公园的品牌优势，推进发展武夷山市零碳旅游试点示范，做大做强武夷山市旅游龙头，重点推进武夷山国家级旅游度假区、五夫古镇、茶旅小镇等旅游项目建设，打造全国碳中和旅游城市样板。

二是推动旅游业低碳改造。开展低碳酒店、低碳交通、低碳生活、低碳文化和低碳管理的服务模式。推进武夷山市度假区、景区（景点）节能改造和低碳建设，提升宾馆（酒店）低碳节能措施，将碳排放量纳入酒店考核评价体系；构建高效便捷的低碳公共交通体系。

三是鼓励低碳旅游行为模式。研究策划“低碳旅游达人碳普惠积分平台”“碳中和森林”等项目，鼓励游客绿色消费、低碳生活，积极参与碳中和旅游；重点打造森林氧吧、森林汤浴、生态摄影、瓜果赏采、生态餐吧、森林木屋等系列产品，实时发布负氧离子指数、$PM_{2.5}$ 指数、碳排放等数据，树立绿色低碳旅游形象。

8.5.7 促进企业实现全产业链碳中和

一是降低全产业链能耗。供应链上制造产品所消耗的能源排放大部分源于用电。为了促进企业节能，应鼓励企业定期开展能效审计，并为企业提供培训，帮助他们发现提高能效的机会，还应提供实施能效改进的成本效益分析，如更换陈旧落伍或效率低下的加热、制冷和照明等系统，修复压缩空气泄漏，并回收生产过程中的余热。

二是优化运输管理系统。为了降低运输环节的碳影响，不断改进运输管理系统，并优先使用碳影响较低的运输方式，在不影响按时交付的前提下，确认哪些货品可以用陆运或海运取代空运。在提高运输效率以减少碳足迹之外，还可以不断进行车队改良，利用可持续燃料，提升供应链效率。

三是探索绿色可循环包装。简化包装造型。绿色低碳理念下的包装造型创意设计崇尚简约、环保的设计理念，应尽可能地简化包装造型，舍弃多余结构以减少包装造型的烦琐性，将包装的造型设计活动回归最原始的目的，即满足最基本的功能，在简约造型中体现艺术美感。将绿色低碳应用于包装设计时，应尽量考虑选用天然和环保的材料。在进行包装设计时，应尽量简化包装结构，减少包装的储运空间，降低制作和运输成本。绿色低碳理念下的包装造型设计应注重强化包装造型的可重复使用功能。作为产品传播的载体，包装的可重复利用不仅是绿色低碳思想的重要体现，而且提升了产品的价值。

8.5.8 巩固提升碳汇能力

一是调整树种组成，营造针阔混交林。马尾松和杉木是南方主要速生造林树种，但因松树类容易受到病虫害的危害，可通过森林抚育采伐和人工促进天然更新的方法，选用珍贵阔叶树种逐步将马尾松和杉木针叶林改造成阔叶混交林，逐步减少马尾松和杉木纯林的面积，提高森林质量和应对病虫灾害的能力。建议马尾松、杉木林与阔叶树的混交比例为马尾松和杉木林分种，马尾松和杉木林面积最终各保留 50%，硬阔类比例为 30%，软阔类为 20%，最终形成针阔混交林。

二是调整森林资源龄组结构，提高中幼林森林质量。中幼林抚育是提高森林质量和效益的重要途径，也是提高森林碳汇量的关键，而武夷山市中幼林比重较低，成熟林和过熟林比重大，说明武夷山市森林资源经营水平需改进，否则会影响林业对实现碳中和的贡献。通过强化中幼林抚育措施，到 2035 年将中幼林的面积和蓄积量比重由现在 16% ～ 17% 提高到 65% 以上，采伐近过熟林林分，降低成熟林和过熟林的比重，补植珍贵阔叶树种。

三是提高低质低效林的固碳潜力。2013—2020 年，武夷山市有森林退化现象发生，森林转为非林地。目前，应从政策角度减少这种现象的发生，另外也要通过森林经营措施提高低质低效林的质量，提高它们的固碳潜力。对武夷山市已经退化的林地，制订《退化地改造实施规划》，促进林地质量的改善；同时，针对遭受自然灾害的林分，采取树种替换的措施以促进退化林分的恢复，同时加强森林抚育，促进林分的生长，提高退化林地固碳和生产力维持的能力。

四是加强国家储备林的建设。建设国家储备林是林业的一项重要工程项目，对于保障国家木材和生态安全、推进林业高质量发展、建设生态文明具有重要意义。依托福建省实施的国家木材战略储备基地建设示范项目，改善森林结构和树种组成，提高武夷山市储备林的固碳潜力，搭建好提高林业碳汇潜力的碳汇银行。

8.5.9 提升全民绿色行动

一是推广绿色低碳生活方式。坚决遏制奢侈浪费和不合理消费，着力破除奢靡铺张的歪风陋习，坚决制止餐饮浪费行为。大力发展绿色消费，推动衣食住行绿色消费，有序引导文化和旅游领域绿色消费，拓宽闲置资源共享利用和二手交易渠道，加强废旧物资循环利用。在全社会倡导节约用能，开展绿色低碳社会行动示范创建，深入推进绿色生活创建行动，评选宣传一批优秀示范典型，营造绿色低碳生活新风尚。创建多个标杆企业，推广绿色零碳产品，完善绿色产品认证与标识制度。政府采购零碳产品的比例为 100%。

二是宣传生态文明和绿色低碳教育。拓展生态文明教育的广度与深度，将生态文明教育纳入教育教学体系，多渠道、多层面、多形式开展资源环境国情教育，普及碳达峰碳中和基础知识。加强对公众的生态文明科普教育，将绿色低碳理念有机融入文艺作品，制作文创产品和公益广告。持续开展世界地球日、世界环境日、全国节能宣传周、全国低碳日等主题宣传活动，加大政策宣传力度，增强社会公众绿色低碳意识，推动生态文明理念深入人心。

三是引导企业履行碳达峰碳中和社会责任。引导企业主动适应绿色低碳发展要求，强化环境责任意识，加强能源资源节约，提升绿色创新水平。重点用能单位要梳理核算自身碳排放情况，深入研究碳减排路径，“一企一策”制定碳排放管控工作方案，推进节能降碳。相关上市公司和发债企业要按照环境信息依法披露要求，定期公布企业碳排放信息。充分发挥行业协会等社会团体作用，督促企业自觉履行社会责任。

8.5.10 推进智慧化碳资产管理

建设碳排放监测体系及管理平台。监测数据是推进建设项目背景认知及精细化监管的重要基础。武夷山市可建立覆盖交通干线、住宅、工业区的碳排放监测体系，明确武夷山市碳排放时空变化特征，为武夷山市进一步精细化减排提供支撑。将物联网、大数据及人工智能技术植入数字武夷平台，打造全国首个面向全要素的智慧化碳资产管理平台。整合目前既有的“数字武夷”智慧化平台资源，进一步升级为零碳城市智慧大脑，通过整合生态碳汇监测、用能监控等功能和模块，实现对碳资产的智慧化管理，确保到 2025 年年底碳资产管理平台实际投入运营，通过碳资产平台进一步完善住户与游客“碳积分”等个人碳普惠奖励机制，推动“碳积分”在全市流通，可在平台用户端整合各类商业交易、产品售卖和电子政务功能。

参考文献

蔡博峰，曹丽斌，雷宇，等．中国碳中和目标下的二氧化碳排放路径 [J]. 中国人口·资源与环境，2021, 31(1):8.

蔡博峰．城市温室气体清单研究 [J]. 气候变化研究进展，2011, 31(1): 23-28. DOI:10.3969/j.issn.1673-1719.2011.01.005.

蔡博峰．中国城市温室气体清单研究 [J]. 中国人口·资源与环境，2012, 22(1): 7. DOI:10.3969/j.issn.1002-2104.2012.01.005.

陈洁行，沈悦林，龚勤，等．杭州的低碳城市交通实践与发展对策 [J]. 现代城市，2010, 5(1): 5. DOI:10.3969/j.issn.1006-3862.2009.12.023.

陈绍晴，龙慧慧，陈彬．代谢视角下的城市低碳表现评估 [J]. 中国科学：地球科学，2021, 51(10): 1693-1706. DOI:10.1360/SSTe-2020-0279.

陈天扬．"碳中和"导向下的城市设计初探——以马来西亚森林城市为例 [J]. 世界建筑导报，2022, 37(4): 52-55.

丛建辉，刘学敏，赵雪如．城市碳排放核算的边界界定及其测度方法 [J]. 中国人口·资源与环境，2014, 24(4): 8. DOI:10.3969/j.issn.1002-2104.2014.04.004.

丛建辉，石雅，高慧，等．"双碳"目标下中国省域碳排放责任核算研究——基于"收入者责任"视角 [J]. 上海财经大学学报（哲学社会科学版），2021, 23(6): 82-96.

国家发展改革委．国家发展改革委关于开展低碳省区和低碳城市试点工作的通知 [EB/OL]. (2010-08-10)[2023-11-03]. http://www.gov.cn/zwgk/2010-08/10/content_1675733.htm.

何建坤．CO_2 排放峰值分析：中国的减排目标与对策 [J]. 中国人口·资源与环境，2013, 23(12): 9. DOI:10.3969/j.issn.1002-2104.2013.12.001.

洪志超，苏利阳．国外城市碳中和策略及对我国的启示 [J]. 环境保护，2021, 49(16): 4.

建筑碳中和．英国首个零碳社区的成败与得失：零碳建筑仍是未来必然趋势 [EB/OL]. (2022-05-20)[2023-11-03]. https://user.guancha.cn/main/content?id=765745.

姜亦华．镇江市低碳发展的实践与思考 [J]. 乡村科技，2018(13): 3. DOI:10.3969/j.issn.1674-7909.2018.13.028.

蒋含颖，段祎然，张哲，等．基于统计学的中国典型大城市 CO_2 排放达峰研究 [J]. 气候变化研究进展，2021, 17(2): 131-139.

焦念志．蓝碳行动在中国 [M]. 北京：科学出版社，2018.

李国平，杨艺．面对灾难，城市如何保持韧性 [EB/OL]. (2020-04-09)[2023-11-03]. https://tech.sina.com.cn/roll/2020-04-09/doc-iirczymi5212742.shtml.

李晴，唐立娜，石龙宇．城市温室气体排放清单编制研究进展 [J]. 生态学报，2013, 33(2): 7. DOI:10.5846/stxb201111111705.

李迅，李冰，赵雪平，等．国际绿色生态城市建设的理论与实践 [J]. 动感：生态城市与绿色建筑，

2018(2): 9. DOI:CNKI:SUN:DNGN.0.2018-02-007.

林剑艺，孟凡鑫，崔胜辉，等．城市能源利用碳足迹分析——以厦门市为例 [J]. 生态学报，2012, 32(12): 13. DOI:10.5846/stxb201109251408.

孟凡鑫，李芬，刘晓曼，等．中国“一带一路”节点城市 CO_2 排放特征分析 [J]. 中国人口·资源与环境，2019, 29(1): 8. DOI:10.12062/cpre.20180931.

孙婷．国际大城市交通碳中和实现路径及启示——以伦敦、纽约和巴黎为例 [J]. 规划师，2022(6): 38.

孙晓飞．国际低碳城市发展研究——以纽约和伦敦为例 [J]. 应用能源技术，2019(9): 6. DOI:CNKI:SUN:YYLY.0.2019-09-004.

王微，林剑艺，崔胜辉，等．碳足迹分析方法研究综述 [J]. 环境科学与技术，2010(7): 8. DOI:10.3969/j.issn.1003-6504.2010.07.017.

谢伏瞻，庄国泰，巢清尘，等．应对气候变化报告（2021）：碳达峰碳中和专辑 [M]. 北京：社会科学文献出版社，2021.

徐佳，崔静波．低碳城市和企业绿色技术创新 [J]. 中国工业经济，2020(12): 19. DOI:10.3969/j.issn.1006-480X.2020.12.016.

徐丽笑，王亚菲．我国城市碳排放核算：国际统计标准测度与方法构建 [J]. 统计研究，2022, 39(7): 12-30.

许海平．空间依赖、碳排放与人均收入的空间计量研究 [J]. 中国人口·资源与环境，2012, 22(9): 9. DOI:10.3969/j.issn.1002-2104.2012.09.023.

尹华琛，周谢蕴．国内外典型城市和园区低碳发展模式研究 [J]. 上海节能，2022(4): 7.

张立，谢紫璇，曹丽斌，等．中国城市碳达峰评估方法初探 [J]. 环境工程，2020, 38(11): 1-5, 43. DOI:10.13205/j.hjgc.202011001.

中国城市温室气体工作组．中国城市温室气体排放数据集：2015[M]. 北京：中国环境出版集团，2019.

Bachmann C, Roorda M J, Kennedy C. Developing a multi-scale multi-region input-output model[J]. Economic Systems Research, 2015, 27(2): 172-193. DOI:10.1080/09535314.2014.987730.

Bi J, Zhang R, Wang H, et al. The benchmarks of carbon emissions and policy implications for China's cities: Case of Nanjing[J]. Energy Policy, 2011, 39(9): 4785-4794. DOI:10.1016/j.enpol.2011.06.045.

Cai B, Cui C, Zhang D, et al. China city-level greenhouse gas emissions inventory in 2015 and uncertainty analysis[J]. Applied energy, 2019, 253: 113579.

Cai B, Zhang L, Xia C, et al. A new model for China's CO_2 emission pathway using the top-down and bottom-up approaches[J]. 中国人口·资源与环境：英文版，2021, 19(4): 4.

Carney S, Green N, Wood R, et al.Greenhouse gas emissions inventories for 18 European Regions[J]. Metropolregion Hamburg, 2009.（未检索到其他信息）

Chavez A, Ramaswami A. Articulating a trans-boundary infrastructure supply chain greenhouse gas emission footprint for cities: Mathematical relationships and policy relevance[J]. Energy Policy, 2013, 54(MAR.): 376-384. DOI:10.1016/j.enpol.2012.10.037.

Chen B, Yang Q, Zhou S, et al. Urban economy's carbon flow through external trade: Spatial-temporal evolution for Macao-ScienceDirect[J]. Energy Policy, 2017, 110: 69-78. DOI:10.1016/j.enpol.2017.08.010.

Chen G, Y Shan, Y Hu, et al. Review on city-level carbon accounting[J]. Wang and technology, 2019a,

53(10): 5545-5558.

Chen S, Long H, Chen B, et al. Urban carbon footprints across scale: Important considerations for choosing system boundaries[J]. Applied Energy, 2020, 259: 114201. DOI:10.1016/j.apenergy. 2019.114201.

Chen X, Shuai C, Wu Y, et al. Analysis on the carbon emission peaks of China's industrial, building, transport, and agricultural sectors[J]. Science of The Total Environment, 2019b, 709: 135768. DOI:10.1016/j.scitotenv.2019.135768.

Cui C, Wang Z, Cai B, et al. Evolution-based CO_2 emission baseline scenarios of Chinese cities in 2025[J]. Applied Energy, 2021, 281: 116116. DOI:10.1016/j.apenergy.2020.116116.

Cui S, Meng F, Wang W, et al. GHG accounting for pubilc transport in Xiamen city, China[J].Carbon Management, 2011, 2(4): 383-395. DOI:10.4155/cmt.11.32.

Cui S, Niu H, Wang W, et al. Carbon footprint analysis of the Bus Rapid Transit (BRT) system: a case study of Xiamen City[J]. International Journal of Sustainable Development & World Ecology, 2010, 17(4): 329-337. DOI:10.1080/13504509.2010.490657.

Dellink R, Chateau J, Lanzi E, et al. Long-term economic growth projections in the Shared Socioeconomic Pathways[J]. Global Environmental Change, 2017, 42: 200-214. DOI:10.1016/j.gloenv cha.2015.06.004.

Dong K, Sun R, Li H, et al. Does natural gas consumption mitigate CO_2 emissions: Testing the environmental Kuznets curve hypothesis for 14 Asia-Pacific countries[J].Renewable and Sustainable Energy Reviews, 2018, 94(OCT.): 419-429. DOI: 10.1016/j.rser.2018.06.026.

Edenhofer O, Pichs-Madruga R, Sokona Y, et al. Climate change 2014: mitigation of climate change[M]. Cambridge: Cambridge University Press, 2015.

Hillman T, Ramaswami A. Greenhouse gas emission footprints and energy use benchmarks for eight U.S. cities[J]. Environmental Science & Technology, 2010, 44(6): 1902-1910. DOI:10.1021/es9024194.

Hu Y, Lin J, Cui S, et al. Measuring Urban Carbon Footprint from Carbon Flows in the Global Supply Chain[J]. Environmental Science & Technology, 2016, 50(12): 6154. DOI:10.1021/acs.est.6b00985.

Huovila A, Siikavirta H, Rozado C A, et al. Carbon-neutral cities: Critical review of theory and practice[J]. Journal of Cleaner Production, 2022, 341: 130912. DOI:10.1016/j.jclepro.2022.130912.

IEA (International Energy Agency). World energy model documentation[EB/OL]. (2020b)[2021-06-29]. https://www.iea.org/reports/world-energy-model.

IEA (International Energy Agency). World energy outlook 2020[EB/OL]. (2020a)[2021-06-29]. https://www.iea.org/reports/world-energy-outlook-2020.

IPCC. AR5 climate change 2013: the physical science basis: contribution of working group i to the fifth assessment report of the intergovernmental panel on climate change[M]. Cambridge: Cambridge University Press, 2013.

IPCC. AR5 climate change 2014: impacts, adaptation, and vulnerability: contribution of working group II to the fifth assessment report of the intergovernmental panel on climate change[M]. Cambridge: Cambridge University Press, 2014a.

IPCC. AR5 climate change 2014: mitigation of climate change: contribution of working group III to the fifth assessment report of the intergovernmental panel on climate change[M]. Cambridge: Cambridge University Press, 2014b.

James Fotherby P A, Green Alliance. The ten point plan for a green industrial revolution[R]. 2021.

Jiang L, O'Neill, B C. Global urbanization projections for the Shared Socioeconomic Pathways[J]. Global Environmental Change, 2017, 42: 193-199. DOI:10.1016/j.gloenvcha.2015.03.008.

Kennedy C A, Ibrahim N, Hoornweg D, et al. Low-carbon infrastructure strategies for cities[J]. Nature Climate Change, 2014, 4(5): 343-346. DOI:10.1038/NCLIMATE2160.

Kennedy C, Steinberger J, Gasson B, et al. Greenhouse gas emissions from global cities[J]. Environmental Science & Technology, 2011, 43(19): 7297-7302. DOI:10.1021/es900213p.

Li H, Qin Q, et al.Challenges for China's carbon emissions peaking in 2030: A decomposition and decoupling analysis[J]. Journal of Cleaner Production, 2019, 207: 857-865. DOI:10.1016/j.jclepro.2018.10.043.

Lin J, Cao B, Cui S, et al. Evaluating the effectiveness of urban energy conservation and GHG mitigation measures: The case of Xiamen city, China[J]. Energy Policy, 2010, 38(9): 5123-5132. DOI:10.1016/j.enpol.2010.04.042.

Lin J, Hu Y, Cui S, et al. Tracking urban carbon footprints from production and consumption perspectives[J]. Environmental Research Letters, 2015, 10(5): 054001. DOI: 10.1088/1748-9326/10/5/054001.

Lin J, Liu Y, Meng F, et al. Using hybrid method to evaluate carbon footprint of Xiamen City, China[J]. Energy Policy, 2013, 58(Jul.): 220-227. DOI:10.1016/j.enpol.2013.03.007.

Meng F, Liu G, Hu Y, et al. Urban carbon flow and structure analysis in a multi-scales economy[J]. Energy Policy, 2018, 21: 553-564. DOI:10.1016/j.enpol.2018.06.044.

Meng F, Liu G, Yang Z, et al. Structural analysis of embodied greenhouse gas emissions from key urban materials: A case study of Xiamen City, China[J].Journal of Cleaner Production, 2016, 163(oct.1): 212-223. DOI:10.1016/j.jclepro.2016.11.108.

Mi Z, Zhang Y, Guan D, et al. Consumption-based emission accounting for Chinese cities[J]. Applied energy, 2016(Dec.15): 184. DOI:10.1016/j.apenergy.2016.06.094.

Munksgaard J, Pedersen K A. CO_2 accounts for open economies: producer or consumer responsibility?[J]. Energy Policy, 2001, 29(4): 327-334. DOI:10.1016/S0301-4215(00)00120-8.

Nadim Ahmad, Andrew Wyckoff. Carbon Dioxide Emissions Embodied in International Trade of Goods OECD Science, Technology and Industry Working Papers[R]. 2003.

Nakicenovic N, Alcamo J, Davis G, et al. Special report on emissions scenarios[R/OL]. 2000. https://escholarship.org/content/qt9sz5p22f.

Pathways to Carbon Neutral NYC-New York City[EB/OL]. (2021)[2023-11-03]. https://www1.nyc.gov/site/sustainability/index.page

Pichler P P, Zwickel T, Chavez A, et al. Reducing Urban Greenhouse Gas Footprints[J]. Scientific Reports, 2017, 7(1): 14659. DOI:10.1038/s41598-017-15303-x.

Ramaswami A, Bernard M, Chavez A, et al. Quantifying carbon mitigation wedges in U.S. cities: near-term strategy analysis and critical review[J]. Environmental Science & Technology, 2012, 46(7): 3629. DOI:10.1021/es203503a.

Ramaswami A, Hillman T, Janson B, et al. A Demand-Centered, Hybrid Life-Cycle Methodology for City-Scale Greenhouse Gas Inventories[J]. Environmental Science & Technology, 2008, 42(17): 6455-6461. DOI:10.1021/es702992q.

Rosa E A, Dietz T. Human drivers of national greenhouse-gas emissions[J]. Nature Climate Change, 2012, 2(8): 581-586. DOI: 10.1038/nclimate1506.

Samir K C, Lutz W. The human core of the shared socioeconomic pathways: Population scenarios by age, sex and level of education for all countries to 2100[J]. Glob. Environ. Chang, 2017, 42: 181-192.

Seto K C, Churkina G, Hsu A, et al. From low-to net-zero carbon cities: The next global agenda[J]. Annual review of environment and resources, 2021, 46: 377-415. DOI: 10.1146/annurev-environ-050120-113117.

Shan Y, Guan D, Zheng H, et al. China CO_2 emission accounts 1997-2015[J]. Sci Data , 2018, 5(1): 1-14. https://doi.org/10.1038/sdata.2017.201.

Shen L, Wu Y, Shuai C, et al. Analysis on the evolution of low carbon city from process characteristic perspective[J]. Journal of Cleaner Production, 2018, 187(JUN.20): 348-360. DOI:10.1016/j.jclepro.2018.03.190.

Shi C. Decoupling analysis and peak prediction of carbon emission based on decoupling theory[J]. Sustainable Computing: Informatics and Systems, 2020, 28: 100424. DOI:10.1016/j.suscom.2020.100424.

Shuaib Lwasa K C S. IPCC AR6 Chapter 8: Urban Systems and Other Settlements, IPCC[R]. 2021.

Su K, Lee C M.When will China achieve its carbon emission peak? A scenario analysis based on optimal control and the STIRPAT model[J]. Ecological Indicators, 2020, 112: 106138. DOI:10.1016/j.ecolind.2020.106138.

Su Y, Liu X, Ji J, et al. Role of economic structural change in the peaking of China's CO_2 emissions: An input-output optimization model[J]. Science of the Total Environment, 2021(761-): 761. DOI:10.1016/j.scitotenv.2020.143306.

Suh S, Nakamura S. Five years in the area of input-output and hybrid LCA[J]. International Journal of Life Cycle Assessment, 2007, 12(6): 351-352. DOI:10.1065/lca2007.08.358.

The City of Portland's 2022—2025 Climate Emergency Workplan[EB/OL]. (2022)[2023-11-03]. https://www.portland.gov/bps/climate-action/climate-emergency/climate-emergency-workplan.

UNFCCC. Climate Technology Negotiations[R/OL]. 2015.

United States of America. The Long-Term Strategy of the United States-Pathways to Net-Zero Greenhouse Gas Emissions by 2050[R/OL]. (2021-11-30)[2023-12-24]. https://www.whitehouse.gov/wp-content/uploads/2021/10/US-Long-Term-Strategy.pdf.

Wackernagel M, Rees W. Our ecological footprint: reducing human impact on the earth[M]. Gabriola: New society publishers, 1998.

Wackernagel M. Ecological footprint and appropriated carrying capacity: a tool for planning toward sustainability[D]. University of British Columbia, 1994.

Wang Z, Huang W, Chen Z. The peak of CO_2 emissions in China: A new approach using survival models[J]. Energy Economics, 2019, 81(JUN.): 1099-1108. DOI:10.1016/j.eneco.2019.05.027.

Wang Z, Yin F, Zhang Y, et al. An empirical research on the influencing factors of regional CO_2 emissions: evidence from Beijing city, China[J]. Applied Energy, 2012, 100: 277-284.

Wassily Leontief. Input-output economics[M]. Oxford: Oxford University Press, 1936.

Wiedmann T, Chen G, Owen A, et al. Three-scope carbon emission inventories of global cities[J]. Journal of Industrial Ecology, 2021, 25(3): 735-750. DOI:10.1111/jiec.13063.

Xepapadeas A. Chapter 23 Economic growth and the environment[J]. Handbook of Environmental Economics, 2005, 3: 1219-1271. DOI:10.1016/S1574-0099(05)03023-8.

Xing Fan, J-J W, Tian Wang, et al. Stocktaking on the Madrid Climate Change Conference and perspectives on global climate governance[J]. Climate Change Research, 2020, 16(3): 367-372.

Zero carbon London: A 1.5ºC compatible plan[EB/OL]. (2018)[2023-11-03]. https://www.london.gov.uk/sites/default/files/1.5_action_plan_amended.pdf.